高等学校公共基础课系列教材

物理学原理及工程应用

（上册）

主编　吴　玲　陈林飞　徐江荣

西安电子科技大学出版社

内 容 简 介

本书内容满足理工科类大学物理课程教学的基本要求，在知识体系的完整性、内容的应用性、选材的深度和广度以及挑战性等方面做了有益的探索。

本书分上、下两册。上册包括质点力学、刚体力学、热学、静电学、稳恒磁场、电磁感应与电磁场，下册包括振动、机械波、光的干涉、光的衍射、光的偏振、相对论和量子物理。每章前几节介绍物理学核心的基本原理，后面几节为与工程应用和科学问题相关的专题(目录中标“*”的内容)，将物理学知识融入应用实例中。本书上、下册参考学时数均为32～64学时，专题内容可根据需要选讲。

本书可作为本科院校理工类各专业的大学物理教材，也可作为普通高等学校各类非物理类专业的物理教材或教学参考书。

图书在版编目(CIP)数据

物理学原理及工程应用. 上册/吴玲，陈林飞，徐江荣主编. —西安：西安电子科技大学出版社，2021.2(2022.1重印)
ISBN 978-7-5606-5964-0

Ⅰ. ①系… Ⅱ. ①吴…②陈…③徐… Ⅲ. ①物理学—高等学校—教材 Ⅳ. ①O4

中国版本图书馆CIP数据核字(2021)第027283号

策划编辑 陈 婷
责任编辑 于文平
出版发行 西安电子科技大学出版社(西安市太白南路2号)
电　　话 (029)88242885 88201467　　邮　　编 710071
网　　址 www.xduph.com　　电子邮箱 xdupfxb001@163.com
经　　销 新华书店
印刷单位 广东虎彩云印刷有限公司
版　　次 2021年2月第1版 2022年1月第2次印刷
开　　本 787毫米×1092毫米 1/16 印张 14
字　　数 329千字
定　　价 32.00元
ISBN 978-7-5606-5964-0/O
XDUP 6266001-2

前　言

物理学是现代工程技术的重要理论基础，以物理学为主要内容的大学物理课程是高等学校理工科学生的一门重要基础课程。为拓展大学物理课程的深度与广度，加强学生创新能力的培养，杭州电子科技大学经研究决定编写本书，把多年的大学物理教学改革经验融入其中，并继承了2010年出版的《大学物理教程》的优点。

本书内容满足理工科类大学物理课程教学的基本要求，为突出本书的特点，命名为《物理学原理及工程应用》。本书具有以下三个特点。

第一，注重知识的区分度。根据我校分层次教学的经验和需求，将本书内容分为两部分：物理学原理和应用类专题。物理学原理部分由基本的、核心的原理构成，内容经我们在教学过程中的反复实践而确定，既突出核心原理，又保证知识体系的完整和内容的基本框架不变；应用类专题部分，将除核心原理以外的知识点模块化，并结合实际应用，形成“工程应用和科学问题”专题。

第二，强调内容的应用性。工程应用和科学问题专题选取了利用大学物理知识可以分析的、与技术应用发展和科学前沿相关的内容，旨在拓宽学生视野，培养学生分析问题、解决问题的能力，适用于分层次教学。在注重内容应用性的同时，也具有一定的学习挑战度。

第三，体现教材的可教性。本书的物理学原理部分编写时充分考虑课时，遴选核心知识点以突出重点，精选例题以加深对原理的理解，设置思考题引导学生深入学习。工程应用和科学问题专题部分立足于引导提升学生的学习兴趣，注重学生创新能力及综合能力的培养，内容难度适中，适用于以“学”为主的探究式学习。

本书分上、下两册，第1～6章为上册，第7～13章为下册。本书的教学改革理念和编写思路由徐江荣教授提出，徐江荣教授负责各章核心知识点的确定以及应用类专题的整体设计并主持编写工作。本书第1章由叶兴浩讲师提供初稿，由叶兴浩讲师和石小燕副教授编写，第2章由汪友梅教授编写，第3章由葛凡教授编写，第4章由黄清龙副教授编写，第5章由吴玲副教授编写，第6章由赵金涛教授编写，第7章和第8章由赵超樱教授编写，第9章和第10章由陈林飞教授编写，第11章由吴玲副教授编写，第12章和第13章由叶兴浩讲师编写。上册由吴玲副教授统稿，下册由陈林飞教授统稿，吴玲、陈林飞、徐江荣担任主编。

本书上、下册参考学时数均为32～64学时，其中应用类专题可根据需要选讲。

与本书相对应的物理学原理及工程应用课程自2015年在杭州电子科技大学开设以来，受到学生们的欢迎。该课程与大学物理课程平行设置，并开展小班化研究性教学。依据多轮大学物理的教改实践经验，同名讲义也经过数次改编，最终形成本书。在此感谢理学院公共物理教研室的老师们，感谢关心、指导我们教改工作的领导和同仁。

本书在编写中参考了国内外院校的一些教材，在此谨对相关作者表示衷心的感谢。

本课程的教材改革和编写任务重、难度大，同时由于编者水平有限，书中不妥之处在所难免，恳请读者批评指正！

编　者

2020年11月

目　　录

第 1 章　质 点 力 学

我们无时无刻不处在运动之中。在 123 木头人的游戏中，虽然我们极力让自己的身体、表情保持在一个固定不动的状态，然而，实际上我们和地球、太阳系一起处于永恒的运动之中。我们每天行、立、坐、卧时，总是参与或被各种各样的运动所包围。想想看，你能找出一个绝对静止不动的物体吗？身处运动场打闹嬉戏、奔跑游荡的孩子，地面上爬行的蚂蚁，空中若隐若现的飞机，为使用中的手机提供服务的卫星……这所有的问题都可以借助力学这一工具进行研究。

质点力学也被称为经典力学或牛顿力学，作为经典物理学的一个分支，它奠定了描述物质运动的时空框架，建立了物质相互作用的基本定理及守恒定律，形成了一系列研究自然的方法和工具，研究了物体在力的作用下的运动规律。从现代物理的视角看，经典力学虽然具有局限性，但其基本的方法手段、概念体系、定理定律仍然具有强盛的生命力。今天，经典力学在日常生活、医疗卫生、体育竞技、生产建设、军事国防、交通运输、航空航天以及其他各种工程技术中都有重要的应用。

本章将阐述质点力学的基本原理，探讨动量和能量两大守恒定律及其应用，介绍质点力学的一个综合工程应用——嫦娥工程。由于在中学阶段已经反复学习过质点力学，本章在扼要地给出关键知识点的基础上，大量采用案例法，将重要的知识细节渗透到具体的例子中展开。本章的重点和难点在于对微积分和矢量运算的把握与练习。

1.1　质点力学的基本原理

1.1.1　力学的基本概念

1. 物理模型

通常力学的研究对象根据其所处的具体情境，可以等效为两种基本模型，即质点和刚体。

质点——不考虑物体的大小、形状和内部结构，而将其看作一个有质量的几何点。

刚体——在外力作用下，大小和形状均保持不变的物体。

2. 机械运动的形式

一切物体都处在永恒的运动之中。通常机械运动的三种基本形式是平动、转动和振动。其他复杂运动可以看作是这三种简单运动的合成。做平动的物体，由于物体内各点具有相同的位移、速度和加速度，故可将其看作是质量都集中在质心的质点。转动的情况较为复杂，本书中我们讨论的是定轴转动(物体绕一固定轴转动)，其上各点均做圆周运动，具有相同的角位移、角速度和角加速度。振动则是指物体在平衡位置附近来回往返的周期性运动。

3. 参考系与坐标系

人类生活在美丽的地球家园，仰望星空是浩瀚的宇宙。《墨经》说："宇，弥异所也；久，弥异时也。"又解释道："宇，蒙东西南北；久，合古今旦暮。"这里所说的"宇"和"久(宙)"，就是空间和时间。放眼自然，一切物体都在时空中运动着。为了便于研究物体的运动，我们可以建立适当的时空参考系，并对物体做必要的简化。常用的参考系(如图1-1所示)有：实验室参考系、地面参考系，然而当人类的视野和活动范围从地球转向太空时，地心参考系、太阳参考系以及FK4惯性系也随之而生。

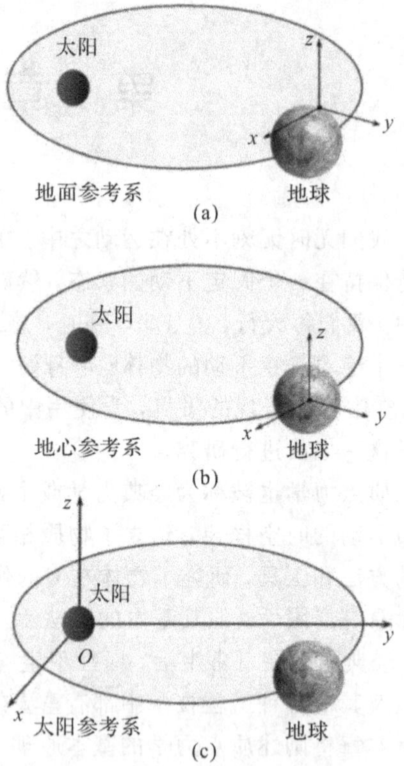

图1-1　常见的参考系

然而，在分析物体运动规律解决实际问题的过程中，从数量和方向上确定运动物体的坐标、速度和加速度等物理量显得尤为重要。因此，仅仅有参照系，还不能够对物体相对于参照系的位置进行定量的描述，这时坐标系的概念就产生了。常见的坐标系(如图1-2所示)有直角坐标系、平面极坐标系、自然坐标系和球坐标系。

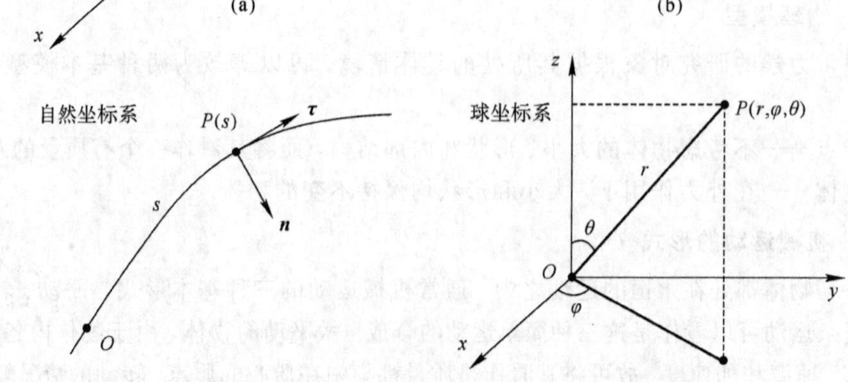

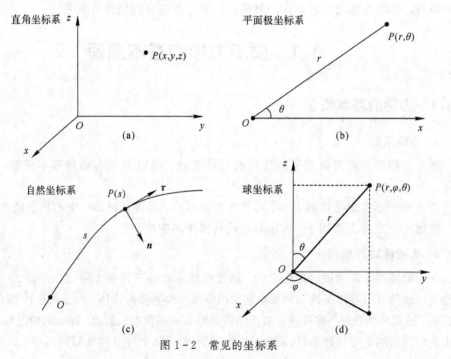

图1-2　常见的坐标系

例题 1-1　中国宋代大诗人苏轼有诗曰："长淮忽迷天远近，青山久与船低昂。"如何从物理学的角度来分析诗中"青山"与"船"的运动呢？

在苏轼的诗中，"青山"是一个十分复杂的物体，它高可以耸入云端，长可以绵延百里，远看层峦叠嶂，近观草木葱郁，更有石吼泉流，鸟鸣兽走……而对于诗人乘坐的小舟分析起来亦有此问题，我们从何下手呢？理想化！即忽略其形状、大小、结构、质料等诸多内容，而将其视作一个只有质量的点——质点。有了质点的概念，研究"青山""船"的运动就简单多了。我们常说"青山立于天地之间，岿然不动"，怎么在苏轼眼里"久与船低昂"了呢？同样是青山，怎么有静止和运动两种不同的描述？原因很简单：运动的描述依赖于参考系。我们说青山"不动"，那是以地面为参考系得到的结果；苏轼写青山"低昂"，是以船为参考系观察的结果(如图 1-3 所示)。若以船为坐标原点 O，建立直角坐标系 xOy，取青山为质点 P，则青山的上下起伏运动可以在图 1-3 所示的坐标系中加以分析研究。

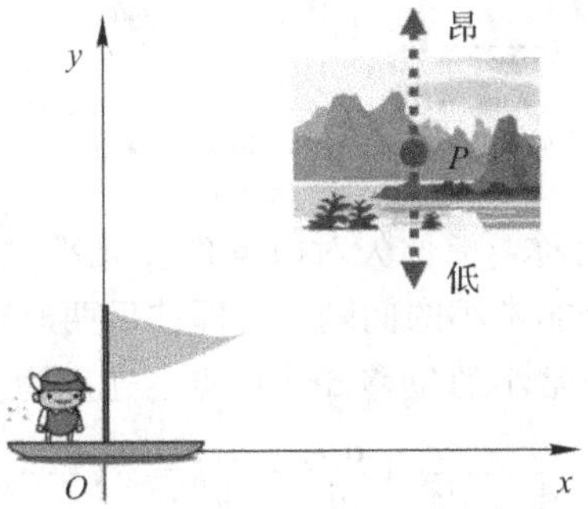

图 1-3　以船为参考系分析青山的运动

思考题 1-1　"飞花两岸照船红，百里榆堤半日风。卧看满天云不动，不知云与我俱东。"这是南宋诗人陈与义的诗作《襄邑道中》，试阐述其中蕴含的物理道理。

思考题 1-2　飞机受恶劣天气干扰，看不清地面情况。突然，在飞机正下方云层空隙处，发现了敌方重要目标，飞机当即实施炸弹投放，试判断投弹结果。

1.1.2　运动学

1. 位矢、位移、速度和加速度

物体的运动有快有慢，行进的路线有曲有直。如果要把运动的物体看作质点，并在地面参考系对质点的运动规律做出定量的评价，通常的步骤是：首先确立某时刻质点在空间的位置，即位置矢量，简称位矢，并在此基础上进一步讨论质点运动中的位移、速度和加速度。以一个简单的二维平面上运动的质点为例，在直角坐标系中，位置矢量(以下简称位矢)常常被用来描述质点在空间的位置。某一时刻在如图 1-4(a)所示的直角坐标系内，质点在 P 点处的位矢可以用由坐标原点 O 指向 P 点的有向线段 $\boldsymbol{r}$ 来表示。如果 P 点的空间坐标为(x,y,z)，则 P 点在空间的位矢 $\boldsymbol{r}$ 记作 $\boldsymbol{r}=x\boldsymbol{i}+y\boldsymbol{j}+z\boldsymbol{k}$。

同理，若 t 时刻质点所在的空间位置对应的直角坐标系的位置坐标为(x_1,y_1,z_1)，位矢为有向线段 $\boldsymbol{r}_1$，则可记作 $\boldsymbol{r}_1=x_1\boldsymbol{i}+y_1\boldsymbol{j}+z_1\boldsymbol{k}$。$t+\Delta t$ 时刻质点空间所在位置对应于直角坐标系的位置坐标为(x_2,y_2,z_2)，其空间位矢 $\boldsymbol{r}_2$ 记作 $\boldsymbol{r}_2=x_2\boldsymbol{i}+y_2\boldsymbol{j}+z_2\boldsymbol{k}$。

位移——位矢的变化量，也叫位矢的增量，记作 $\Delta\boldsymbol{r}=\boldsymbol{r}_2-\boldsymbol{r}_1$。如图 1-4(b)所示，已知质点在 t_1 时刻的位矢为 $\boldsymbol{r}_1$，t_2 时刻的位矢为 $\boldsymbol{r}_2$，则位移是质点在前后两个时刻的位置变化量，即由 t_1 时刻的位置指向 t_2 时刻位置的有向线段 $\Delta\boldsymbol{r}$，根据矢量运算法则可知

$$\begin{aligned}\Delta\boldsymbol{r} &= \boldsymbol{r}_2-\boldsymbol{r}_1=(x_2-x_1)\boldsymbol{i}+(y_2-y_1)\boldsymbol{j}+(z_2-z_1)\boldsymbol{k}\\ &=\Delta x\boldsymbol{i}+\Delta y\boldsymbol{j}+\Delta z\boldsymbol{k}\end{aligned}\tag{1-1}$$

位移与坐标系的选取和位置变化过程无关。注意区分位移和路程，路程是质点运动中实际历经路径的长度。位移和路程在国际单位制中的单位均为米(m)。同时，需要注意位矢增量大小 $|\Delta\boldsymbol{r}|$ 与位矢大小增量 $\Delta r=|\boldsymbol{r}_2|-|\boldsymbol{r}_1|$ 两个概念的区别。

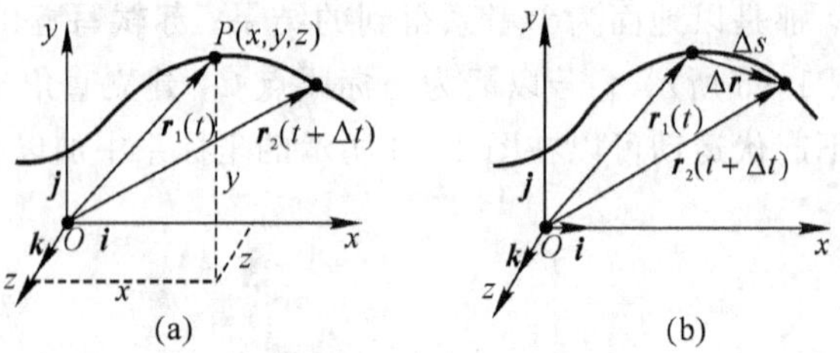

图 1-4 位矢和位移

速度——瞬时速度的简称，指位矢对时间的变化率，是反映物体运动快慢的物理量。若两点间时间上仅相差一个非常小的间隔 $\mathrm{d}t$，即前后两时刻两个质点的位置十分接近，则前后位矢的变化给出一个非常小的位移 $\mathrm{d}\boldsymbol{r}$。质点的速度为

$$\boldsymbol{v}=\frac{\mathrm{d}\boldsymbol{r}}{\mathrm{d}t}=\frac{\mathrm{d}x}{\mathrm{d}t}\boldsymbol{i}+\frac{\mathrm{d}y}{\mathrm{d}t}\boldsymbol{j}+\frac{\mathrm{d}z}{\mathrm{d}t}\boldsymbol{k}=v_x\boldsymbol{i}+v_y\boldsymbol{j}+v_z\boldsymbol{k}\tag{1-2}$$

速度的单位为米/秒(m/s)，式中 v_x、v_y、v_z 分别为速度在 x 轴、y 轴和 z 轴三个方向的分量。

加速度——瞬时加速度的简称，指速度对时间的变化率，是反映物体运动状态改变快慢的物理量。如图 1-5 所示，若质点在 t_1 时刻的速度为 $\boldsymbol{v}_1$，t_2 时刻的速度为 $\boldsymbol{v}_2$，则速度的变化量为 $\Delta\boldsymbol{v}$。若两点间时间上仅相差一个非常小的间隔 $\mathrm{d}t$，即前后两时刻两个质点的位置十分接近，则前后速度的变化给出一个非常小的量 $\mathrm{d}\boldsymbol{v}$，则质点的加速度为质点在单位时间里产生的速度改变，即

$$\boldsymbol{a}=\frac{\mathrm{d}\boldsymbol{v}}{\mathrm{d}t}=\frac{\mathrm{d}^2x}{\mathrm{d}t^2}\boldsymbol{i}+\frac{\mathrm{d}^2y}{\mathrm{d}t^2}\boldsymbol{j}+\frac{\mathrm{d}^2z}{\mathrm{d}t^2}\boldsymbol{k}=a_x\boldsymbol{i}+a_y\boldsymbol{j}+a_z\boldsymbol{k}\tag{1-3}$$

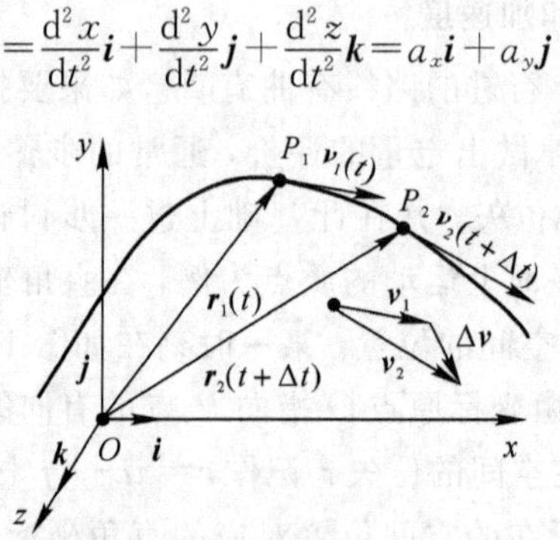

图 1-5 速度和加速度

加速度的单位为米/秒²(m/s²)，式中 a_x、a_y、a_z 分别为速度在 x 轴、y 轴和 z 轴三个

方向的分量。

例题 1-2　岸上的人拉湖中的船，船以匀速度 $\boldsymbol{v}_0$ 向岸靠近，求船距岸 x 时，人收绳的速度和加速度的大小。

解　如图 1-6 所示的坐标系，则船到人手这一段绳长为

$$l=\sqrt{x^2+h^2}$$

船速为

$$v_0=\frac{\mathrm{d}x}{\mathrm{d}t}$$

人收绳的速率为

$$v=\frac{\mathrm{d}l}{\mathrm{d}t}=\frac{1}{2}\ \frac{2x}{\sqrt{x^2+h^2}}\ \frac{\mathrm{d}x}{\mathrm{d}t}=\frac{x}{\sqrt{x^2+h^2}}v_0$$

加速度的大小为

$$a=\frac{\mathrm{d}v}{\mathrm{d}t}=\frac{\mathrm{d}}{\mathrm{d}t}\left(\frac{x}{\sqrt{x^2+h^2}}v_0\right)=\frac{h^2}{(x^2+h^2)^{3/2}}v_0\ \frac{\mathrm{d}x}{\mathrm{d}t}=\frac{h^2}{(x^2+h^2)^{3/2}}v_0^2$$

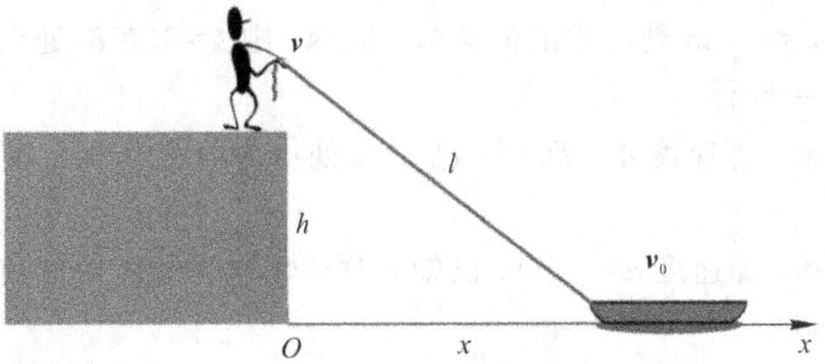

图 1-6　岸上拉船

例题 1-3　一浸没在某液体中的小球，由静止释放下沉，其加速度 $a=6-v$，若液体足够深，求小球下沉的速度 v 与时间 t 的关系。

解　加速度为

$$a=\frac{\mathrm{d}v}{\mathrm{d}t}=6-v=-\frac{\mathrm{d}(6-v)}{\mathrm{d}t}$$

即

$$\frac{\mathrm{d}(6-v)}{6-v}=-\mathrm{d}t$$

两边积分，即

$$\int_0^v \frac{\mathrm{d}(6-v)}{6-v}=-\int_0^t \mathrm{d}t$$

得

$$\ln\frac{6-v}{6-0}=-t$$

即

$$v=6(1-\mathrm{e}^{-t})$$

可见，小球下沉的速度随时间逐渐增大，但增加的幅度按指数规律迅速减小(见图 1-7)，即速度很快趋向于一个极限($v_{\max}=6$ m/s)。实际上，当 $t=5$ s 时，$v=5.9596$ m/s；

t=10 s 时，v=5.9997 m/s，已经非常接近极限速度了。

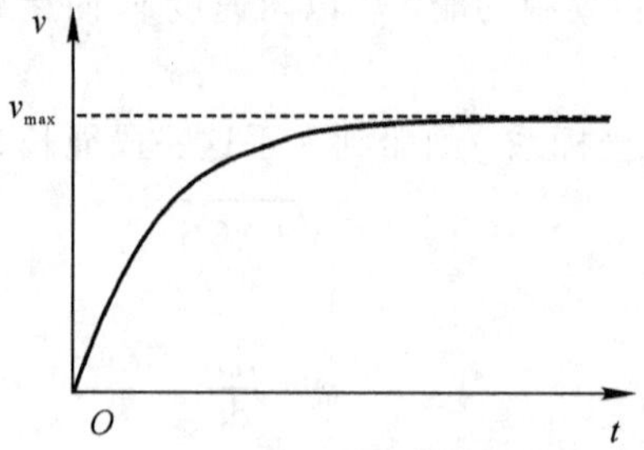

图 1-7 小球下沉速度曲线

在以上两个例子中，我们使用了微积分的思想求解质点运动中的速度、加速度。一般来讲，求解此类问题的思路是：知道运动方程，进而求解速度、加速度的过程是微分运算，即求导的过程，而由加速度求解速度、运动方程的过程是积分的过程。这也是本节学习的重点和难点。下面请大家尝试利用上述思想，解决下面两个思考题。

思考题 1-3 "问君能有几多愁，恰似一江春水向东流。"若某处江水东流的加速度 $a=0.025+0.001s$，s=0 m 处的水的流速为 1 m/s，则 s=100 m 处水的流速是多少？

思考题 1-4 一物体：

(1) 沿 x 轴运动，加速度 $a=f(x)$，已知 x_0 处物体的速度 v_0，如何求任意位置处物体的速度？

(2) 沿 y 轴运动，加速度 $a=f(t)$，已知 t_0 时刻物体的位置 y_0 和速度 v_0，如何求任意时刻物体的位置和速度？

2. 曲线运动

观察你在操场上散步的轨迹和汽车的行驶路线，它们不一定都是直线，方向时时都有可能发生变化，这就是曲线运动。伸出你的手指在空中划一个圆，就得到了最特殊的一种曲线运动——圆周运动。想象着你来到一座以角速度 ω 转动的摩天轮边(见图 1-8)，要了解摩天轮座椅的运动状态(求摩天轮上座舱的速度、加速度)，通常可以以摩天轮转轴中心为原点 O，建立如图 1-9(a)所示的直角坐标系，并按以下步骤求解。

图 1-8 摩天轮

1) 求座舱速度

取座舱位置矢量

$$\boldsymbol{r}=x\boldsymbol{i}+y\boldsymbol{j}=R(\cos\theta\,\boldsymbol{i}+\sin\theta\,\boldsymbol{j})$$

$$\mathrm{d}\boldsymbol{r}=R(-\sin\theta\,\boldsymbol{i}+\cos\theta\,\boldsymbol{j})\mathrm{d}\theta$$

速度

$$\boldsymbol{v}=\frac{\mathrm{d}\boldsymbol{r}}{\mathrm{d}t}=R(-\sin\theta\,\boldsymbol{i}+\cos\theta\,\boldsymbol{j})\frac{\mathrm{d}\theta}{\mathrm{d}t}=R\omega(-\sin\theta\,\boldsymbol{i}+\cos\theta\,\boldsymbol{j})$$

由 $\boldsymbol{r}\cdot\boldsymbol{v}=0$ 可知，座舱速度与位矢垂直，即速度沿圆周切线方向，速度大小为

$$v=\sqrt{v_x^2+v_y^2}=R\omega$$

实际上，这就是圆周运动的速率，即

$$v=\frac{\mathrm{d}s}{\mathrm{d}t}=\frac{\mathrm{d}(R\theta)}{\mathrm{d}t}=R\frac{\mathrm{d}\theta}{\mathrm{d}t} \tag{1-4}$$

其中，s 表示座舱的路程。

2）求座舱加速度

$$\boldsymbol{a}=\frac{\mathrm{d}\boldsymbol{v}}{\mathrm{d}t}=R(-\sin\theta\,\boldsymbol{i}+\cos\theta\,\boldsymbol{j})\frac{\mathrm{d}\omega}{\mathrm{d}t}+R\omega\frac{\mathrm{d}(-\sin\theta\,\boldsymbol{i}+\cos\theta\,\boldsymbol{j})}{\mathrm{d}t}$$

上式中加速度的第一部分 $R\beta(-\sin\theta\,\boldsymbol{i}+\cos\theta\,\boldsymbol{j})$ 与速度 $\boldsymbol{v}$ 的方向一致，是圆周运动的切向加速度，其大小为

$$a_{\mathrm{t}}=R\beta=\frac{\mathrm{d}v}{\mathrm{d}t} \tag{1-5}$$

式中

$$\beta=\frac{\mathrm{d}\omega}{\mathrm{d}t} \tag{1-6}$$

为圆周运动的角加速度。

第二部分 $R\omega\frac{\mathrm{d}(-\sin\theta\,\boldsymbol{i}+\cos\theta\,\boldsymbol{j})}{\mathrm{d}t}=-R\omega^2(\cos\theta\,\boldsymbol{i}+\sin\theta\,\boldsymbol{j})=-\boldsymbol{r}\omega^2$，与位矢 $\boldsymbol{r}$ 的方向相反，是圆周运动的法向加速度，即向心加速度，其大小为

$$a_{\mathrm{n}}=R\omega^2=\frac{v^2}{R} \tag{1-7}$$

由上述讨论可以看出，使用直角坐标系描述曲线运动的过程比较复杂，显然直角坐标系在这里并不是最佳选择，那么有没有其他更好的选择呢？接下来我们将在自然坐标系下探讨圆周运动的特点。

什么是自然坐标系呢？如图 1-9(b)所示，可以在质点运动轨迹上沿切向和法向分别选取切向单位矢量 $\boldsymbol{e}_{\mathrm{t}}$、法向单位矢量 $\boldsymbol{e}_{\mathrm{n}}$ 作两个坐标轴，建立随座舱运动不断变换坐标轴方位的自然坐标系。在自然坐标系中，座舱的速度记为

$$\boldsymbol{v}=v\boldsymbol{e}_{\mathrm{t}}=R\omega\boldsymbol{e}_{\mathrm{t}} \tag{1-8}$$

座舱的总加速度记为

$$\boldsymbol{a}=a_{\mathrm{t}}\boldsymbol{e}_{\mathrm{t}}+a_{\mathrm{n}}\boldsymbol{e}_{\mathrm{n}} \tag{1-9}$$

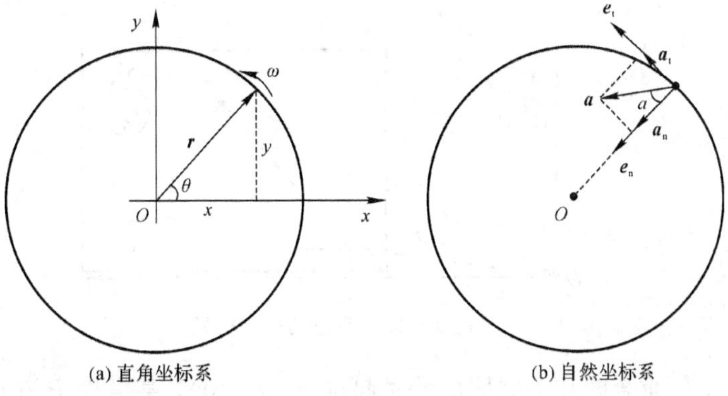

图 1-9　摩天轮座舱运动分析

其大小为

$$a=\sqrt{a_t^2+a_n^2}=R\sqrt{\beta^2+\omega^4}=\sqrt{\left(\frac{dv}{dt}\right)^2+\left(\frac{v^2}{R}\right)^2} \tag{1-10}$$

方向可用与 $\boldsymbol{e}_n$ 间的夹角表示：

$$\alpha=\arctan\frac{a_t}{a_n} \tag{1-11}$$

思考题 1-5 在求解上述摩天轮问题中，我们引入了角位移、角速度和角加速度等概念，并称之为角量描述，相对于角量描述，位矢、位移、速度和加速度称为线量描述，请思考为什么要引入这些概念，角量描述与我们之前学习的线量描述之间有什么关系？请尝试对比并列出上述关系。

3）力学相对性原理

在哥白尼(N. Copernicus)提出日心说后，有人提出质疑：既然地球绕太阳运动，那为什么不见地球上的物体落到地球的后面去？伽利略(G. Galilei)正确地指出：从行驶着的航船的桅杆顶上落下的石子，仍然会落到桅杆脚下，并不会因船的运动而落到桅杆后面；只要船的运动是平稳的，即使船运动得相当快，你跳向船尾也不会比跳向船头来得远，把东西扔向船头也不需要用更多的力，水滴还是滴进下面的罐子，蝴蝶和苍蝇继续随便地到处飞行，决不会向船尾集中，它们并不因为长时间留在空中为赶上船的运动而显出累的样子——所有的现象与船静止时比较，丝毫没有变化，你根本无法从其中任何一个现象来确定船是在运动还是停着不动。无独有偶，我国古代典籍也提出：“地恒动不止，而人不知。比如人在大舟中，闭牖而坐，舟行而人不知也。”这些论断是人类认识史上的重大飞跃，奠定了对物理学理论发展具有深远影响的一个重要原理：

力学相对性原理——一切惯性系对力学规律都是等价的。或者说，力学规律在一切惯性系中都具有相似的数学形式。

不同的惯性系具有同等的地位，同一事件可以在不同的惯性系中加以考察，其结果可通过伽利略变换相联系。该变换涉及牛顿的绝对时空观，即长度和时间的测量与参考系无关，简单来说，就是留在地面的甲与乘坐飞机飞行的乙具有相同的钟表时间，他们测同一把米尺，所得测量结果都是 1 米。正是在绝对时空观基础上才可以得到下面的变换关系。

设对两个惯性系分别建立直角坐标系 $S(Oxyz)$ 和 $S'(O'x'y'z')$，它们的坐标轴对应平行且正方向一致，S' 系相对于 S 系做沿 x 轴正方向的速率为 v_0 的匀速直线运动，如图 1-10所示。

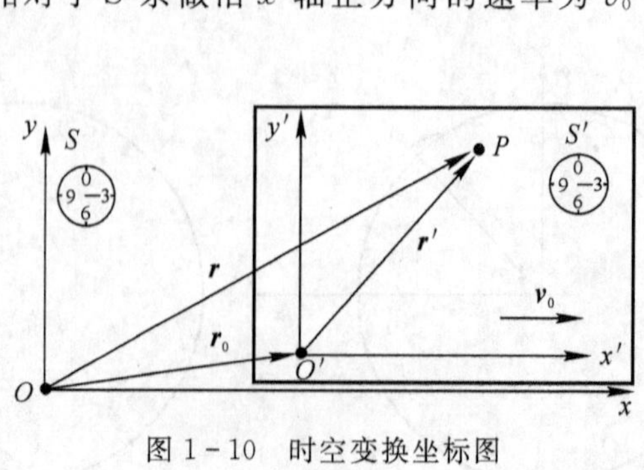

图 1-10 时空变换坐标图

取原点 O、O' 重合时作为共同的计时起点($t=t'=0$)，某事件 P 在两个参考系中的时空坐标分别为(x, y, z, t)、(x', y', z', t')，事件P在两个参考系中的位矢满足关系：

$$\overrightarrow{OP}=\overrightarrow{OO'}+\overrightarrow{O'P}$$

使用时空坐标表示，则有

$$x\boldsymbol{i}+y\boldsymbol{j}+z\boldsymbol{k}=v_0t\boldsymbol{i}+x'\boldsymbol{i}+y'\boldsymbol{j}+z'\boldsymbol{k}$$

因此，可得

$$\text{时间：}t'=t \qquad \text{（绝对时间）}$$

$$\text{空间：}\begin{cases}x'=x-v_0t\\ y'=y\\ z'=z\end{cases} \qquad \text{（绝对空间，相对运动）} \tag{1-12}$$

上式两边对时间求导，可得伽利略速度变换表达式：

$$\begin{cases}u_x{}'=u_x-v_0\\ u_y{}'=u_y\\ u_z{}'=u_z\end{cases} \tag{1-13}$$

如果在讨论中把S系$(Oxyz)$看作是地面参考系，S'系$(O'x'y'z')$看作是相对地面运动的参考系，则考察对象对S系的运动称为绝对运动，其运动速度u_x称为绝对速度。而与之相对，考察对象对S'系的运动称为相对运动，其运动速度$u_x{}'$称为相对速度。两个参考系间的相互运动称为牵连运动，则v_0为牵连速度。由此可知，在运动方向上：

$$u_x=u_x{}'+v_0 \tag{1-14}$$

即绝对速度u_x等于相对速度$u_x{}'$加牵连速度v_0。

例题 1-4 2012年12月26日，京广高铁全线开通运营，其平均时速为311 km/h。若列车服务员以5 km/h的速度向车尾走去，试讨论服务员所端物品的运动情况。

解 设地面为参考系S，取列车行进方向为x轴正方向；列车车厢为参考系S'，取列车车头方向为x'轴正方向。列车平稳运行时，S'系以速度$v=311\ \text{km/h}\approx-86.4\ \text{m/s}$相对于$S$系做匀速直线运动，有

$$u'=u-v$$

式中u'、u分别为服务员所端物品相对于车厢和地面的运动速度，即

$$u'=-5\ \text{km/h}\approx-1.4\ \text{m/s}$$

$$u=u'+v=(-5+311)\text{km/h}\approx(-1.4+86.4)\text{m/s}=85\ \text{m/s}$$

例题 1-5 从行驶速度为v_{0x}的敞篷跑车上，以速度v_{0y}竖直上抛一个彩球，试分析其相对于地面的运动情况。

解 由式(1-14)得

$$u'=u-v$$

即

$$v_{\text{物品-车厢}}=v_{\text{物品-地面}}-v_{\text{车厢-地面}}$$

或

$$v_{\text{物品-车厢}}+v_{\text{车厢-地面}}=v_{\text{物品-地面}}$$

更一般地，有

$$\boldsymbol{v}_{\text{AB}}+\boldsymbol{v}_{\text{BC}}=\boldsymbol{v}_{\text{AC}} \tag{1-15}$$

即A相对于B的速度，加上B相对于C的速度，等于A相对于C的速度。上式各项对时

间$(t'=t)$求导，得到加速度变换关系：

$$\boldsymbol{a}_{\mathrm{AB}}+\boldsymbol{a}_{\mathrm{BC}}=\boldsymbol{a}_{\mathrm{AC}} \tag{1-16}$$

应用到本例，有

$$\boldsymbol{v}_{彩球-跑车}+\boldsymbol{v}_{跑车-地面}=\boldsymbol{v}_{彩球-地面}$$

得彩球相对于地面的速度为

$$\boldsymbol{v}_{彩球-地面}=v_x\boldsymbol{i}+v_y\boldsymbol{j}$$

加速度

$$\boldsymbol{a}_{彩球-地面}=a_x\boldsymbol{i}+a_y\boldsymbol{j}$$

其中，竖直方向的加速度主要是向下的重力加速度，水平方向的加速度主要是空气阻力引起的向后的加速度。上述分析表明：对于不同的参考系，可以作速度、加速度的变换；速度、加速度可以作合成和分解。

综合起来，从地面观察，车上抛出的彩球做的是受阻力作用的近似抛物线运动。特别地，若忽略空气阻力，有

$$\begin{cases}v_x=v_{0x}\\ v_y=v_{0y}-gt\end{cases}$$

做积分，即

$$\begin{cases}\displaystyle\int_0^x \mathrm{d}x=\int_0^t v_{0x}\,\mathrm{d}t\\ \displaystyle\int_0^y \mathrm{d}y=\int_0^t (v_{0y}-gt)\,\mathrm{d}t\end{cases}$$

得

$$\begin{cases}x=v_{0x}t\\ y=v_{0y}t-\dfrac{1}{2}gt^2\end{cases}$$

上式为忽略空气阻力时彩球的运动方程，它反映质点坐标随时间的变化关系。消去方程中的参数t，得到质点运动时空间坐标之间的关系方程，即轨迹方程：

$$y=\left(\frac{v_{0y}}{v_{0x}}\right)x-\left(\frac{1}{2}\frac{g}{v_{0x}^2}\right)x^2$$

它是一条抛物线(见图1-11)，其最高点满足

$$\frac{\mathrm{d}y}{\mathrm{d}x}=\frac{v_{0y}}{v_{0x}}-2\left(\frac{1}{2}\frac{g}{v_{0x}^2}\right)x=0$$

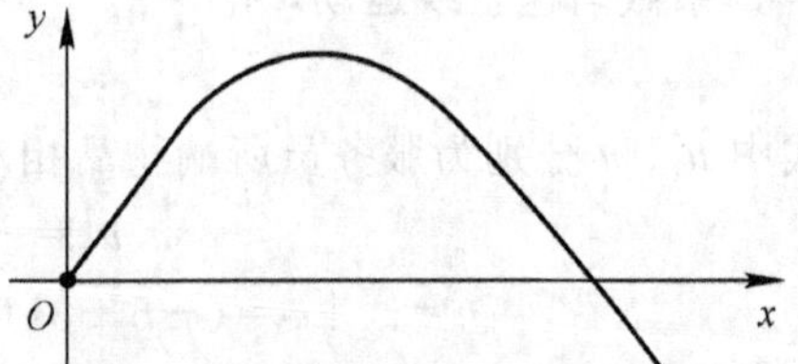

图1-11 忽略空气阻力时彩球的运动轨迹

解得

$$x=\frac{v_{0x}v_{0y}}{g},\ y=\frac{v_{0y}^2}{2g}$$

这个结果也可以从竖直上抛运动到最高点时速度为零($v_y=v_{0y}-gt=0$)求得。利用数学求导和利用物理意义都是很好的解题方法，两者实质上是相通的。

思考题1-6 1997年6月1日，柯受良驾驶汽车从壶口瀑布的山西一侧起飞，在壶口瀑布上空划出一条优美的弧线，最终落到陕西一侧，飞越总宽度为55米。试分析汽车的运动情况。

1.1.3　动力学

试分析下述过程各物体的运动及受力情况(图 1-12)：

(1) 运动员跳水(图 1-12(a))；

(2) 飞行员跳伞(图 1-12(b))；

(3) 观光热气球漂移(图 1-12(c))。

(a)　(b)　(c)

图 1-12　各物体的运动

在上一讲我们学习了如何描述物体的运动，接下来请思考并分析运动员跳水、飞行员跳伞及热气球飞行中人的运动及受力。请再想想：为何路上行驶的汽车可以突然急刹车并减速到零？

在思考题 1-6 中，柯受良飞跃黄河使用的是改装车，改装车有什么好处？为何在冰面上轻轻一推车就可以滑出很远？走路和急停是否都需要摩擦力？

要解答上述问题，就必须要学习动力学，分析讨论物体运动与受力之间的关系。力是什么？中国古代的《墨经》载："力，形之所以奋也。"这个认识难能可贵！西方的牛顿运动三定律则用物理学的语言完整地表述了力，那就是：

力——物体之间的相互作用。力可以改变物体的运动状态，也可以使物体产生形变等。力是矢量，可以分解，也可以合成。

1. 牛顿运动定律

牛顿第一定律——所有物体不受力作用时，总保持原来的运动状态，除非作用在它上面的力迫使它改变这种运动状态。

牛顿第二定律——运动的变化与外力作用成正比，方向为外力作用的方向：

$$\boldsymbol{F}=\frac{\mathrm{d}(m\boldsymbol{v})}{\mathrm{d}t}=m\boldsymbol{a} \tag{1-17}$$

牛顿第三定律——两个物体之间的作用力和反作用力，大小相等，方向相反，并且沿同一直线：

$$\boldsymbol{F}'=-\boldsymbol{F} \tag{1-18}$$

例题 1-6　汽车悬架系统上一般都装有减震器(见图 1-13(a))，试分析其作用。

解　汽车减震器主要由弹簧和阻尼器两部分组成。弹簧支撑着车身重量。在力的作用下，弹簧会发生一定的形变(见图 1-13(b))。在弹性限度内，弹簧的伸长量 x 与所受的力 f 满足胡克定律

$$f = -kx \tag{1-19}$$

式中 k 是弹簧的劲度系数(倔强系数)。

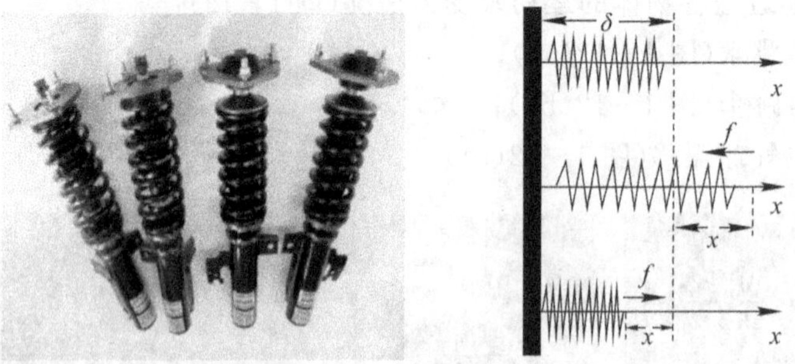

(a)　　(b)

图 1-13　弹簧的受力与形变与汽车的减震装置

汽车在凹凸不平的路面上行驶时，弹簧受到外力冲击后会立即缩短，在外力消失后又会迅速恢复原状，这样就会使车身发生剧烈的跳动。阻尼器的作用就是使弹簧的压缩和伸展变得缓慢，使车身的振动迅速衰减，从而起到减震的作用，大大改善汽车行驶的平顺性和舒适度。

例题 1-7　汽车行驶中，根据情况必须刹车时，需要实施制动。图 1-14 为汽车鼓式制动装置结构，试说明其工作原理。

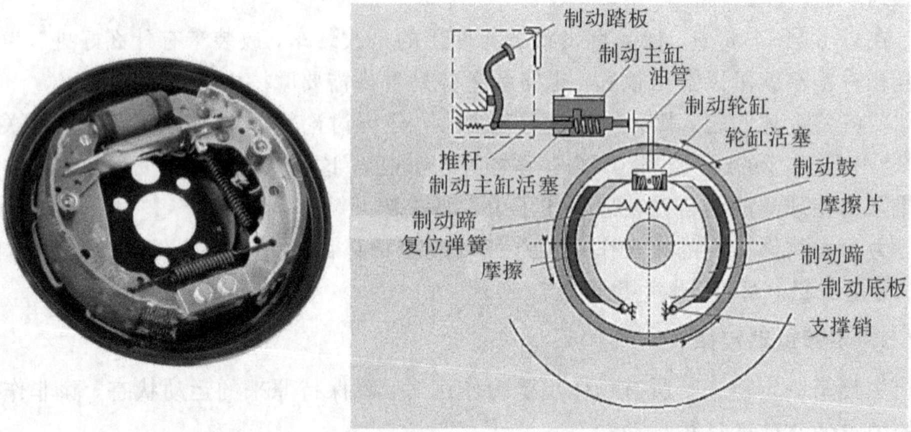

(a)　　(b)

图 1-14　鼓式制动系统

解　汽车的鼓式制动器有一个铸造的制动鼓，它由螺栓固定在车轮上随之一起转动。在制动鼓内，有一对制动蹄安装在制动底板上。在弹簧拉力的作用下，制动蹄与制动鼓不相接触。制动时，踩动刹车踏板，在液压作用下，制动轮缸的活塞外移，推动制动蹄向外张开，制动蹄上的摩擦片压住制动鼓的内表面，其摩擦力使得运动的汽车停止下来。

在鼓式制动中，制动鼓内表面在制动蹄摩擦片上滑动，这种摩擦属于滑动摩擦。滑动摩擦力 f 的大小与正压力 N 成正比，有

$$f = \mu N \tag{1-20}$$

式中：μ 为滑动摩擦系数，其大小与接触物体的材料、表面光滑程度、干湿程度、表面温

度、相对运动速度等都有关系。

例题 1－8　图 1－15 中，半径为 R 的重球浸没在液体中，BC 为墙壁，BOA 为悬挂铁球的绳子，CO 为水平支撑杆，$\angle BOC=30°$。求：

(1) 绳 OA 的拉力；

(2) 若支撑杆对绳子 O 处只施加水平方向的作用力，求这个力的大小。

解　(1) 重球受到平衡力的作用：

$$\boldsymbol{F}_{OA}+\boldsymbol{F}_{浮}+\boldsymbol{G}=\boldsymbol{0}$$

其中浮力的大小为

$$F_{浮}=\rho_{液}V_{排液}g=\rho_{液}\frac{4}{3}\pi R^3 g$$

重球所受的重力大小为

$$G=\rho_{球}V_{球}g=\rho_{球}\frac{4}{3}\pi R^3 g$$

绳 OA 对重球的向上拉力大小为

$$F_{OA}=(\rho_{球}-\rho_{液})\frac{4}{3}\pi R^3 g$$

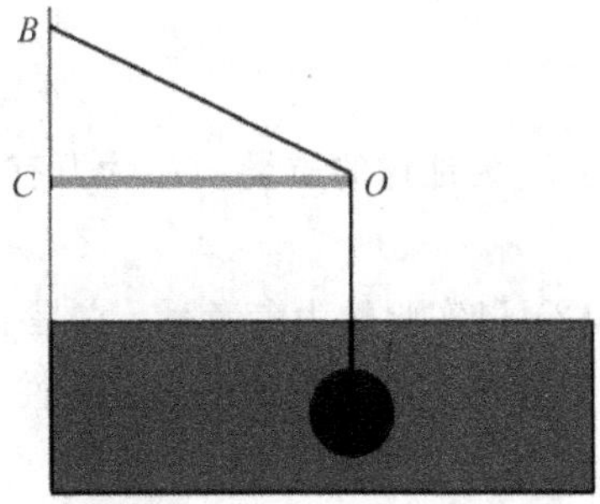

图 1－15　三角悬物装置

(2) 与支撑杆 O 端交接处的绳子处于平衡状态，有

$$\boldsymbol{F}_{AO}+\boldsymbol{F}_{BO}+\boldsymbol{F}_{CO}=\boldsymbol{0}$$

若取 O 为原点，OC 为 x 轴负方向，OA 为 y 轴负方向，建立直角坐标系，则绳 AO 向下拉交接处绳子的力为

$$\boldsymbol{F}_{AO}=-(\rho_{球}-\rho_{液})\frac{4}{3}\pi R^3 g\boldsymbol{j}$$

绳 BO 的斜向拉力可以作正交分解(见图 1－16(a))

$$\boldsymbol{F}_{BO}=-\sqrt{3}b\boldsymbol{i}+b\boldsymbol{j}$$

支撑杆 CO 向右顶绳子的力

$$\boldsymbol{F}_{CO}=a\boldsymbol{i}$$

联合上述四式，得支撑杆对绳子的作用力为

$$\boldsymbol{F}_{CO}=\sqrt{3}(\rho_{球}-\rho_{液})\frac{4}{3}\pi R^3 g\boldsymbol{i}$$

这个结果也可以由三个力合成零矢量(见图 1－16(b))直接得到：

$$\boldsymbol{F}_{CO}=\sqrt{3}\,|\boldsymbol{F}_{AO}|\,\boldsymbol{i}=\sqrt{3}(\rho_{球}-\rho_{液})\frac{4}{3}\pi R^3 g\boldsymbol{i}$$

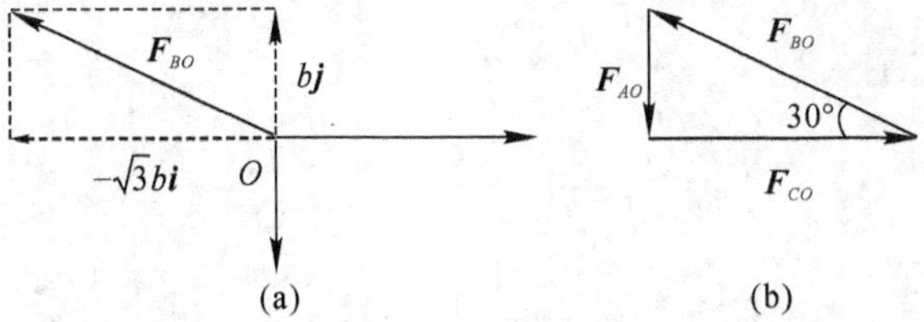

图 1－16　力的分解和合成

例题 1－9　2013 年 6 月 20 日上午，在距离地球 300 多公里的“天宫一号”实验舱里，“神舟十号”航天员成功举行了中国首次太空授课活动。试以不同的参考系分析实验舱里的

水滴的受力情况。

解　(1) 以地球为参考系，它可近似为一惯性系，实验舱里的水滴做匀速圆周运动。设水滴的质量为m，到地球中心的距离为R，绕地球做圆周运动的速度为v，则其向心力为

$$F=ma=m\frac{v^2}{R} \tag{1-21}$$

它由水滴受到地球的万有引力作用提供

$$F=F_{引}=G_0\frac{Mm}{R^2} \tag{1-22}$$

式中：M为地球的质量，G_0为万有引力常量，且

$$G_0=6.67\times10^{-11}\ \mathrm{N\cdot m^2/kg^2}$$

(2) 以实验舱为参考系，它是非惯性系，漂浮的水滴看上去处于失重的状态。这种情形可以视作水滴所受的引力与惯性离心力的平衡，即

$$\boldsymbol{F}_{引}+\boldsymbol{F}_{惯}=\boldsymbol{0}$$

其中惯性离心力为非真实力，且

$$F_{惯}=-ma=-m\frac{v^2}{R} \tag{1-23}$$

式中的负号是指其方向沿径向向外，起到抗衡引力的作用。

思考题 1-7　图 1-17(a)为中国海军发射“红旗九”远程防空导弹的实况，图 1-17(b)为中国成功发射的具备米级分辨率的“高分二号”遥感卫星示意图。试讨论导弹和卫星在受力和运动上的区别与联系。

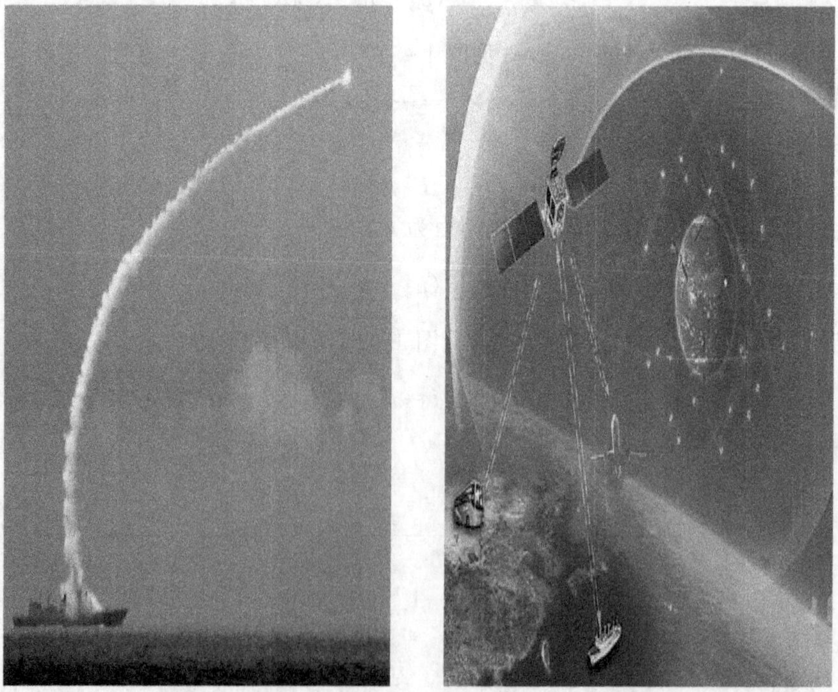

(a)　　(b)

图 1-17　“红旗九”远程防空导弹和“高分二号”遥感卫星

思考题 1－8 飞车走壁杂技表演中，演员驾车在口大底小的木制圆形建筑物内壁上奔驰，以 48 km/h 的速度挑战地球引力。将人车作为一个整体，设其总质量为 M，绕半径为 R 的圆以匀速率 v 运动，内壁与地面的夹角为 θ，若不计摩擦，(1) 分析人车受力情况；(2) 计算绕圆运动一周力的冲量。

2. 力的时空累积原理

1) 力的时间累积——动量定理

作用在物体上的力，或长或短，有一个延续的过程。由牛顿第二定律可知：

$$\boldsymbol{F}\mathrm{d}t=\mathrm{d}(m\boldsymbol{v}) \tag{1-24}$$

挥动的球拍可以有效改变飞行的乒乓球、羽毛球的运动速度。在公园里荡秋千的时候，如果你推动秋千，应该很容易体会到：同样的力作用同样长短的时间，物体的质量越大，速度改变得越小，反之则改变得越大。可见，质量和速度的乘积构成与物体动力学相关的一种量度。为此，定义动量：

$$\boldsymbol{p}=m\boldsymbol{v} \tag{1-25}$$

由式(1－25)与式(1－24)易知力对时间的累积：

$$\boldsymbol{F}_{合}\mathrm{d}t=\mathrm{d}\boldsymbol{p} \tag{1-26}$$

这是动量定理的微分形式。力对时间的累积叫作力的冲量：

$$\boldsymbol{I}=\int_{t_1}^{t_2}\boldsymbol{F}\mathrm{d}t \tag{1-27}$$

动量定理指出，合外力的冲量等于物体动量的增量，即

$$\boldsymbol{I}=\int_{t_1}^{t_2}\boldsymbol{F}\mathrm{d}t=\int_{p_1}^{p_2}\mathrm{d}\boldsymbol{p} \tag{1-28}$$

式(1－28)为动量定理的积分形式，若有多个力同时持续作用在同一质点上，则式中左边为作用在物体上的合外力的冲量：

$$\boldsymbol{I}_{合}=\int_{t_1}^{t_2}\boldsymbol{F}_{合}\mathrm{d}t$$

右边为力作用前后物体动量的增量：

$$\Delta\boldsymbol{p}=\boldsymbol{p}_2-\boldsymbol{p}_1$$

例题 1－10 打桩机是利用冲击力将桩贯入地层的桩工机械，由桩锤、桩架及附属设备等组成。桩锤依附在桩架前部两根平行的竖直导杆(俗称龙门)之间，用提升吊钩吊升。桩架为一钢结构塔架，后部设有卷扬机，用以起吊桩锤。图 1－18 为最简单的落锤式打桩机。设在某次打桩过程中，质量为 500 kg的重锤自由下落 2 m，在很短的时间 0.01 s 内打在桩上而停住，若该次打桩仅使桩打入一个微不足道的深度，求桩锤对桩的平均冲击力 F。

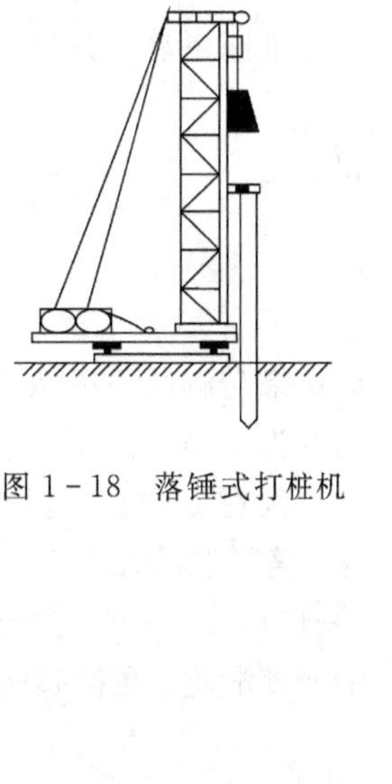

图 1－18 落锤式打桩机

解法一 桩锤自由下落满足：

$$g=\frac{\mathrm{d}v}{\mathrm{d}t}=\frac{\mathrm{d}v}{\mathrm{d}s}\cdot\frac{\mathrm{d}s}{\mathrm{d}t}=v\frac{\mathrm{d}v}{\mathrm{d}s}$$

从而可知：

$$\int_0^h g\mathrm{d}s = \int_0^v v\mathrm{d}v$$

由上式得：

$$v=\sqrt{2gh}$$

即桩锤获得动量

$$p=mv=m\sqrt{2gh}=500\times\sqrt{2\times9.8\times2}=3130.5(\mathrm{kg\cdot m/s})$$

打桩时，桩对桩锤的反作用力又使桩锤失去动量。根据动量定理，有

$$\int_0^{\Delta t}(mg-F)\mathrm{d}t=\int_p^0\mathrm{d}p$$

由此得到

$$(F-mg)\Delta t=p$$

桩锤对桩的平均冲击力

$$F=\frac{p}{\Delta t}+mg=\frac{3130.5}{0.01}+500\times9.8=317\ 950\approx32.444(\text{吨力})$$

解法二　桩锤自由下落满足：

$$g=\frac{\mathrm{d}v}{\mathrm{d}t}$$

两边同时积分：

$$\int_0^t g\mathrm{d}t=\int_0^v\mathrm{d}v$$

从而得：

$$gt=v=\frac{\mathrm{d}s}{\mathrm{d}t}$$

从而有

$$\int_0^\tau gt\,\mathrm{d}t=\int_0^h\mathrm{d}s$$

式中 τ 为桩锤自由下落 h 的时间，得

$$\tau=\sqrt{\frac{2h}{g}}$$

桩锤由静止开始自由下落，到打到桩上复归于静止，对整个过程应用动量定理，有

$$I_{\text{合}}=mg(\tau+\Delta t)-F\Delta t=\Delta p=0-0$$

得

$$F=\frac{mg(\tau+\Delta t)}{\Delta t}=\frac{mg\sqrt{\frac{2h}{g}}}{\Delta t}+mg=\frac{m\sqrt{2gh}}{\Delta t}+mg$$

此结果与解法一一致。从这个例子中可以看出，打桩机在捶打地面地桩的时候产生的作用力约为 32 吨力，该力大约为桩锤自重的 64 倍，那么如此巨大的作用力是如何产生的？

例题 1-11　鸟撞上飞机，轻者让飞机不能正常飞行，重者机毁人亡，酿成惨祸。2012 年，美联航波音 737 客机在即将降落时与一只飞鸟相撞，前部被撞出了一个大窟窿(见图 1-19)。1996 年，美国空军一架由波音 707 改装的预警机从机场起飞，以 230 海里/小时的速度滑跑，在抬起前轮的一刹那，撞上多只加拿大鹅，两台发动机瞬间起火，飞机坠毁，

空勤人员全部遇难。若一只加拿大鹅重 10 kg，撞击机身的时间为 0.01 s，求其对这架预警机的冲击力。

图 1-19　鸟对飞行安全的威胁

解　以地面为参考系，设加拿大鹅(以下简称为鸟)的速度为零。但以飞机为参考系，鸟的速度为

$$v=230\times1.85(\text{km/h})=230\times1.85/3.6(\text{m/s})=118.2(\text{m/s})$$

根据动量定理，鸟受到飞机的平均撞击力为

$$F=\frac{\Delta p}{\Delta t}=\frac{0-mv}{\Delta t}=-\frac{mv}{\Delta t}=-\frac{10\times118.2}{0.01}=-118\ 200\ (\text{N})\approx-12(\text{吨力})$$

负号表示撞击力的方向与鸟撞向飞机的方向相反。如此巨大的作用力，鸟自然被撞得粉身碎骨。但是反过来，飞机也受到鸟对它的反作用力。根据牛顿运动第三定律，作用力与反作用力作用在两个不同的物体上，两者大小相等，方向相反，作用在一条直线上，满足：

$$\boldsymbol{F}'=-\boldsymbol{F}$$

因此鸟对飞机冲击力的大小为

$$F'=12\ (\text{吨力})$$

方向与鸟撞击飞机的方向一致。上述计算表明，机场附近的飞鸟对飞行安全构成了极大的威胁。

例题 1-12　由美、俄科学家联合研制的“宇宙 1 号”是一种太阳帆航天器。2005 年 6 月 21 日发射升空的“宇宙 1 号”太阳帆，由 8 个 15 m 长的超薄三角形聚酯薄膜帆组成，总面积为 600 多平方米，总质量为 50 kg，可以环绕地球轨道运行(但终因火箭故障未能送入轨道)。试估算该太阳帆的推进动力。

解　设 Δt 时间里，共有 N 个光子打到面积为 S 的太阳帆上

$$N=nSL=nSc\Delta t$$

式中：n 为单位体积里的光子数，c 为光速。

作为简单的估算，设每个光子都垂直打到太阳帆上，又都被完全反射回来，由动量定理可知，这些光子受到的太阳帆的总反作用力为

$$F=\frac{\Delta p}{\Delta t}=N\frac{(-mc-mc)}{\Delta t}=-2mc^2nS$$

则太阳帆受到的辐射压强(光压)为

$$P=\frac{F'}{S}=\frac{-F}{S}=2mc^2n=2\overline{w}=2\ \frac{\overline{I}}{c}$$

式中：$\overline{w}$ 为光辐射的平均能量密度，$\overline{I}$ 为平均辐射强度。地球轨道上太阳辐射的平均强度为 1369(W/m^2)，则太阳帆受到的辐射压强为

$$P = 2\,\frac{\overline{I}}{c} = 2\times\frac{1369(\mathrm{W/m^2})}{3\times10^8(\mathrm{m/s})} = 9.13\times10^{-6}(\mathrm{J/m^3}) = 9.13\times10^{-6}(\mathrm{N\cdot m/m^3})$$

$$= 9.13\times10^{-6}(\mathrm{N/m^2})$$

从上式最后的单位可以看出，导出的物理量应该是一个压强。这是一种用单位(或量纲)初判公式是否正确的方法，叫作单位(或量纲)检验法。量纲是以给定量制中基本量的幂的乘积来表示某个物理量，定性地表达导出量与基本量的关系。例如，用 M、L、T 分别表示质量、长度、时间的量纲，则：

$$\text{能量密度 } w \text{ 的量纲} = \frac{\text{能量量纲}}{\text{体积量纲}} = M\cdot L^{-1}\cdot T^{-2}$$

$$\text{压强 } P \text{ 的量纲} = \frac{\text{力量纲}}{\text{面积量纲}} = M\cdot L^{-1}\cdot T^{-2}$$

两个量纲相同。

接下来计算辐射压力，即太阳帆的推进动力：

$$F' = PS = 9.13\times10^{-6}\times600 = 5.478\times10^{-3}(\mathrm{N})$$

这个力对 50 kg 的物质产生的加速度为

$$a = \frac{F'}{M} \approx 1.1\times10^{-4}(\mathrm{m/s^2})$$

可见，太阳帆的推进动力是很小的。但在没有空气阻力的太空，太阳帆的推进力仍然能将航天器加速到足够高的速度，使其挣脱地球引力，甚至飞离太阳系。

思考题 1-9　打水漂是我们儿时的乐趣。2007 年，这项人类古老的游戏被拉塞尔·贝尔斯发挥到了极致，他扔出的鹅卵石在美国宾夕法尼亚州的湖面上前行 76 m，跳跃了 51 下。打水漂对涉水投弹、航天器回收等都有重要启发。试考虑：(1) 如何考察石片单次击水跳起过程中动量的改变量？(2) 打水漂有什么技巧，其背后蕴含了怎样的物理学原理？

思考题 1-10　2012 年 6 月 29 日，在执行我国首次载人交会对接“天宫一号”任务后，“神舟九号” 3 名航天员平安返回地面。为避免返回舱着陆时航天员承受极其巨大的冲击力，需要配套一系列的保障措施。航天座椅就是保护航天员安全着陆的法宝之一，试设想其构造及工作原理。

2) 力的空间累积——动能定理

物体在力的作用下可以改变位置，移动一段距离。力对空间的累积效应就是功：

$$W = \int \boldsymbol{F}\cdot \mathrm{d}\boldsymbol{r} = \int F\mathrm{d}r\cos\theta \qquad (1-29)$$

式中：θ 为力 $\boldsymbol{F}$ 与位移 $\mathrm{d}\boldsymbol{r}$ 所夹的角(见图 1-20)。θ 的取值范围为 $0\sim\pi$，因此力对物体做功可正可负。我们将一个物体具有的对别的物体做功的本领定义为能量。能量有多种形式，其中物体由于运动而具有的对别的物体做功的本领叫作动能。力对物体做正功，物体的能量增加，反之能量减小。

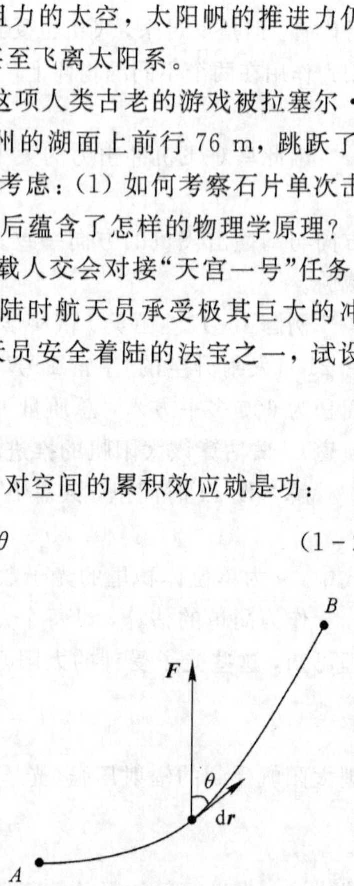

图 1-20　力的空间累积效应——功

做功的结果可以改变受力物体对别的物体做功的本领。例如，手用力对球拍做正功，增大了球拍对乒乓球做功的本领。又如，载人返回器着陆前，启动

反推火箭，打开降落伞，火箭反推力和大气阻力对返回器做负功，减小了返回器对地面做功的本领。在经典力学中，动能为

$$E_k=\frac{1}{2}mv^2 \tag{1-30}$$

动能定理指出，合外力对物体做功，等于物体动能的增量：

$$W=\int \boldsymbol{F}_{合}\cdot \mathrm{d}\boldsymbol{r}=\Delta E_k \tag{1-31}$$

动能定理的微分形式(力的空间累积)为

$$\boldsymbol{F}_{合}\cdot \mathrm{d}\boldsymbol{r}=\mathrm{d}E_k \tag{1-32}$$

例题 1-13　电子质量为 9.1×10^{-31} kg，置于总长为 1 m、强度为 100 V/m 的均匀电场中，由静止开始加速，求电子的末速度。尝试用力的空间累积效应(动能定理)解题。

解　根据动能定理，有

$$\boldsymbol{F}\cdot \mathrm{d}\boldsymbol{r}=\mathrm{d}E_k$$

电子在合外力 $\boldsymbol{F}=e\boldsymbol{E}$ 作用下做直线运动，有

$$\int_0^L e\boldsymbol{E}\,\mathrm{d}\boldsymbol{r}=\int_0^v \mathrm{d}\left(\frac{1}{2}mv^2\right)$$

得

$$eEL=\frac{1}{2}mv^2$$

电子的末速度为

$$v=\sqrt{\frac{2eEL}{m}}=5.930\times10^6\,(\mathrm{m/s})$$

例题 1-14　图 1-21 中，一质量为 m 的小物体自静止开始，从一固定的光滑四分之一圆弧面滑下，继续在水平板面上滑动一段距离 L，然后压缩弹簧。若小物体与水平板面的滑动摩擦系数为 μ，求弹簧被压缩的最大长度 x。

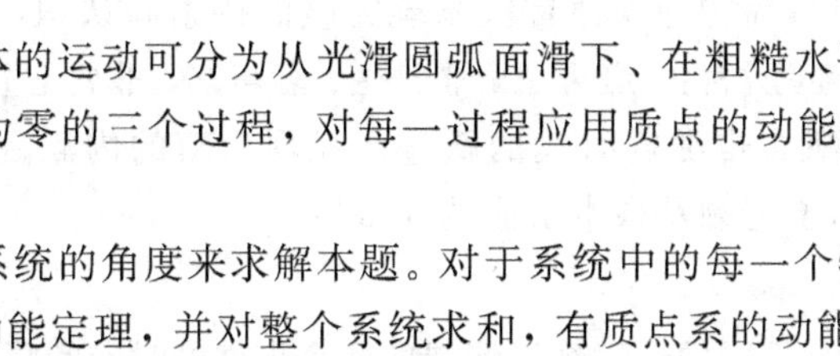

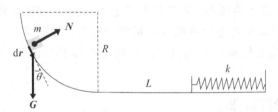

图 1-21　物体自圆弧面下滑后压缩弹簧

解　本题中小物体的运动可分为从光滑圆弧面滑下、在粗糙水平板面上滑行、最大程度压缩弹簧后速度降为零的三个过程，对每一过程应用质点的动能定理，即可解得弹簧被压缩的最大长度 x。

但我们也可以从系统的角度来求解本题。对于系统中的每一个物体，内力也就成了外力。对每个物体应用动能定理，并对整个系统求和，有质点系的动能定理：

$$\sum W_{外i}+\sum W_{内i}=\Delta E_k \tag{1-33}$$

即系统的外力和内力做功的总和等于系统动能的增量。

本题中，若取小物体、地球、弹簧为系统，则系统不受外力的作用，有

$$\sum W_{外i} = 0$$

系统的内力涉及小物体与支撑面之间的正压力 $\boldsymbol{N}$、小物体的重力 $\boldsymbol{G}$、弹簧的弹性力 $\boldsymbol{F}_{弹}$、小物体与水平板面之间的摩擦力 $\boldsymbol{F}_{摩}$。

由于正压力始终和位移垂直，故正压力不做功，即

$$W_N = \int \boldsymbol{N} \cdot \mathrm{d}\boldsymbol{r} = \int N\mathrm{d}r\cos 90^\circ = 0$$

重力所做的功为

$$W_G = \int \boldsymbol{G} \cdot \mathrm{d}\boldsymbol{r} = \int G\mathrm{d}r\cos\theta = \int_{h_1}^{h_2} mg(-\mathrm{d}h) = -mg(h_2 - h_1) = -\Delta(mgh) \quad (1-34)$$

弹性力所做的功为

$$W_{弹} = \int \boldsymbol{F}_{弹} \cdot \mathrm{d}\boldsymbol{r} = \int_{x_1}^{x_2} (-kx)\mathrm{d}x = -\frac{1}{2}k(x_2^2 - x_1^2) = -\Delta\left(\frac{1}{2}kx^2\right) \quad (1-35)$$

摩擦力所做的功为

$$\sum W_{摩} = F_{摩}S = -\mu mg(L + x)$$

于是，系统的外力和内力做功的总和为

$$\sum W_{外i} + \sum W_{内i} = -mg(0 - R) - \frac{1}{2}kx^2 - \mu mg(L + x)$$

从整个过程看，小物体一开始为静止，最后将弹簧压缩到最大程度时也是静止，因而过程始末系统的动能没有变化，即

$$\Delta E_{\mathrm{k}} = 0$$

应用质点系的动能定理，解得

$$x = \frac{-\mu mg + \sqrt{(\mu mg)^2 + 2kmg(R - \mu L)}}{k}$$

思考题 1-11 航空母舰的作战能力主要体现为舰载机。现代战机需要配备更多的武器、设备和燃料，重量大为增加，需要更大的速度才能达到起飞所要的升力。对于航空母舰来说，不可能通过加长跑道让战机获得足够的速度。弹射器专门针对这一问题而设计，它使得战机不需要完全依赖自身动力滑跑就可以获得必要的升力。试设想一种弹射器方案，并说明其原理。

1.1.4 经典力学的局限

经典力学是对自然界物理规律首次系统完整的探索和认识，其辉煌的成果灿若星辰。但是正如老子《道德经》所言："道可道，非常道。名可名，非常名。"事物总是在发展中前进的，物理规律、物理概念也随着时代的跃进而显现出新的内涵。从现代物理学的角度看，经典力学已经暴露出了它触及根本层面的局限性。

1）时空局限性

根据伽利略变换，不同的惯性系里测得的两个事件的时间间隔相等，即 $\Delta t' = \Delta t$；S' 系中测得的静置于该系中的杆子的长度，与 S 系中同时测量该杆子的两端坐标得出的杆子长度相等，即 $\Delta x' = \Delta x - v\Delta t = \Delta x$（反之亦然）——表明经典力学的时间和空间是一种绝对时间、绝

对空间。这种绝对的时间和绝对的空间作为一种独立于物质和运动而存在的孤傲之物，最终导致了物理理论之间的不协调以及观测与理论之间的不一致。从理论基本架构的角度考察，时空局限性是力学相对性原理对称或平权不彻底的体现。在爱因斯坦(A. Einstein)的相对论中，相对性原理首先由力学规律推广到了一切物理规律(狭义相对论)，进一步又将惯性系推广到了一切参考系(广义相对论)，时空则由绝对走到了相对，由平直走到了弯曲。经典力学的时空局限性既出人意料、又逻辑必然地从两个方面被打破了。

2）力学量联系局限性

经典力学的时间、空间、物质及其运动，只具有浅层意义上的联系。物体花一定的时间(t)在空间中运动一段距离(s)，其速度大小为 $v=s/t$。这里的时间、空间、物质、运动彼此互不影响，因而是相互独立的。但在相对论里，时间、空间、物质和运动是紧密联系的一个统一体。时空不再是孤立的，而是受物质及其运动影响的；反之，时空也影响物质的运动，等等。相对论揭示的这种时空、物质、运动的联系，是一种真正意义上、全方位、深刻的联系。

3）物质本性局限性

经典力学中，物体的运动具有确定的轨道，一个质点具有可以同时精确确定的位置和动量、时间和能量，等等。但是对物质及其运动的微观本质考察发现，物质的这些确定性不再存在。物质普遍具有波粒二象性，这种波不是经典意义下的机械波，粒子也不是经典意义下的粒子。物质表现为概率性、不确定性、叠加性、纠缠性等令人震惊的量子性质。量子物理充分展现了经典物理物质本性的局限性。

尽管有着上述重大局限性，经典力学作为日常应用(宏观低速情形下的应用)，已经相当令人满意了。今天，在生活、生产等绝大多数的领域，甚至像航空航天这样的高技术领域，经典力学依然作为中流砥柱的理论而闪耀着它夺目的光辉。

1.2 守恒定律及其应用

动量守恒定律和能量守恒定律是自然界的两大普适定律。在这一节的讨论中，守恒定律由动量定律和动能定律导出。但从本质上讲，守恒定律是时空均匀性(对称性)的反映，具有更深刻、更基本、更普遍的意义。两大守恒定律在自然现象的分析及工程技术的应用中有着极其重要的地位。

1.2.1 动量守恒定律

对于喷气飞机，其喷气发动机的燃料燃烧时产生的气体向后高速喷射，喷焰激波产生的马赫点清晰可见。马赫点的出现是焰流超过音速的标志，马赫点越多速度越快。试阐述喷气飞机的推进原理。

由上一节的动量定理 $\boldsymbol{F}_{合}\,\mathrm{d}t=\mathrm{d}\boldsymbol{p}$ 可知，当物体所受合外力 $\boldsymbol{F}_{合}=\boldsymbol{0}$ 时，其动量增量 $\mathrm{d}\boldsymbol{p}=\boldsymbol{0}$，即动量将保持不变。这个结论对于由若干个物体构成的系统来说也是成立的，称其为质点系的动量守恒定律，表述如下：

系统所受的外力和 $\sum\boldsymbol{F}_i=\boldsymbol{0}$ 时，其总动量 $\sum m_i\boldsymbol{v}_i$ 保持不变。

这里只考虑外力而不考虑内力，是因为系统内物体间的相互作用力等值反向，其冲量和为零，对系统的总动量不产生影响。由动量守恒定律可以推导出直角坐标系中动量守恒定律的表达式：

$$\begin{cases}\text{如果 } F_x = 0\text{，则} \sum_i m_i v_{ix} = p_x = \text{常数} \\ \text{如果 } F_y = 0\text{，则} \sum_i m_i v_{iy} = p_y = \text{常数} \\ \text{如果 } F_z = 0\text{，则} \sum_i m_i v_{iz} = p_z = \text{常数}\end{cases} \tag{1-36}$$

例题 1-15 国产 A100 远程火箭炮是一种 10 管火箭发射系统，使用长 7.3 m、口径 300 mm、单发重 840 kg(携带 235 kg 弹头)的火箭弹，射程为 40～100 km，可以在"超视距"距离上打击敌人纵深大规模装甲编队。现假设地面光滑，炮车质量为 M，火箭弹的质量为 m，发射时炮管与地面的夹角为 α，相对于炮管的射弹速度为 v，求：

(1) 炮车的后冲速度 V；

(2) 短时间 t 内炮车与火箭弹分离的水平距离；

(3) 从质心的角度分析炮车与火箭弹的水平运动。

解 (1) 设炮车和火箭弹为一系统，它在水平方向上不受任何外力的作用，因而可以在水平方向上运用动量守恒定律。设炮车后移的方向为速度的反方向，以地面为参考系，有

$$0 = M\cdot(-V) + m\cdot(v\cos\alpha - V)$$

得炮车的后冲速度为

$$V = \frac{m}{M+m}v\cos\alpha$$

(2) 短时间 t 内炮车移动的距离为

$$S = -Vt = -\frac{m}{M+m}vt\cos\alpha$$

火箭弹行进的水平距离为

$$s = (v\cos\alpha - V)t = \frac{M}{M+m}vt\cos\alpha$$

炮车与火箭弹分离的水平距离为

$$s - S = \frac{M}{M+m}vt\cos\alpha + \frac{m}{M+m}vt\cos\alpha = vt\cos\alpha$$

这个结果也可以从火箭弹相对于炮车的运动速度 v 直接计算得到。

(3) 系统质心的定义为

$$\boldsymbol{r}_c = \frac{\sum m_i \boldsymbol{r}_i}{\sum m_i} \tag{1-37}$$

式中：$\boldsymbol{r}_c$ 为质心的位置矢量，$\sum m_i$ 为系统的总质量。有

$$\boldsymbol{v}_c = \frac{d\boldsymbol{r}_c}{dt} = \frac{d}{dt}\left(\frac{\sum m_i \boldsymbol{r}_i}{\sum m_i}\right) = \frac{\sum m_i \boldsymbol{v}_i}{\sum m_i}$$

若系统所受的外力和 $\sum \boldsymbol{F}_i = \boldsymbol{0}$，根据动量守恒定律，有 $\sum m_i \boldsymbol{v}_i =$ 常矢量，从而质心速度 $\boldsymbol{v}_c$ 保持不变，质心的加速度 $\boldsymbol{a}_c = \boldsymbol{0}$（质心保持静止或做匀速直线运动）。一般地，我们有

$$\sum \boldsymbol{F}_i = \left(\sum m_i\right) \boldsymbol{a}_c \tag{1-38}$$

并将其叫作系统的质心运动定理。

对于本题，虽然炮车与火箭弹发生了分离，但水平方向上系统的质心位置

$$x_c = \frac{\sum m_i x_i}{\sum m_i} = \frac{MS + ms}{M + m} = 0$$

即质心保持着起初的静止状态——这是系统在水平方向上不受任何外力作用的必然结果。

例题 1－16 太空行走是载人航天的一项关键技术。宇航员通过出舱活动，在轨道上安装大型设备、检查和维修航天器、施放卫星、进行科学实验等。要实现这一目标，需要诸多的特殊技术保障。2008 年 9 月 27 日，中国“神舟七号”航天员翟志刚执行载人航天飞行出舱活动任务。1965 年 6 月 3 日，美国航天员怀特用喷气装置使自己在太空中机动飞行，在舱外行走 21 分钟。试分析航天员利用喷气动力实现太空行走的原理。

解 航天员利用喷气装置实现太空行走，其原理可以从下述几方面加以讨论：

(1) 牛顿第三运动定律：

$$\boldsymbol{F}' = -\boldsymbol{F}$$

喷气装置向后喷出气体，装置对气体施加了作用力 $\boldsymbol{F}$；反过来，气体也对装置施加了反作用力 $\boldsymbol{F}'$，从而推动航天员向前行走或改变行走方向等(以下仅讨论前推力)。

(2) 动量定理：

$$\Delta \boldsymbol{p} = \int_{p_1}^{p_2} \mathrm{d}\boldsymbol{p} = \int_{t_1}^{t_2} \boldsymbol{F}' \mathrm{d}t$$

气体反作用力 $\boldsymbol{F}'$ 的冲量使得航天员及全部附属装置(以下简称航天员)的动量 $\boldsymbol{p}$ 增加，前行速度增大。

(3) 质心运动定理：

$$\sum \boldsymbol{F}_i = \left(\sum m_i\right) \boldsymbol{a}_c$$

航天员和喷出气体构成一个系统，它不受任何外力的作用，因而系统质心没有加速度。若原来系统是静止的，则质心位置将保持不变，但喷出气体的位置向后移动，故航天员会向前方行进。

(4) 动量守恒定律：

$$\text{系统所受的外力和} \sum \boldsymbol{F}_i = \boldsymbol{0} \text{ 时，其总动量} \sum m_i \boldsymbol{v}_i \text{ 保持不变}$$

航天员和喷出气体构成的系统不受任何外力的作用，因而系统总动量守恒。取某一时刻的航天员为参考系，并设航天员行进的方向为正方向，有

$$0 = m \cdot \mathrm{d}v + (-\mathrm{d}m) \cdot (-u)$$

式中：m 是 t 时刻航天员的总质量(因为不断地喷气，这个质量将随时间逐渐减小)，v 是航天员相对于太空舱的飞行速度，$-\mathrm{d}m$ 是 $\mathrm{d}t$ 时间里喷出气体的质量，u 为气体相对于航天员向后喷出的速度，则

$$\mathrm{d}v = -u\frac{\mathrm{d}m}{m}$$

设开始时航天员的速度为零，总质量为 m_0，有

$$\int_0^v \mathrm{d}v = -u\int_{m_0}^{m}\frac{\mathrm{d}m}{m}$$

得

$$v = u\ln\frac{m_0}{m} \tag{1-39}$$

图 1-22 为航天员行进速度随质量变化的曲线。由图可见，随着气体的向后喷出，航天员的总质量 m 逐渐减小，速度 v 越来越大。

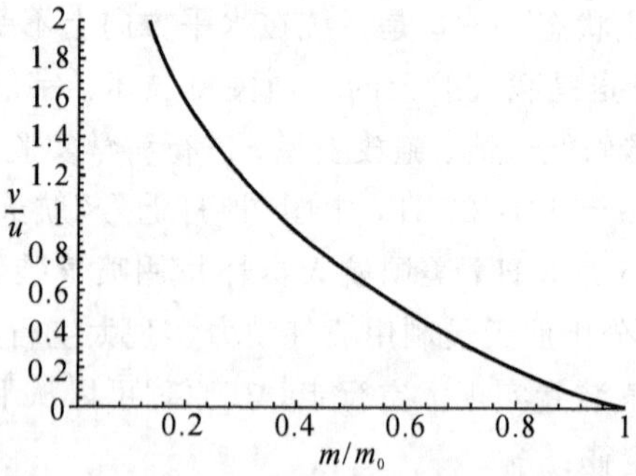

图 1-22　喷气推动太空行走速度变化曲线

例如，假设开始时航天员的总质量为 250 kg，喷气相对于喷嘴的速度为 300 m/s，每秒喷气 50 g，则喷气 2 min 后航天员的前行速度为

$$v = u\ln\frac{m_0}{m} = 300\times\ln\frac{250}{250-0.05\times60\times2}\approx 7.29\ (\mathrm{m/s})$$

思考题 1-12　“东风夜放花千树，更吹落、星如雨。”辛弃疾《青玉案·元夕》描写了美丽的烟花夜景。试分析烟花呈球状盛放的成因。

思考题 1-13　某士兵持冲锋枪进行实弹演练时，枪支质量为 3.9 kg，枪管长度为 415 mm，弹头质量为 7.9 g。设射击时枪身水平放置，弹头在枪膛内相对于地面做匀加速运动，离开枪口的速率为 710 m/s，试求：(1) 枪身后坐速度；(2) 枪身后坐距离。

1.2.2　能量守恒定律

2014 年 8 月，美国山地车手 Cam Zink 完成了一次令人惊叹的山地车后空翻表演，以完美的姿态翻越 30.55 m 的距离，创新了世界纪录。试讨论整个后空翻过程中人车动量和能量的变化情况。

能量守恒定律是自然界中另一大最具普遍性的定律，它是由不同国家的十多位学者差不多同时发现的。当时科学界倾向于一种哲学思想：自然现象是普遍联系的。德国医生迈尔(J. R. Mayer)最早从血液颜色的观察思考中提出了能量的转化和守恒(1842 年)。其他发现者还有英国酿酒商焦耳(J. P. Joule)、德国物理学家亥姆霍兹(H. von Helmholtz)等。我们首先从由系统的动能定理导出的功能原理说起。

1. 系统的功能原理

在例题 1-14 中，由式(1-34)、式(1-35)可以看出，重力和弹性力所做的功仅与物体

的始末位置有关，而与具体路径无关，像这样的力称为保守力。与之相似，我们也可以推导得到万有引力做功也满足保守力的特征，因此万有引力也是保守力。当我们取物体与地球、物体与星体、物体与弹簧为系统时，这些力称为保守内力。

定义与系统中物体的位置相联系的做功本领为系统的势能，则保守内力做正功，对应着系统势能的减小(负增量)：

$$W_{保内} = -\Delta E_p \tag{1-40}$$

与重力对应的势能叫重力势能：

$$E_p = mgh \tag{1-41}$$

与引力对应的势能叫引力势能：

$$E_p = -\frac{GMm}{r} \tag{1-42}$$

与弹性力对应的势能叫弹性势能：

$$E_p = \frac{1}{2}kx^2 \tag{1-43}$$

考虑到系统的内力除了有保守内力外，还有摩擦力、空气阻力等非保守内力，因而

$$\sum W_{内i} = \sum W_{保内i} + \sum W_{非保内i}$$

而

$$\sum W_{保内i} = -\Delta E_p$$

则由质点系的动能定理

$$\sum W_{外i} + \sum W_{内i} = \Delta E_k$$

得到系统的功能原理：

$$\sum W_{外i} + \sum W_{非保内i} = \Delta(E_k + E_p) \tag{1-44}$$

式中动能和势能的和

$$E_k + E_p = E \tag{1-45}$$

为系统的机械能。

系统的功能原理表明，系统所受外力和非保守内力的功的总和，等于其机械能的增量。将其应用到例题1-14，取小物体、地球、弹簧为系统，则系统不受外力的作用，有

$$\sum W_{外i} = 0$$

摩擦力作为非保守内力做功：

$$\sum W_{非保内i} = F_{摩}S = -\mu mg(L + x)$$

弹簧受到最大压缩时，小物体的速度为零，故过程始末系统的动能增量$\Delta E_k = 0$。系统的势能包括重力势能和弹性势能两部分，其增量

$$\Delta E_p = \Delta\left(mgh + \frac{1}{2}kx^2\right) = -mgR + \frac{1}{2}kx^2$$

于是有

$$-\mu mg(L + x) = -mgR + \frac{1}{2}kx^2$$

解得

$$x=\frac{-\mu mg+\sqrt{(\mu mg)^2+2kmg(R-\mu L)}}{k}$$

它与由质点系的动能定理解得的结果一致。

例题 1-17 C919 是中国继运-10 后自主设计、研制的第二种大型客机，于 2015 年底首飞。设计客座数 156(两级)/168 (单级)，标准型最大起飞重量为 72 500 kg，延程型为 77 300 kg。试分析飞机如何在高空中撑托起如此大的重量。

解 以飞行中的飞机为参考系，飞机周围的空气就是高速向后的气流，这就涉及流体力学中的伯努利方程：

$$p+\frac{1}{2}\rho v^2+\rho gh=\text{常量} \tag{1-46}$$

它反映了理想流体(不可压缩、没有黏性)做稳定流动时，流体中某点的压强 p、流速 v 和高度 h 之间的关系。这个关系可用系统的功能原理加以推导。如图 1-23 所示，管道中稳定流动着密度为 ρ 的某种液体。取 a_1a_2 段流体和地球为研究对象，经过 Δt 时间后，这段流体位置换到了 b_1b_2，流动过程中系统不受非保守内力的作用，外力 p_1S_1 做正功，p_2S_2 做负功，即

$$\sum W_{\text{外}i}+\sum W_{\text{非保内}i}=p_1S_1v_1\Delta t-p_2S_2v_2\Delta t+0=V(p_1-p_2)$$

式中：V 为 a_1a_2 段即 b_1b_2 段流体的体积。

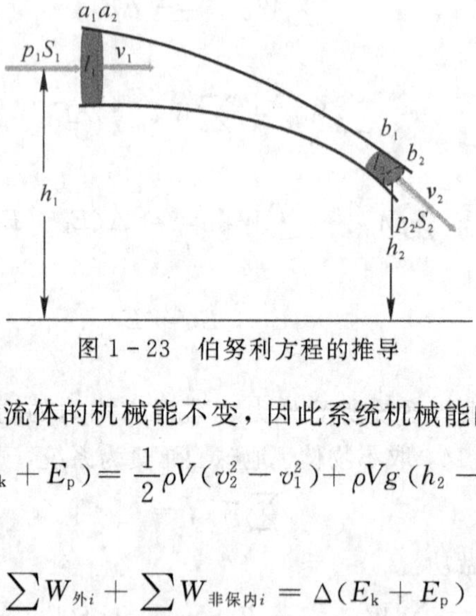

图 1-23 伯努利方程的推导

由于 a_1a_2 段和 b_1b_2 段流体的机械能不变，因此系统机械能的增量为

$$\Delta(E_\text{k}+E_\text{p})=\frac{1}{2}\rho V(v_2^2-v_1^2)+\rho Vg(h_2-h_1)$$

根据系统的功能原理

$$\sum W_{\text{外}i}+\sum W_{\text{非保内}i}=\Delta(E_\text{k}+E_\text{p})$$

得

$$\frac{1}{2}\rho(v_2^2-v_1^2)+\rho g(h_2-h_1)=p_1-p_2$$

即

$$p_1+\frac{1}{2}\rho v_1^2+\rho gh_1=p_2+\frac{1}{2}\rho v_2^2+\rho gh_2=\text{常量}$$

这就证明了伯努利方程。特别地，当高度相同时，有

$$p+\frac{1}{2}\rho v^2=\text{常量}$$

因此，流体流速大的地方压强小，流速小的地方压强大。空气流虽然不是理想流体，但这个结论还是成立的。飞机飞行中产生升力的原理正是如此。

如图 1-24 所示，在飞机飞行过程中，凸形机翼下方的空气流速小、压强大，上方流速大、压强小，上下两个面的压力差构成了飞机的升力。正是这个力量支撑起了飞机巨大的重量，使其能够翱翔于蓝天白云。

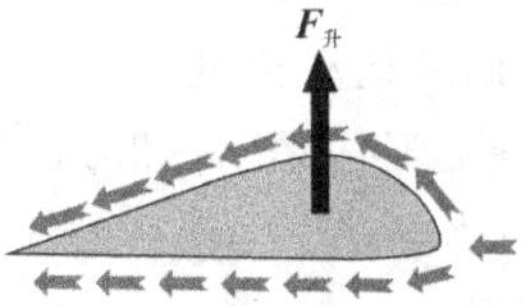

图 1-24　飞机飞行中的升力

飞机升力的大小取决于诸多因素，其公式为

$$F = C_l \frac{1}{2}\rho v^2 S \tag{1-47}$$

式中：ρ 为空气密度；v 为气流相对于机翼的速度；S 为机翼面积；C_l 为升力系数，其值与机翼的形状、剖面以及迎角(翼型方向和来流方向的夹角)等因素有关，通常是十分复杂的，需要由试验来测定。

2. 机械能守恒定律

机械能守恒定律可由系统的功能原理得到。对于系统的功能原理：

$$\sum W_{外i} + \sum W_{非保内i} = \Delta(E_k + E_p) \tag{1-48}$$

若系统所受的外力和非保守内力都不做功，或者它们的总功为零，则系统内各物体的动能和势能可以依赖保守内力做功而相互转换，但系统机械能的总值保持不变，称为机械能守恒定律，表述如下：若系统所受外力和非保守内力的功 $\sum W_{外i} + \sum W_{非保内i} = 0$，则系统的机械能 $E = E_k + E_p =$ 常量，也就是 $\Delta(E_k + E_p) = 0$。

例题 1-18　如图 1-25 所示，一小物块由静止开始，从斜面最上部滑下来，假设所有面都是光滑的，求滑到斜面底部时：(1) 小物块相对于地面的下滑速度 v；(2) 斜面相对于地面的移动速度 V。

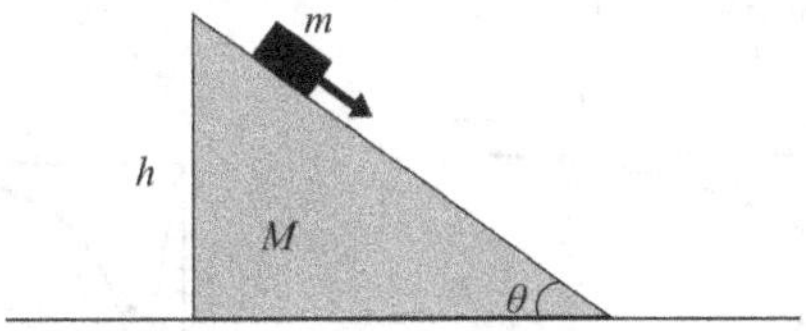

图 1-25　小物块从光滑斜面上滑下

解　取地球、斜面、小物块为系统，系统不受任何外力的作用，故外力做功为零。各面光滑，没有摩擦力，非保守内力不做功。水平面与斜面之间的正压力不做功，小物块与斜面之间的正压力对两个物体分别做功，但对斜面做的是正功，对小物块做的是负功，加起来为零。余下来只有重力做功，但重力是保守内力，它做的功只是使系统的重力势能向动能转化，而不改变系统机械能的总值。总括起来，本题可用机械能守恒定律求解。

取水平面为重力势能零点位置，小物块由斜面顶端滑到底端，有

$$E = E_{\mathrm{k}} + E_{\mathrm{p}} = 0 + mgh = \left(\frac{1}{2}MV^2 + \frac{1}{2}mv^2\right) + 0$$

另一方面，取斜面、小物块为系统，它在水平方向不受外力的作用，因而水平方向动量守恒。取斜面滑动方向为速度的负方向，有

$$0 + 0 = -MV + m(v'\cos\theta - V)$$

式中：v'为小物块相对于斜面的速度，$v'\cos\theta - V = v'_x - V = v_x$ 为水平方向上小物块相对于地面的速度，V 为斜面相对于地面的运动速度。$\boldsymbol{v}$、$\boldsymbol{v}'$、$\boldsymbol{V}$ 三者满足相对运动的速度变换关系 $\boldsymbol{v}_{物\text{-}地} = \boldsymbol{v}_{物\text{-}斜面} + \boldsymbol{v}_{斜面\text{-}地}$，即 $\boldsymbol{v} = \boldsymbol{v}' + \boldsymbol{V}$(见图 1-26)，有

$$v^2 = v'^2 + V^2 - 2v'V\cos\theta$$

联合上面三式，消去 v'，解得

$$V = \sqrt{\frac{2gh}{\left(\dfrac{M+m}{m\cos\theta}\right)^2 - \dfrac{M+m}{m}}}$$

$$v = \sqrt{2gh} \cdot \sqrt{1 - \frac{\dfrac{M}{m}}{\left(\dfrac{M+m}{m\cos\theta}\right)^2 - \dfrac{M+m}{m}}}$$

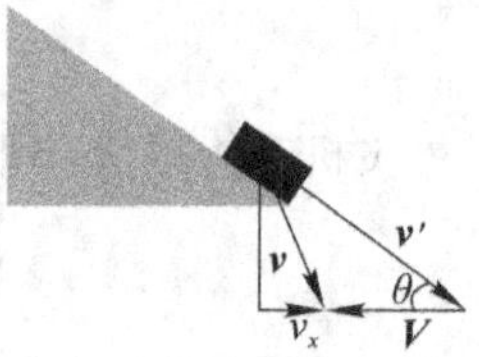

图 1-26　小物块速度的关系

作为特例，我们取 $\theta = 90°$，得 $V = 0$，$v = \sqrt{2gh}$，这与实际情况是符合的。利用这种特例检验法，可以快速判断解题结果是否正确。

再来看由势能转换成动能的情况。图 1-27 为四种不同的质量比情况下，小物块和斜面的动能随斜面倾角 θ 的变化曲线(令势能 $mgh = 1$)。从这些曲线中可以解读出怎样的信息？

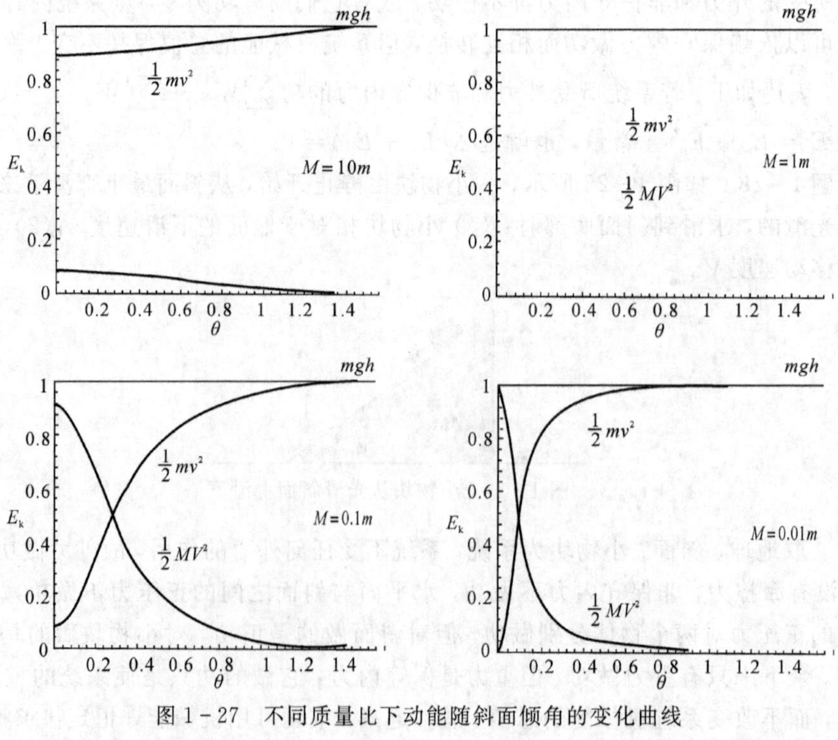

图 1-27　不同质量比下动能随斜面倾角的变化曲线

例题 1-19　成语"水滴石穿"说明高处落下的水滴对物体具有冲击力，可以做功。设水滴半径为 2 mm，碰击时间为 0.001 s，碰击后停在石板上，试求下述两种情况下水滴对物体的平均冲击力：(1) 水滴自高 5 m 的屋檐滴下；(2) 水滴自高 2000 m 的云层底部落下。

解　水滴质量为

$$m=\rho\cdot\frac{4}{3}\pi r^3=1\times10^3\times\frac{4}{3}\times3.14\times0.002^3\approx0.0335\ (\text{g})$$

(1) 水滴自屋檐滴下：

水滴自高处落下，重力势能向动能转化，根据机械能守恒定律，有

$$mgh=\frac{1}{2}mv^2$$

得落地速度为

$$v=\sqrt{2gh}=\sqrt{2\times9.8\times5}\approx9.9\ (\text{m/s})$$

水滴打到石板上停住，根据动量定理

$$\Delta p=mv=(F-mg)\Delta t$$

可知水滴对石板的平均冲击力远大于水滴重力，故可以在计算中忽略水滴重力做简化计算，求得水滴对石板的平均冲击力为

$$F\approx\frac{m\sqrt{2gh}}{\Delta t}=\frac{\rho\cdot\frac{4}{3}\pi r^3\sqrt{2gh}}{\Delta t}=\frac{0.0335\times10^{-3}\times9.9}{0.001}$$

$$\approx0.33(\text{N})\approx34(\text{克力})=1010G_{\text{水滴}}$$

这个力比水滴自身的重力大多了，但打在石板上还是很微弱的。不过日积月累，最后还是能打出凹洞来。

(2) 水滴自云层底部落下：

类似地，计算落地速度：

$$v=\sqrt{2gh}=\sqrt{2\times9.8\times2000}\approx198\ (\text{m/s})$$

水滴打到石板上的平均冲击力为

$$F\approx\frac{mv}{\Delta t}=\frac{0.0335\times10^{-3}\times198}{0.001}\approx6.63(\text{N})\approx677\ (\text{克力})=20\ 200G_{\text{水滴}}$$

显然，这个力是比较大的。若果真如此，恐怕"雨打梨花"的时候，我们即便"深闭门"(李重元《忆王孙·春词》)也不见得安全了。实际情况是，雨点打到人身上时，人并不觉得有多大的力量。王安石《伤春怨》词写道："雨打江南树，一夜花开无数。绿叶渐成阴，下有游人归路。"表明雨水不仅没有带来伤害，反而造就了勃勃生机的景象。这又是为什么呢？——空气阻力！

雨滴在空气中受到的阻力跟空气的黏滞系数、雨滴颗粒大小及形状、雨滴速度等诸多因素有关，比较复杂。作为一个简单的模型，设空气阻力与雨滴速度的二次方成正比。设运动方向为正方向，有

$$f=-kv^2$$

根据牛顿第二运动定律，有

$$mg-kv^2=m\frac{\mathrm{d}v}{\mathrm{d}t}$$

注意到

$$\frac{dv}{dt}=\frac{dv}{dt}\cdot\frac{dy}{dy}=v\frac{dv}{dy}$$

得

$$2dy=\frac{dv^2}{g-\frac{k}{m}v^2}$$

两边积分，有

$$-\frac{k}{m}\int_0^y 2dy=\int_0^v\frac{1}{g-\frac{k}{m}v^2}d\left(g-\frac{k}{m}v^2\right)$$

得

$$v=\sqrt{\frac{mg}{k}(1-e^{-\frac{2ky}{m}})}$$

上式中，当 y 足够大时，v 趋向于极限 $\sqrt{mg/k}$。这个结果实际上反映了下落足够的高度后，空气阻力 kv^2 与水滴自身重力 mg 达到平衡，水滴近乎做匀速直线运动，即达到其最大下落速度

$$v_{max}=\sqrt{\frac{mg}{k}}=\sqrt{\frac{\rho\cdot\frac{4}{3}\pi r^3 g}{k}}$$

根据一些实际的观测资料，对于 $r=2$ mm 的水滴，若近似取 $k=2.3\times10^{-6}\ \mathrm{N\cdot m^{-2}\cdot s^2}$，有

$$v_{max}\approx 11.9(\mathrm{m/s})$$

这个结果可以从图 1-28 的 $v-y$ 变化曲线中直观地看出。实际上，当水滴下落 30 m 的高度时，已经非常接近最大速度了。水滴在进一步下落的过程中，基本上很好地保持着匀速运动，最后落地时，这个速度大大小于不计空气阻力求得的速度。

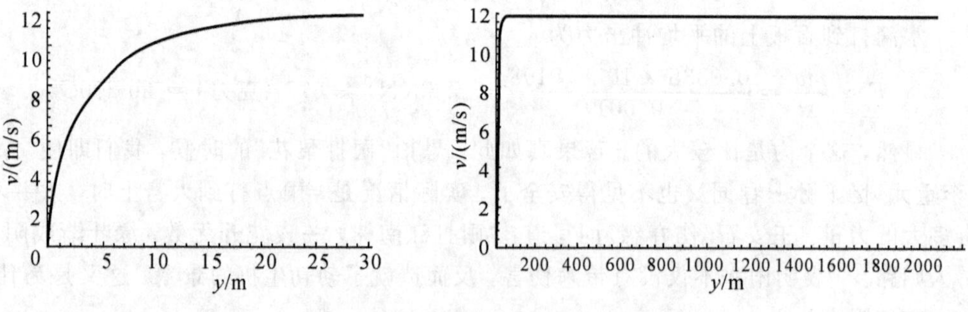

图 1-28　水滴速度随下落高度变化曲线

现在再来计算水滴打到地面物体的平均冲击力：

$$F\approx\frac{mv_{max}}{\Delta t}=\frac{0.0335\times10^{-3}\times11.9}{0.001}\approx0.4(\mathrm{N})\approx40.7(\text{克力})=1214G_{\text{水滴}}$$

这个力比从屋檐上落下的水滴的冲击力大不了多少，显然不会给人带来伤害。

3. 能量守恒定律

自然界的能量除了有机械能(动能和势能)外，还有其他多种形式，如热能、电磁能、

核能等。经过长期的实践探索，人们最终认识到，能量既不会创生，也不会消灭，它只会转化或转移，而不会改变总量，此即能量守恒定律。

能量守恒定律—— 孤立系统各种能的总量将保持不变，能量只能从一种形式转化为另一种形式，或者从系统内一个物体转移到另一个物体。

能量的转化与守恒在自然界中比比皆是。“解落三秋叶，能开二月花。过江千尺浪，入竹万竿斜。”(唐·李峤)“千古兴亡多少事？悠悠。不尽长江滚滚流。”(南宋·辛弃疾)——这些都是极生动的例子。在例题1-19中，空气、水滴和地球构成一个孤立系统(不与其他物体有物质和能量交换的系统)，它同样也遵循能量守恒定律。我们可以自己推导计算和作 E_k、E_p、$E_{热}$、$E_{总}$ 随 y 的变化曲线图加以分析。对于例题1-13中电子在电场中加速的问题，我们也可以尝试从能量守恒的角度去求解。

例题1-20 如图1-29所示，质量为 m、速度为 v_0 的子弹，射入置于光滑平面上的质量为 M 的静止木块，木块滑行一段距离后，与子弹取得共同速度继续向前运动。测得子弹入木深度为 L，求：(1) 子弹对木块的平均冲击力 F；(2) 子弹与木块发生强烈挤擦内耗的功 $W_{耗}$；(3) 子弹和木块的能量变化关系。

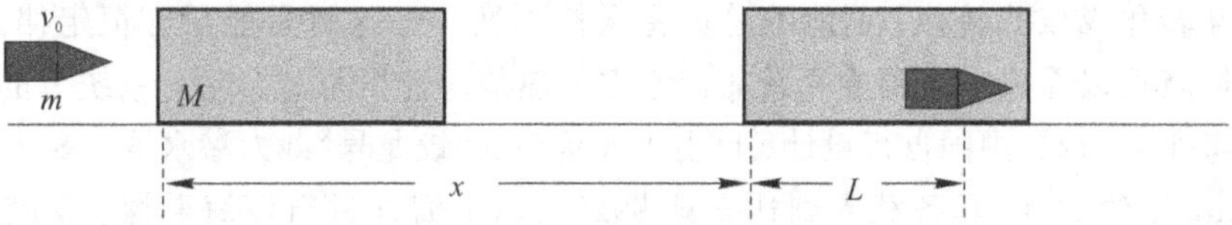

图1-29 子弹打入木块一起滑行

解 取子弹、木块为系统，它在水平方向不受外力的作用，动量守恒，即

$$mv_0 = (M+m)v$$

式中 v 是子弹和木块的共同速度：

$$v = \frac{mv_0}{M+m}$$

(1) 对于木块来说，子弹对它向前的冲击力是外力，根据动能定理，有

$$Fx = \frac{1}{2}Mv^2$$

式中 x 为子弹取得最大入木深度时木块滑行的距离。

另一方面，木块对子弹施加了同样大小的反作用力，方向向后。对子弹应用动能定理：

$$-F(x+L) = \frac{1}{2}m(v^2 - v_0^2)$$

联合前面三式，解得

$$x = \frac{m}{M+m}L$$

子弹对木块的平均冲击力

$$F = \frac{mv_0^2}{2L}\frac{M}{M+m}$$

(2) 子弹深入木块过程中，两者之间的相互作用力为 F，在强烈挤擦下发生相对移动 L，内耗的功为

$$W_{耗}=\sum W_{非保内i}=Fx+(-F)(L+x)=-FL=-\frac{mv_0^2}{2}\frac{M}{M+m}$$

(3) 子弹、木块作为一个系统，碰撞前后机械能的增量为

$$\Delta(E_k+E_p)=\Delta E_k=\frac{1}{2}(M+m)v^2-\frac{1}{2}mv_0^2$$
$$=-\frac{mv_0^2}{2}\frac{M}{M+m}$$

可以看出，虽然系统的机械能不守恒，但符合系统的功能原理：

$$\sum W_{外i}+\sum W_{非保内i}=\Delta(E_k+E_p)$$

进一步，将非保守内力的功移到右边，得

$$\sum W_{外i}=\Delta(E_k+E_p)+\left(-\sum W_{非保内i}\right)$$

非保守内力做功会耗去系统的一部分机械能，转化成其他形式的能，如热能等，即

$$\sum W_{外i}=\Delta(E_k+E_p+E_{其他})\tag{1-49}$$

对于一个孤立系统，它不受任何外力的作用，上式中外力的功为零，则系统中各种能可以相互转化或彼此转移，但能的总量将保持不变——这就是能量守恒定律。本例中，子弹和木块就可以看成一个孤立系统，在考虑了热能等能的形式以后，系统总的能量守恒。

思考题 1-14　中国自行设计、自主集成研制的“蛟龙号”载人潜水器长 8.2 m、宽 3.0 m、高 3.4 m，重约 22 t，具备载人到达全球 99.8%以上海洋进行深海勘探、海底作业的能力。2012 年 6 月 27 日，“蛟龙号”下潜 7062.68 m，创造了同类作业型潜水器最大下潜深度世界纪录。“蛟龙号”采用了无动力自主下潜上浮技术，试设想其工作原理。

思考题 1-15　云霄飞车又称过山车。查阅资料，描述垂直下坠式过山车运动过程中的受力及能量变化情况。

思考题 1-16　人们常说“柔情似水”，殊不知水还可以“温柔一刀”。水刀，一种高压水射流切割技术，其水压可加高到几百兆帕，再通过内径小于毫米的宝石喷嘴，形成 800～1000 m/s 的超声速射流。水刀技术用于切割金属、石材等坚硬物体只是小事一桩。图 1-30为医用水刀系统的构成，其“刀片”是高速流动的生理盐水，厚度仅 0.000 13 cm。水刀手术可以切除包括内脏肿瘤在内的各种病患物质，具有微创无痛、不易感染、止血迅速等特点。试问水刀包含了哪些物理原理？

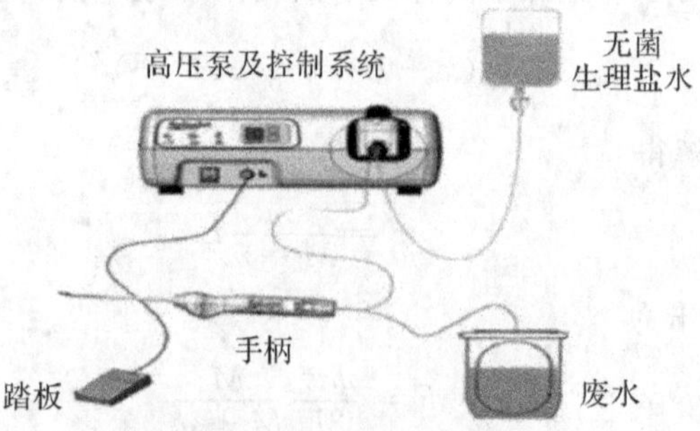

图 1-30　医用水刀系统构成

思考题 1-17　航天飞机又名太空梭，是一种借助外挂助推器垂直起飞、自身可以水

平降落的载人航天器，可重复往返于地球与外层空间之间。试讨论航天飞机能够平稳着陆的物理原理。

*1.3　嫦娥工程

“小时不识月，呼作白玉盘。又疑瑶台镜，飞在青云端。”孩提时代，高悬天际的明月令我们感到那么的神秘与好奇。美丽皎洁的月亮，曾经催生多少浪漫的想象，正如李白《古朗月行》诗中所写的：“仙人垂两足，桂树何团团。白兔捣药成，问言与谁餐？蟾蜍蚀圆影，……”而今，中国航天重大项目嫦娥探月工程，正在将古老的奔月传说，实化为中国人近距离探索月球的壮举！

嫦娥探月是多种高端技术联合的系统工程，反映了国家的综合实力。作为力学原理的应用，以下从发射、环绕、变轨、着陆、返回五个方面展开简要的分析。

1.3.1　发射

人类探索外层空间，可以利用人造卫星、空间探测器、宇宙飞船等航天器。航天器需要凭借火箭这种大型运载工具将其送入太空。作为一种燃气推进装置，火箭与前面例子中介绍的航天员借助于小型喷气装置进行太空行走在原理上是一致的。简单地说，就是将火箭与高速向后喷出的燃气视作一个系统，在不考虑重力的情况下，其总动量保持守恒。取行进中某一时刻的火箭为参考系，并取火箭行进方向为正方向，有

$$0 = m \cdot \mathrm{d}v + (-\mathrm{d}m) \cdot (-u)$$

式中：m 是该时刻火箭、负载、燃料、氧化剂等的总质量，v 是火箭相对于地面的飞行速度，$-\mathrm{d}m$ 是 $\mathrm{d}t$ 时间里喷出的燃气质量，u 为燃气相对于火箭的后喷速度。

从力的角度来看，燃气受到了向后的作用力：

$$F = \frac{\mathrm{d}p}{\mathrm{d}t} = \frac{(-\mathrm{d}m) \cdot (-u)}{\mathrm{d}t}$$

火箭则受到同样大小的前向反作用力：

$$F' = \frac{\mathrm{d}p'}{\mathrm{d}t} = \frac{m\mathrm{d}v}{\mathrm{d}t} = -\frac{(-\mathrm{d}m) \cdot (-u)}{\mathrm{d}t} = -F$$

正是这个力推动火箭快速升空。积分可得火箭速度增量：

$$\Delta v = u \ln \frac{M_0}{M} \tag{1-50}$$

可以看出，火箭喷气速度 u 越大，火箭初始总质量 M_0 与末了总质量 M 之比（质量比 N）越大，则获得的速度增加也越大，但 u 和 N 的大小是受客观条件制约的。例如，可以设计火箭的结构及材料，使质量比达到 10，采用液氢、液氧作燃料和氧化剂，使喷气速度达到 4 km/s，则可获得速度增量 Δv=9.2 km/s。

接下来看：

(1) 要将航天器送入绕地运行的轨道，需要使其获得多大的速度？

为简单起见，我们取圆形轨道进行分析。考虑到航天器所受的地球引力刚好提供圆周运动的向心力，于是有

$$G_0\frac{Mm}{R^2}=m\frac{v_1^2}{R}$$

式中：m 为航天器的质量，M 为地球的质量，R 为航天器到地球中心的距离。从而有

$$v_1=\sqrt{\frac{G_0M}{R}}$$

在地面附近，有

$$v_1=\sqrt{\frac{G_0M}{R_{地球}}}=\sqrt{\frac{6.67\times10^{-11}\times5.97\times10^{24}}{6.371\times10^6}}\approx7.9\times10^3\,(\mathrm{m/s})\qquad(1-51)$$

这里速度 $v_1=7.9$ km/s 叫作第一宇宙速度(环绕速度)，是航天器在离地表不太高的轨道上绕地球做圆周运动必须具备的速度。

(2) 要使航天器脱离地球的束缚，需要多大的速度?

航天器远离地球，其引力势能的增加以消耗动能为代价。取远离地球处为引力势能零点，有

$$\frac{1}{2}mv_2^2\geqslant0-\left(-G_0\frac{Mm}{R_{地球}}\right)$$

得

$$v_2\geqslant\sqrt{\frac{2G_0M}{R_{地球}}}=\sqrt{2}\,v_1\approx11.2\,(\mathrm{km/s})\qquad(1-52)$$

速度 $v_2=11.2$ km/s 叫作第二宇宙速度(地球逃逸速度)，是航天器飞离地球所需的最小地面发射速度。

(3) 要使航天器飞出太阳系，至少需要多大的发射速度?

地球轨道上的航天器挣脱太阳系的束缚，其增加的引力势能由动能转化而来。取远离太阳系处为引力势能零点，有

$$\frac{1}{2}mv^2\geqslant0-\left(-G_0\frac{M_日m}{R_{地日轨道}}\right)$$

得

$$v\geqslant\sqrt{\frac{2G_0M_日}{R_{地日轨道}}}=\sqrt{\frac{2\times6.67\times10^{-11}\times2.00\times10^{30}}{1.496\times10^{11}}}\approx42.2(\mathrm{km/s})$$

沿地球绕日公转方向发射航天器，可以将公转速度 $v_{公转}=29.8$ km/s 利用起来。因此，我们需要做的是，让航天器摆脱地球束缚后，尚具有沿公转方向相对于地球的速度 $v_{沿公}=42.2-29.8=12.4$ km/s。于是有

$$\frac{1}{2}mv_3^2\geqslant\frac{1}{2}mv_{沿公}^2+\left[0-\left(-G_0\frac{M_地m}{R_{地球}}\right)\right]$$

即

$$\frac{1}{2}mv_3^2\geqslant\frac{1}{2}mv_{沿公}^2+\frac{1}{2}mv_2^2$$

于是

$$v_3\geqslant\sqrt{v_{沿公}^2+v_2^2}=\sqrt{12.4^2+11.2^2}\approx16.7\,(\mathrm{km/s})\qquad(1-53)$$

我们称速度 $v_3=16.7$ km/s 为第三宇宙速度(太阳系逃逸速度)，是航天器能够告别太阳系所需的最小地面发射速度。

图1-31为三个宇宙速度的示意图。

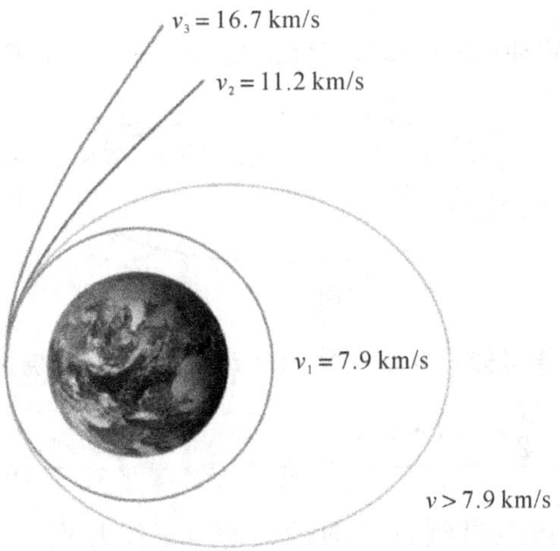

图1-31 三个宇宙速度

现在回到火箭发射问题。前面讲到，受客观条件的限制，火箭获得的速度增量大约只有9.2 km/s。若将地球引力、空气阻力等影响因素考虑进去，则连第一宇宙速度，即发射人造卫星所需的最小速度7.9 km/s都可能达不到，更不用说挣脱地球、太阳系的束缚了。

解决这个问题的办法是采用多级火箭。2007年10月24日，“嫦娥一号”卫星在西昌卫星发射中心发射升空。承担此次运载任务的长征三号甲火箭全长52.52 m，属于三级液体助推火箭，其中一、二级为常规燃料，第三级为液氢液氧燃料。火箭起飞质量约240 t，起飞推力达300吨力。第一级燃料耗尽时，一二级分离，约75吨推力的二级发动机点火，随后将卫星整流罩抛弃。二级发动机完成使命后，二三级分离，约8吨推力的三级发动机点火。最后，当三级箭体与负载分离时，速度可达：

$$v = \Delta v_1 + \Delta v_2 + \Delta v_3 \approx u_1 \ln N_1 + u_2 \ln N_2 + u_3 \ln N_3 \tag{1-54}$$

例如，对于“嫦娥一号”，这个速度已大于第一宇宙速度7.9 km/s，卫星进入近地点约200 km、远地点约51 000 km的绕地大椭圆轨道，周期为16 h。

思考题1-18 火箭的燃气动力推进，既能在大气层中运作，也能在真空空间运作。试分析两者有何不同，哪里效率更高。

思考题1-19 登月舱离开月球返回时，也需要火箭动力推进。试计算要使返回舱能够环绕月球运动，需要让它获得至少多大的速度。若要让登月探测器脱离月球的束缚，则需要的发射速度又是多大?

1.3.2 环绕

“嫦娥一号”卫星发射升空后，首先进入绕地轨道运行。将太阳改成地球，开普勒(J. Kepler)行星运动三定律就可应用于绕地卫星。

(1) 椭圆定律：卫星沿某一椭圆轨道运动，地球处于椭圆的一个焦点上。

(2) 面积定律：相等时间内，地球和卫星的连线所扫过的面积相等。

(3) 周期定律：椭圆轨道半长轴的立方与周期的平方之比是一个常量，即

$$\frac{a^3}{T^2}=K \tag{1-55}$$

我们来看，面积定律(图 1-32)实际上揭示了一个什么物理原理？

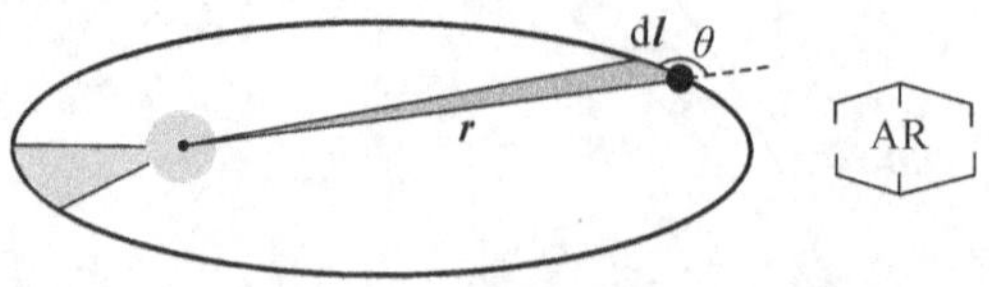

图 1-32　面积定律

由开普勒第二定律可知，卫星在轨道运动中单位时间绕过的面积是一个常量，故

$$\frac{\mathrm{d}S}{\mathrm{d}t}=\frac{\frac{1}{2}r\cdot \mathrm{d}l\cdot \sin\theta}{\mathrm{d}t}=\frac{1}{2}r\cdot v\cdot \sin\theta=\frac{1}{2}|\boldsymbol{r}\times\boldsymbol{v}|=\text{常量}$$

其中，$\mathrm{d}S$ 为 $\mathrm{d}t$ 时间内卫星绕行平面的面积，根据几何关系可知，扇形部分的面积为 $\frac{1}{2}r\cdot \mathrm{d}l\cdot \sin\theta$($\mathrm{d}l$ 是 $\mathrm{d}t$ 时间内卫星的位移大小)，故

$$\boldsymbol{r}\times m\boldsymbol{v}=\boldsymbol{r}\times\boldsymbol{p}=\text{常矢量}$$

我们把 $\boldsymbol{r}\times\boldsymbol{p}$ 叫作质点运动的角动量 $\boldsymbol{L}$，即

$$\boldsymbol{L}=\boldsymbol{r}\times\boldsymbol{p} \tag{1-56}$$

其大小为 $rmv\sin\theta$(r 为质点到参考点 O 的距离，θ 为径矢 $\boldsymbol{r}$ 与速度 $\boldsymbol{v}$ 的夹角)，方向遵循矢量叉乘的右手螺旋定则，即：先将两矢量平移到同一起点，再让右手四指以小于 180°角从第一个矢量转到第二个矢量，则竖起拇指所指的方向就是叉积的方向(图 1-33)。

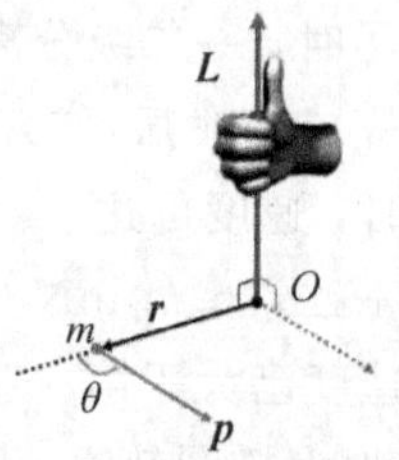

图 1-33　右手螺旋定则确定角动量方向

可见，开普勒第二定律实际上反映了质点的角动量守恒定律。

角动量守恒定律——对一参考点 O，质点所受的合外力矩为零，则该质点的角动量保持不变。

对于卫星绕地球做椭圆轨道运动，参考点 O 即地球引力中心，卫星只受到指向 O 的地球引力的作用，故其所受的合外力矩为

$$\boldsymbol{M}_{\text{卫星}}=\boldsymbol{r}\times\boldsymbol{F}=\boldsymbol{0}$$

从而卫星的角动量守恒：

$$\boldsymbol{L}_{\text{卫星}}=\boldsymbol{r}\times\boldsymbol{p}=\text{常矢量} \tag{1-57}$$

上述环绕运动规律的分析，对于卫星进入绕月运行轨道后也是适用的，只需将地球改为月球即可。

思考题 1-20 运用牛顿运动定律和万有引力定律等力学知识，证明开普勒第一定律。

思考题 1-21 人造卫星起初以某一高度绕地球做匀速圆周运动。启动卫星上的发动机，使它在距地面更高的轨道上绕地球做匀速圆周运动。前后两个轨道相比，卫星的速度、加速度、运动周期、机械能各有什么变化？

1.3.3 变轨

要使绕地运行成为绕月运行，必须对卫星实施变轨。

2007年10月25日下午，“嫦娥一号”卫星在近地点200 km、远地点51 000 km、周期16 h的椭圆轨道飞行一圈半后，卫星上推力为50 N的调姿发动机点火，约4 min后，推力为490 N的主发动机点火给卫星加速，将轨道近地点提升到距地面约600 km的高度。当卫星再次到达近地点时，卫星主发动机再一次打开，巨大的推力使卫星上升到远地点71 400 km高度的24 h轨道。在此轨道上运行3圈后，卫星主发动机第三次点火，实施第二次近地点变轨，卫星进入48 h轨道，远地点高度为121 700 km。

在绕地椭圆轨道上经过一个星期的“热身”后，“嫦娥一号”开始正式奔月。10月31日，当卫星再次抵达近地点时，主发动机打开，卫星速度在短短几分钟内提高到10.916 km/s以上，进入地月转移轨道。地月平均距离为384 400 km，“嫦娥一号”卫星从地球轨道到月球轨道的这段距离约需飞行114小时。在这期间，至少需要进行两次轨道修正，第一次是在进入转移轨道的一天之内，第二次是在到达月球的前一天内。

11月5日，“嫦娥一号”成功实施第一次近月制动，卫星被月球引力捕获，进入12 h大椭圆轨道，成为中国第一颗绕月卫星。11月6日，进行第二次近月制动，卫星速度进一步降低，进入3.5 h轨道，运行7圈。11月7日，第三次近月制动，进入127 min圆形轨道，距月面高度为200 km。“嫦娥一号”卫星在这个轨道上工作了一年多，传回了大量科学探测数据，获取了全月球影像图、月表部分化学元素分布等一批科学研究成果。

从“嫦娥一号”变轨数据可以看出，无论是绕地还是环月，卫星轨道的半长轴 a 越长，绕转周期 T 也越长。实际上，两者的关系符合开普勒第三定律，即

$$\frac{a^3}{T^2} = K$$

我们可以根据开普勒第一、第二定律，结合机械能守恒定律，来求得常数 K 的值。

以地球卫星为例，由第二定律可知，当卫星沿椭圆轨道运动时，单位时间里扫过的面积是恒定的，即面积速度为

$$V_S = \frac{\pi ab}{T} = \frac{1}{2}r_1 v_1 = \frac{1}{2}r_2 v_2$$

式中：T 为公转周期，a、b 为椭圆的半长轴和半短轴，πab 为椭圆面积，v、r 为卫星的速度及到地球引力中心的距离，下标1、2表示近地点和远地点。根据椭圆的几何关系（图1-34，图中 c 为椭圆半焦距），有

$$\begin{cases} r_1 = a - c \\ r_2 = a + c \\ b^2 = a^2 - c^2 = r_1 r_2 \end{cases}$$

从而有

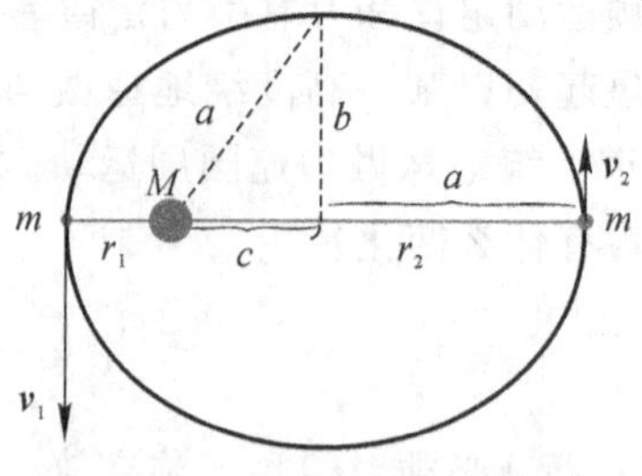

图 1-34　卫星做椭圆轨道运动

$$\frac{a^3}{T^2}=\frac{a}{T}\frac{a}{T}a=\frac{1}{2\pi b}r_1v_1\cdot\frac{1}{2\pi b}r_2v_2\cdot a=\frac{v_1v_2a}{4\pi^2}$$

卫星和地球构成的系统机械能守恒：

$$-\frac{G_0Mm}{r_1}+\frac{1}{2}mv_1^2=-\frac{G_0Mm}{r_2}+\frac{1}{2}mv_2^2$$

式中：M、m 分别为地球和卫星的质量。可解得

$$G_0M=v_1v_2a$$

于是得到

$$\frac{a^3}{T^2}=\frac{G_0M}{4\pi^2}=K \tag{1-58}$$

对于绕地轨道：

$$\frac{a^3}{T^2}=\frac{G_0M_{地}}{4\pi^2}=\frac{6.67\times10^{-11}\times5.97\times10^{24}}{4\times3.14^2}$$
$$\approx1.0097\times10^{13}(\mathrm{m^3/s^2})\approx1.31\times10^{11}(\mathrm{km^3/h^2})$$

对于绕月轨道：

$$\frac{a^3}{T^2}=\frac{G_0M_{月}}{4\pi^2}=\frac{6.67\times10^{-11}\times7.349\times10^{22}}{4\times3.14^2}$$
$$\approx1.2429\times10^{11}(\mathrm{m^3/s^2})\approx1.61\times10^{9}(\mathrm{km^3/h^2})$$

上述结果可以用“嫦娥一号”变轨数据加以验证。

思考题 1-22　查阅资料，描绘携带“玉兔”号月球车的“嫦娥三号”的奔月轨迹。

思考题 1-23　试说明地月转移轨道上，对卫星实施轨道修正和近月制动的重要性。

1.3.4　着陆

中国嫦娥探月工程实施“绕、落、回”三步走计划。“嫦娥一号”圆满完成了第一步“绕”的工作。2009 年 3 月 1 日，在经过 494 天的飞行之后，“嫦娥一号”卫星在地面控制下，主动撞击月球完成使命。但这只是硬着陆，而嫦娥工程二期目标是软着陆。2013 年 12 月 14 日 21 时 11 分 18.695 秒，在月球表面有“彩虹之湾”美称的虹湾地区，“嫦娥三号”卫星携带着“玉兔”号月球车，成功实施了软着陆。

要让航天器沿着预定的路线、在合适的位置平稳着陆，首先要考虑的是减速。“嫦娥三号”落月是从环月轨道近月点 15 km 高度开始的。在约 720 s 的落月过程中，“嫦娥三号”依靠自主控制，利用 7500 N 变推力发动机制动，调姿发动机适时调整主发动机方向，经过主减速段、快速调整段、接近段、悬停段、避障段、缓速下降段等六个阶段的减速，速率从

1.7 km/s逐渐减小到0。其中，在距离月面100 m高度的悬停段，“嫦娥三号”利用敏感器对着陆区进行三维成像观测，启动姿态调整发动机，避开月面障碍物，选择合适的着陆点。最后，经过变推力发动机的作用，在距离月面4 m时，速度降为零，主发动机关闭，“嫦娥三号”以自由落体的方式，平稳站上月面，完美实现了我国航天器在地外天体上的首次软着陆。

现在我们来估算一下着陆冲击力。“嫦娥三号”质量约3780 kg，下降过程中消耗燃料2000多千克。作为估算，设“嫦娥三号”在4 m高度开始自由下落时的质量为1500 kg。根据机械能守恒定律，有

$$mg_{月}h = \frac{1}{2}mv^2$$

式中

$$g_{月} = \frac{G_0 M_{月}}{r_{月}^2} = \frac{6.67\times10^{-11}\times7.349\times10^{22}}{(1737.4\times10^3)^2} \approx 1.624(\text{m/s}^2) \approx \frac{g_{地}}{6}$$

触月速度为

$$v = \sqrt{2g_{月}h} = \sqrt{2\times1.624\times4} \approx 3.6(\text{m/s})$$

从触月到平稳着陆，动量改变为

$$\Delta p = mv = 1500\times3.6 = 5400(\text{kg}\cdot\text{m/s})$$

由于四条着陆腿的缓冲作用，这个动量改变经历了较长的时间，假设为1 s，则每条着陆腿经受的平均冲击力为

$$F = \left(\frac{\Delta p}{\Delta t} + mg_{月}\right)\cdot\frac{1}{4} = \left(\frac{5400}{1} + 1500\times1.624\right)\cdot\frac{1}{4}$$
$$= 1959(\text{N}) \approx \text{地球上的 200 千克力}$$

这个力是可以承受的，因为在地球上每条腿着陆就承担了下述重量：

$$\frac{G}{4} = \frac{m_{初始}g_{地}}{4} = \frac{3780\text{ 千克力}}{4} = 945\text{ 千克力}$$

但是假如$m=1500$ kg的着陆器直接从$h=15$ km高处由速度为零开始自由下落，则

$$-\frac{G_0 M_{月}m}{r_{月}+h} = -\frac{G_0 M_{月}m}{r_{月}} + \frac{1}{2}mv^2$$

触月速度

$$v = \sqrt{2\left(\frac{G_0 M_{月}}{r_{月}} - \frac{G_0 M_{月}}{r_{月}+h}\right)} \approx 219.8\ (\text{m/s})$$

这种情况下，着陆瞬间的动量改变为

$$\Delta p = mv = 1500\times219.8 \approx 3.3\times10^5(\text{kg}\cdot\text{m/s})$$

考虑到冲击时间会大大减小，设其为0.01 s，则整个着陆器遭遇的平均冲击力为

$$F = \left(\frac{\Delta p}{\Delta t} + mg_{月}\right) \approx \frac{\Delta p}{\Delta t} = \frac{3.3\times10^5}{0.01} = 3.3\times10^7(\text{N}) \approx \text{地球上的 340 万千克力}$$

显然，“嫦娥三号”完美地避免了类似这样的毁灭性的冲击。

1.3.5 返回

承担嫦娥三期工程任务的是“嫦娥五号”，它是中国首个地月往返探测器。与前两期比

较，三期工程任务更重、规模更大、难度更高，需要解决的科学难题更多，可以带动更多、更新的科学技术的发展。

“嫦娥五号”落月后，将采集约 2 kg 的月面土壤样本，封装后放进着陆器的上升段，该段从月面点火升空，进入月球轨道，与轨道器和返回器的联合体交会对接，将样品转移至返回器内。其后，轨道器携带返回器点火飞向地球。在进入大气层前，轨道器脱离返回器飞到太空中，返回器将降落在内蒙古境内的草原上。

为了给地月往返积累珍贵的数据和经验，作为三期工程的先行者，“嫦娥五号”飞行试验器已于 2014 年 10 月 24 日 2 时成功发射。该试验器相当于“嫦娥五号”任务中的轨道器和返回器。10 月 27 日 11 时 30 分，飞行试验器飞抵距月球 6 万公里附近，进入月球引力影响区域，受到月球引力影响，开始月球近旁转向飞行。28 日凌晨 3 时，到达距月面约1.2万公里的近月点。随后，在北京航天飞行控制中心的控制下，启动多台相机进行拍摄，传回了清晰的地月合影图。11 月 01 日 6 时 42 分，再入返回试验器在内蒙古四子王旗预定区域顺利着陆，试验圆满成功。

此次“嫦娥五号”飞行试验器任务的一个重要目的，是验证航天器以接近第二宇宙速度返回地球的技术。

对于以接近第二宇宙速度(11.2 km/s)进入大气层的航天器，采用跳跃式再入返回的方法最为合适(图 1 - 35)。所谓再入，是指航天器冲出大气层后，又返回再次进入大气层。“嫦娥五号”飞行试验器自地面发射，冲出大气层，飞抵月球附近绕月运动，然后又向地球返回，试验器中的轨道器在距离地球几千公里的太空中分离，返回器则以接近第二宇宙速度进入大气层，这是第一次再入。进入大气层后，依靠升力再次冲出大气层，然后再次进入大气层，这是第二次再入。这种在大气层边缘的弹跳式运动，非常类似于打水漂。航天器每进入一次大气层，就利用大气阻力进行了一次减速，使再入返回条件大为改善。

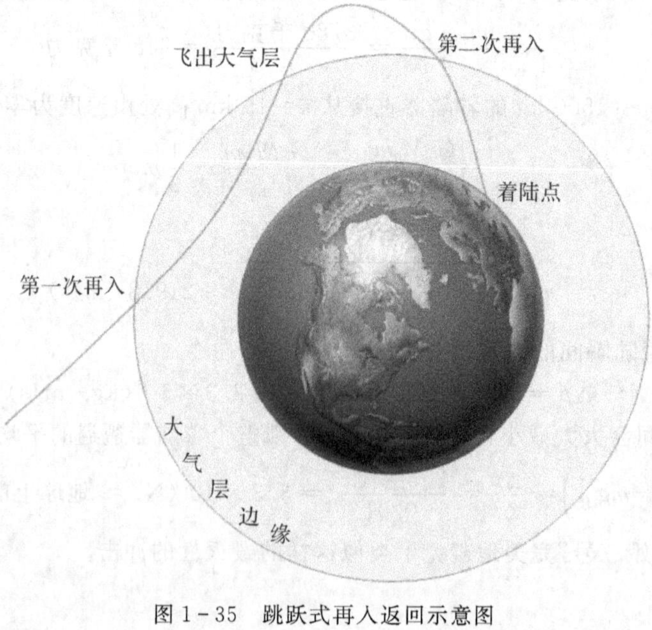

图 1 - 35　跳跃式再入返回示意图

航天器进入大气层后受到的空气阻力为

$$F = -\frac{1}{2}\rho v^2 C_D A \tag{1-59}$$

式中：负号表示受力方向与速度方向相反，ρ 为大气密度，v 为飞行速度，A 为再入体迎风面积，C_D 为空气阻力系数(和物体的特征面积、物体光滑程度及整体形状等都有关系，通常是一个实验值)。地球大气虽然稀薄(尤其是高层大气)，但如果有较大的阻力面积，气动阻力所产生的减速仍足以将再入体的速度大大减小。

作为一个简单的计算，我们来考虑 $\rho=\rho_{空气}/10=0.1293\ \mathrm{kg/m^3}$，$A=5\ \mathrm{m^2}$，$C_D=0.5$，再入体质量 $m=1000$ kg，初速 $v_0=11.2$ km/s，在仅有空气阻力的情况下沿直线运动 40 km，有

$$a=\frac{F}{m}=-\frac{1}{2m}\rho v^2 C_D A=-\frac{1}{2m}\rho C_D A\cdot v\frac{\mathrm{d}s}{\mathrm{d}t}=\frac{\mathrm{d}v}{\mathrm{d}t}$$

得

$$\frac{\mathrm{d}v}{v}=-\frac{1}{2m}\rho C_D A\mathrm{d}s$$

两边积分

$$\int_{v_0}^{v}\frac{\mathrm{d}v}{v}=-\int_0^s\frac{1}{2m}\rho C_D A\mathrm{d}s$$

得

$$\ln\frac{v}{v_0}=-\frac{1}{2m}\rho C_D As$$

即

$$v=v_0\mathrm{e}^{-\frac{1}{2m}\rho C_D As}$$

代入数据得

$$v\approx 17.4(\mathrm{m/s})\approx\frac{v_0}{640}$$

大气阻力及升力是十分复杂的问题，就算把各种因素考虑进去，并采用复杂的模型加以计算，仍可能与实际情况有很大的偏差，因此必须对跳跃式再入返回作实际的检验。“嫦娥五号”飞行试验器的成功发射和返回，为嫦娥三期地月往返任务奠定了良好的基础。

“晴空一鹤排云上，便引诗情到碧霄。”当中国火箭再一次腾空而起，将承载民族梦想的航天器送向深邃太空时，我们内心澎湃的又何止唐朝诗人挥毫泼墨的激情！

有朝一日，当我们的航天员从有着美丽传说的月球，甚至更令人神往的遥远星体，返回神州大地时，我们定当分享一代伟人的浪漫豪情：“可上九天揽月，可下五洋捉鳖，谈笑凯歌还。世上无难事，只要肯登攀。”

思考题 1-24　“嫦娥三号”在离月面 100 m 高度处悬停，发动机需提供多大的推力？

思考题 1-25　一个质量为 1000 kg 的探测器，从 10 km 高处，由转向为竖直向下的 1.0 km/s 的速度开始，垂直月面下落，若与月球的碰撞时间为 0.01 s，则平均冲击力有多大？

第 2 章 刚 体 力 学

质点是一个物理模型，描述质点的运动以牛顿定律为基础，有动量定理、动能定理和它们的守恒律。刚体也是一个物理模型，它可以看作一个质点之间距离保持不变的质点系，刚体运动是极其普遍的现象，也极其复杂，我们只讨论最简单的刚体运动——定轴转动。描述刚体定轴转动运动也以牛顿定律为基础，给出刚体定轴转动动能定理、定轴转动定律和角动量定理。刚体的定轴转动定律与质点的动能定理和牛顿第二定律的本质相同，形式不同；而刚体的角动量定理和质点的动量定理形式类似，本质不同。

在第 1 章中，我们讨论了质点运动的一般规律。通过对研究对象的受力及运动情况的分析，运用牛顿第二运动定律来进行求解。对于刚体的定轴转动问题，我们也可以用类似的方法，分析作用在刚体上的力对刚体定轴转动的角加速度的影响。

2.1 刚体定轴转动角动量定理及守恒定律

2.1.1 刚体定轴转动的转动惯量

1. 转动惯量的计算

转动惯量是刚体转动惯性的量度，其大小取决于刚体的质量、形状、质量分布和转轴的位置，即

$$J = \sum_i \Delta m_i r_i^2 \tag{2-1}$$

对于质量连续分布的刚体：

$$J = \lim_{\Delta m_i \to 0} \sum_i \Delta m_i r_i^2 = \int_m r^2 \mathrm{d}m \tag{2-2}$$

在具体的计算中，往往将质量微分元转化为体积微分元，或者面积微分元，或者长度微分元。比如定义了单位长度上的质量 λ(线密度)，或单位面积上的质量 σ(面密度)，或单位体积上的质量 ρ，则质量连续分布的刚体的转动惯量的计算公式为

$$J = \iiint_V \rho r^2 \mathrm{d}V，或 J = \iint_S \sigma r^2 \mathrm{d}S，或 J = \int_L \lambda r^2 \mathrm{d}l \tag{2-3}$$

例题 2-1 求长为 L、质量为 M 的匀质细杆对通过中点并与杆垂直的轴的转动惯量。

解 质量元 $\mathrm{d}m = \dfrac{M}{L}\mathrm{d}x$ 对转轴 Y 的转动惯量为

$$\mathrm{d}J_y = x^2 \mathrm{d}m = x^2 \frac{m}{L}\mathrm{d}x$$

建立如图 2-1(a)所示的坐标系，细杆对通过中点并与杆垂直的轴的转动惯量为

$$J_y=\int_{-L/2}^{L/2}x^2\,\mathrm{d}m=\int_{-L/2}^{L/2}x^2\frac{M}{L}\mathrm{d}x=\frac{1}{12}ML^2$$

建立如图 2-1(b)所示的坐标系，匀质细杆对通过一端与杆垂直的轴的转动惯量为

$$J_{y'}=\int_0^L x^2\,\mathrm{d}m=\int_0^L x^2\frac{M}{L}\mathrm{d}x=\frac{1}{3}ML^2$$

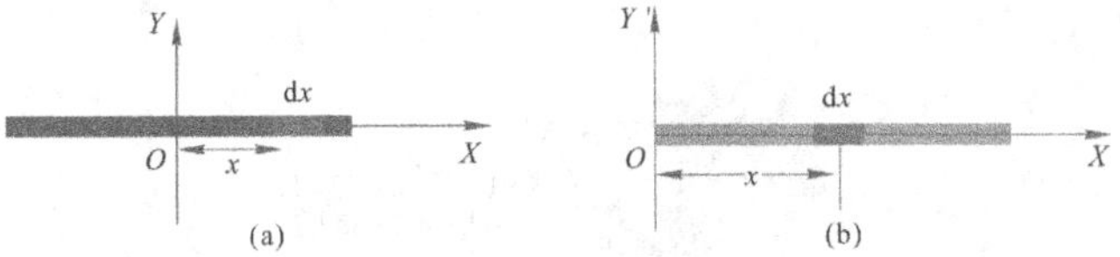

图 2-1 细杆的转动惯量

例题 2-2 计算质量为 m，半径为 R 的均匀薄圆环对通过圆心垂直于环面轴的转动惯量。

解 如图 2-2 所示，圆环上质量元 $\mathrm{d}m$ 对转轴的转动惯量为

$$\mathrm{d}J=R^2\,\mathrm{d}m$$

将 $\mathrm{d}m=\dfrac{m}{2\pi R}\mathrm{d}l$ 代入得

$$\mathrm{d}J=\frac{mR}{2\pi}\mathrm{d}l$$

薄圆环对通过圆心垂直于环面轴的转动惯量为

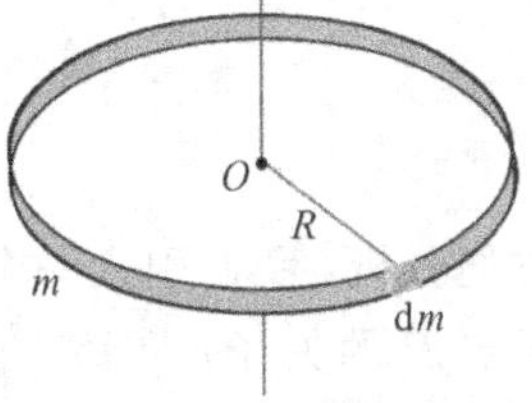

图 2-2 圆环的转动惯量

$$J=\int_0^{2\pi R}\frac{mR}{2\pi}\mathrm{d}l=mR^2$$

例题 2-3 如图 2-3 所示，计算半径为 R、质量为 M 的匀质圆盘对通过中心 O 并垂直于盘面的转轴的转动惯量。

解 距离中心为 r、宽度为 $\mathrm{d}r$ 的同心环对转轴的转动惯量为

$$\mathrm{d}J_O=r^2\,\mathrm{d}m=r^2\left(\frac{M}{\pi R^2}\right)(2\pi r\mathrm{d}r)$$

$$=r^3\frac{2M}{R^2}\mathrm{d}r$$

由上式可得圆盘对转轴的转动惯量为

$$J_O=\int_0^R r^2\,\mathrm{d}m=\int_0^R r^3\frac{2M}{R^2}\mathrm{d}r=\frac{1}{2}MR^2$$

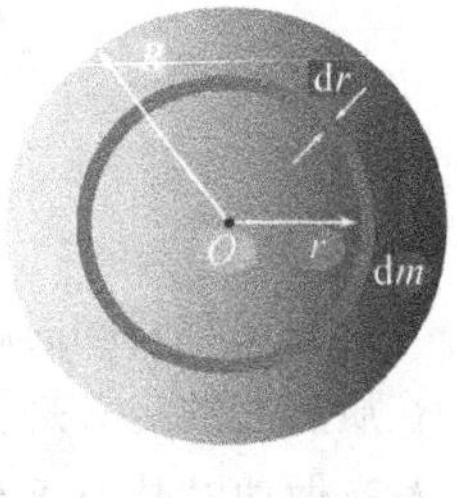

图 2-3 圆盘的转动惯量

2. 平行轴定理

如图 2-4 所示，已知刚体对通过质心转轴的转动惯量为 J_C。另有一个与质心转轴 OZ 平行的转轴 $O'Z'$，该转轴与质心转轴的距离为 h，则刚体对 $O'Z'$ 转轴的转动惯量为

$$J_O=J_C+Mh^2 \tag{2-4}$$

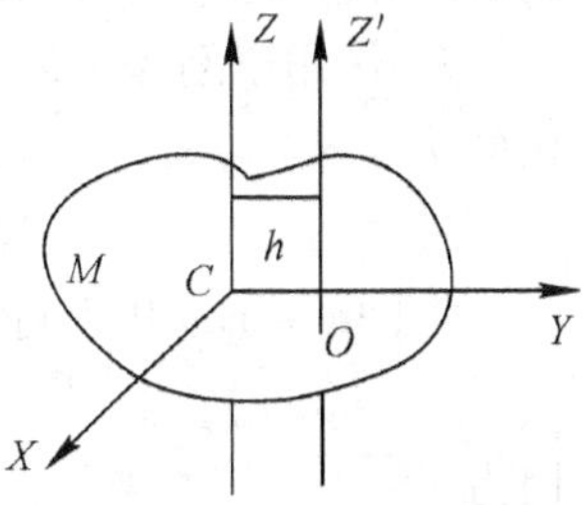

图 2-4 平行轴定理

2.1.2 力矩和力矩做功

我们知道，在平动中，作用在物体上的力影响其运动状态。在转动中，作用在物体上的力将会对物体的转动产生怎样的影响呢？如图 2-5 所示，用一个扳手去拧螺丝钉，图中三个力大小相等，但是方向和作用点不同。那么哪一个能最轻松地拧开螺丝钉呢？

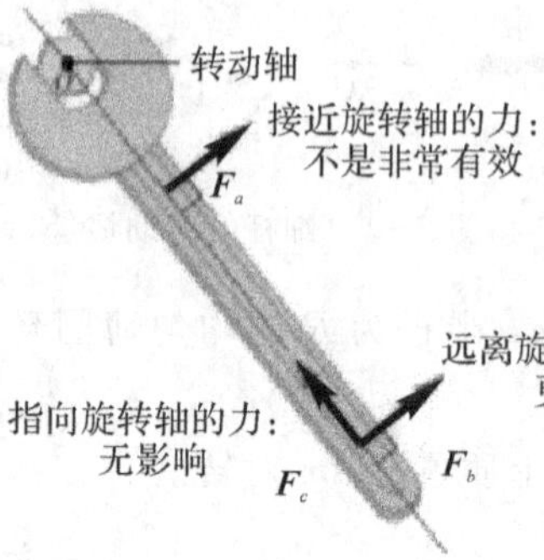

图 2-5 力的作用

为了方便分析，我们引入一个新的物理量——力矩，即力 $\boldsymbol{F}$ 对参考点 O 的力矩为 O 点到力的作用点 P 的矢径 $\boldsymbol{r}$ 和该力的矢量积：

$$\boldsymbol{M}=\boldsymbol{r}\times\boldsymbol{F} \tag{2-5}$$

力矩的大小 $|\boldsymbol{M}|=Fr\sin\alpha$，方向垂直于由 $\boldsymbol{r}\times\boldsymbol{F}$ 决定的平面，满足右手螺旋关系，如图 2-6(a)所示。

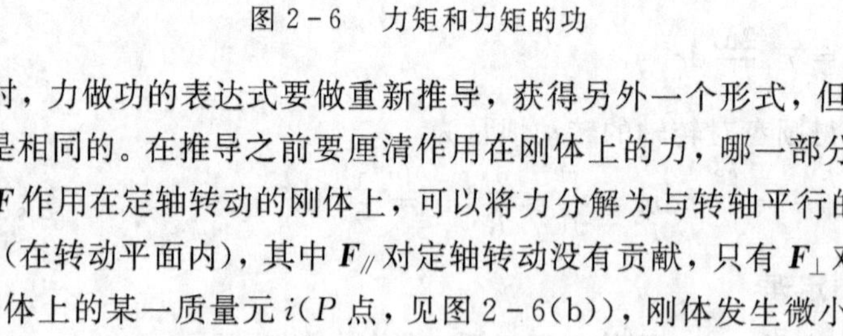

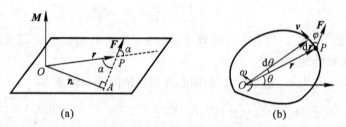

图 2-6 力矩和力矩的功

在定轴转动时，力做功的表达式要做重新推导，获得另外一个形式，但本质上与力作用在质点上的定义是相同的。在推导之前要厘清作用在刚体上的力，哪一部分做功，哪一部分没有做功？外力 $\boldsymbol{F}$ 作用在定轴转动的刚体上，可以将力分解为与转轴平行的部分 $\boldsymbol{F}_{/\!/}$ 和与转轴垂直的部分 $\boldsymbol{F}_{\perp}$(在转动平面内)，其中 $\boldsymbol{F}_{/\!/}$ 对定轴转动没有贡献，只有 $\boldsymbol{F}_{\perp}$ 对定轴转动做功。

$\boldsymbol{F}_{\perp}$ 作用于刚体上的某一质量元 i(P 点，见图 2-6(b))，刚体发生微小角位移 $\mathrm{d}\theta$，外力做的功为

$$\mathrm{d}W_i=\boldsymbol{F}_{\perp}\cdot\mathrm{d}\boldsymbol{r}=F_{\perp}\,|\,\mathrm{d}\boldsymbol{r}\,|\,\cos\varphi$$

将 $|\mathrm{d}\boldsymbol{r}|=r\mathrm{d}\theta$ 代入得

$$\mathrm{d}W_i=F_{\perp}r\cos\varphi\mathrm{d}\theta$$

因为

$$|\boldsymbol{M}_i|=|\boldsymbol{r}\times\boldsymbol{F}_{\perp}|=F_{\perp}r\sin(90°-\theta)=F_{\perp}r\cos\varphi$$

所以

$$dW_i = F_{\perp} r\cos\varphi d\theta = |\, \boldsymbol{r} \times \boldsymbol{F}_{\perp} \,|\, d\theta = M d\theta$$

则力矩做的功为

$$W_i = \int_{\theta_1}^{\theta_2} M_i d\theta$$

思考题 2-1　刚体内部质量元之间相互作用的内力所产生的力矩做功吗？为什么？

2.1.3　刚体定轴转动的角动量定理

1. 刚体的角动量

图 2-7 给出的是一定轴转动的刚体。刚体上每一点都绕轴做圆周运动，角速度为 ω。刚体上任一质量元 Δm_i，速度为 $\boldsymbol{v}_i$，到 Oz 轴的位置矢量为 $\boldsymbol{r}_i$，该质量元对定轴的角动量的大小为

$$L_i = \Delta m_i r_i v_i \tag{2-6}$$

根据右手螺旋法则，方向沿转轴的正方向(见图 2-8)。刚体对转轴的角动量为

$$L = \sum_i L_i = \sum_i \Delta m_i r_i v_i = \sum_i \Delta m_i r_i (\omega r_i) \tag{2-7}$$

得

$$L = (\sum_i \Delta m_i r_i^2)\omega = J\omega \tag{2-8}$$

式中：J 为刚体的定轴转动惯量。

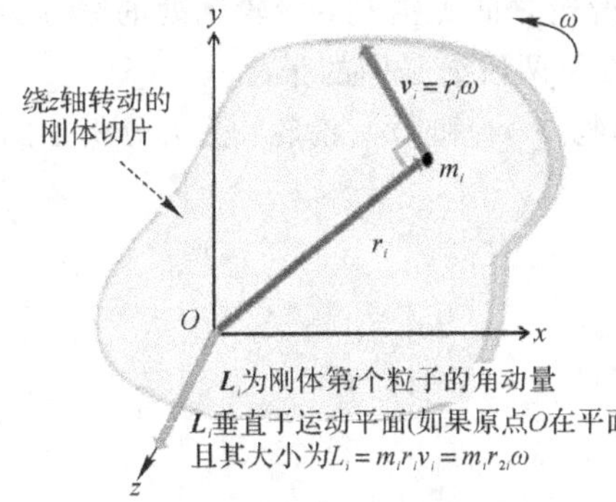

图 2-7　刚体的转动惯量

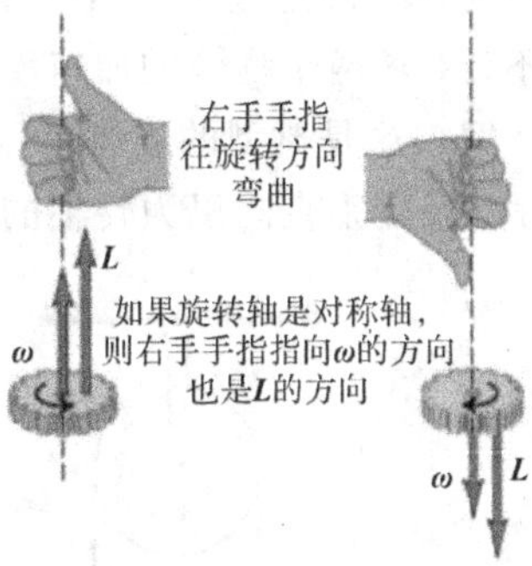

图 2-8　刚体角动量方向与角速度方向的关系

角速度 $\boldsymbol{\omega}$ 沿着转轴方向，因此刚体绕着对称轴旋转时角动量 $\boldsymbol{L}$ 的方向与角速度 $\boldsymbol{\omega}$ 的方向一致，因此刚体定轴转动的角动量矢量形式为

$$\boldsymbol{L} = J\boldsymbol{\omega} \tag{2-9}$$

2. 刚体的角动量定理

质点角动量对时间的变化率等于作用在该质点上的合外力矩。对于由很多质点组成的系统(刚体或者非刚体)，总角动量对时间的变化率等于作用在所有质点上的总力矩的矢量和。对于刚体，因为内力矩的矢量和为零，所以总的力矩即为外力矩的矢量和。如果系统的角动量的矢量和为 $\boldsymbol{L}$，外力矩矢量和为 $\sum \boldsymbol{M}$，则

$$\sum \boldsymbol{M} = \frac{d\boldsymbol{L}}{dt} \quad \text{(适用于质点组成的任何系统)} \tag{2-10}$$

若质点组成的系统为绕对称轴旋转的刚体，则 $L_z=J\omega_z$，转动惯量 J 是一个常数。若该转轴在空间有一个固定的方向，那么角动量和角速度就仅仅改变大小，而不改变方向，此时有

$$\frac{\mathrm{d}L_z}{\mathrm{d}t}=J\frac{\mathrm{d}\omega_z}{\mathrm{d}t}=J\alpha_z$$

或者

$$M_z=J\alpha_z$$

上式给出了刚体定轴转动的力矩和角加速度之间的关系。如果不是刚体，转动惯量 J 会改变，那么即使角速度是常数，角动量也会发生改变。对于非刚体，式(2-10)仍然成立。

若转轴是非对称轴，角动量的方向通常不与转轴平行。

例题 2-4　喷气式飞机的涡轮风扇(turbine fan)相对于转轴的转动惯量为 2.5 kg·m²。涡轮(turbine)启动时，它的角速度为 $\omega_z=40t^2$。求：(1) 涡轮风扇的角动量随时间的变化关系；(2) 风扇上的合力矩随时间的变化关系，并求出 $t=3$ s 时力矩的大小。

分析　涡轮风扇绕着对称轴转动，因此角动量只有 z 轴方向的分量 L_z，并通过角速度 ω_z 的大小可求出角动量 L_z。

解　(1) $L_z=J\omega_z=2.5\times40t^2=100t^2$。当 $t=3.0$ s 时，$L_z=900$ (kg/(m²·s⁻¹))。

(2) $M_z=\dfrac{\mathrm{d}L_z}{\mathrm{d}t}=200t$。当 $t=3$ s 时，$M_z=200\times3=600$ (N·m)。

例题 2-5　质量为 m_1 和 m_2 的物体通过一个定滑轮用轻绳相连。已知滑轮半径为 R，质量为 M，假定绳子为不可伸缩的轻绳，绳子与滑轮之间无滑动，滑轮轴处的摩擦力可忽略不计，求两个物体的加速度、定滑轮的角加速度及两段绳子中的张力。

解　这是典型的刚体-质点系统，研究对象为物体 m_1 和 m_2、滑轮，受力分析如图 2-9 所示。规定垂直向里为转轴的正方向。

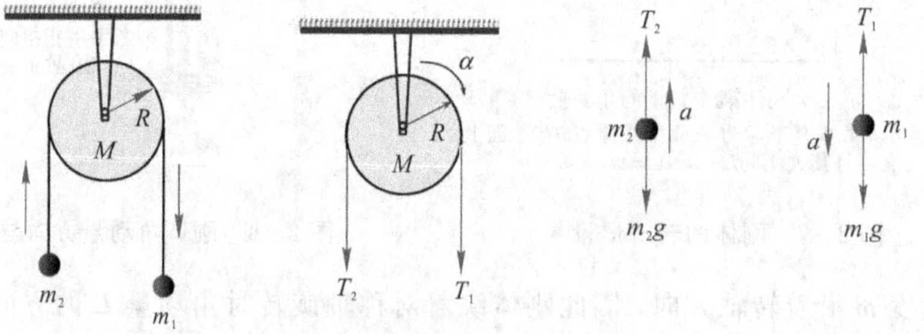

图 2-9　例题 2-5 图

两个物体的动力学方程和滑轮的转动方程如下：

$$m_1g-T_1=m_1a$$
$$T_2-m_2g=m_2a$$

对滑轮分析如下：

滑轮做定轴转动，根据角动量定理可以得到：

$$\sum M=\frac{\mathrm{d}L}{\mathrm{d}t}=\frac{\mathrm{d}(J\omega)}{\mathrm{d}t}=J\frac{\mathrm{d}\omega}{\mathrm{d}t}=J\alpha$$

在这个问题中，滑轮所受的力矩有两个，故有

$$T_1R - T_2R = J_O\alpha$$

滑轮的转动惯量 $J_O=\frac{1}{2}MR^2$ 和运动学关系 $R\alpha=a$。联合求解上面的方程，得到定滑轮角加速度为

$$\alpha = \frac{1}{R}\frac{m_1 - m_2}{m_1 + m_2 + \frac{M}{2}}g$$

两个物体的加速度为

$$a = \frac{m_1 - m_2}{m_1 + m_2 + \frac{M}{2}}g$$

两段绳子中的张力为

$$T_1 = \frac{2m_1m_2 + \frac{Mm_1}{2}}{m_1 + m_2 + \frac{M}{2}}g, \quad T_2 = \frac{2m_1m_2 + \frac{Mm_2}{2}}{m_1 + m_2 + \frac{M}{2}}g$$

例题 2-6　一个质量为 m 的物体悬挂于一条轻绳的一端，绳的另外一端绕在一轮轴的轴上，轴的半径为 r，整个装置架在光滑的固定轴承上。当物体从静止释放后，在时间 t 内下降一段距离 S，求整个轮轴的转动惯量。

解　本题的研究对象为轮轴和物体，各物体的受力情况如图 2-10 所示。根据牛顿定律和刚体定轴转动定律列出运动方程。规定顺时针转动为转轴的正方向。

物体的运动方程和轮轴的转动方程如下：

$$mg - T = ma$$

$$M = Tr = J\alpha = J\frac{a}{r}$$

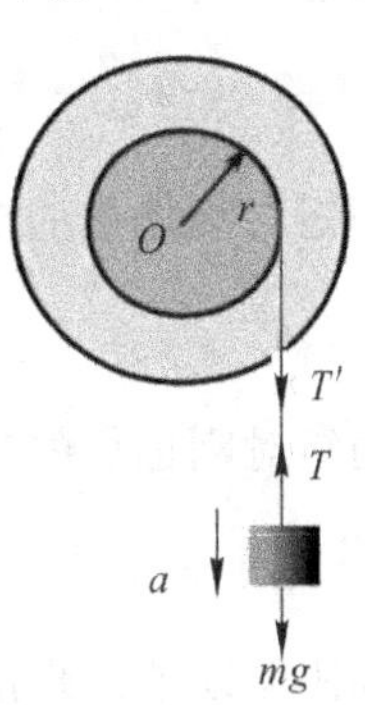

图 2-10　例题 2-6 图

将 $T=J\frac{a}{r^2}$ 代入 $mg-T=ma$，得

$$mg - J\frac{a}{r^2} = ma \Rightarrow a = \frac{mg}{m + \frac{J}{r^2}}$$

物体下落的距离为

$$S = \frac{1}{2}at^2 = \frac{1}{2}\frac{mg}{m + \frac{J}{r^2}}t^2$$

解得

$$J = mr^2\left(\frac{gt^2}{2S} - 1\right)$$

思考题 2-2　图 2-11 中，质量为 m_1 的滑板可以沿着水平光滑轴滑动，通过一根不可伸长的轻绳与质量为 m_2 的物体连接。装置中定滑轮的半径为 R，对中心轴转动惯量为 I。绳子相对于定滑轮无相对滑动。释放物体，在 m_2 下落的过程中，T_1、T_2 及 m_2g 的大小关系如何？

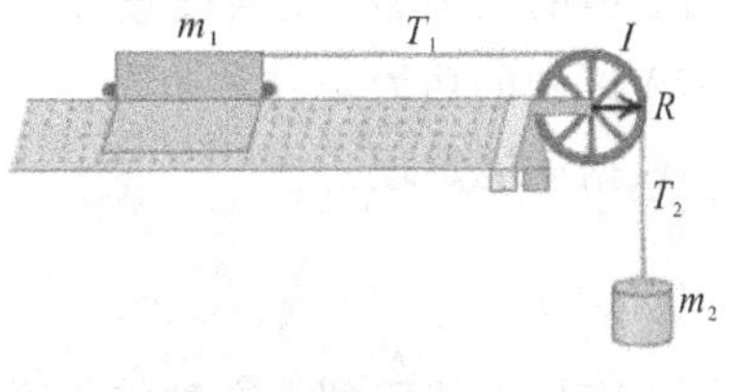

图 2-11　思考题 2-2 图

例题 2-7 如图 2-12 所示，正方形框架由 $ABCD$ 构成，可绕通过 O 的轴转动，每一个边的质量为 m，长度 l。计算如图所示的 AB 边释放转到虚线所示的位置时，框架质心的线速度 v_C。

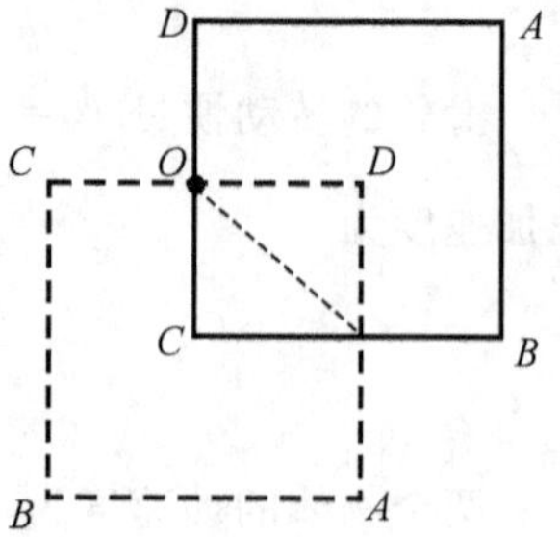

图 2-12 例题 2-7 图

解 在刚体定轴转动中，因为任意质量元之间没有相对位移，两个质量元相互作用的内力做的功之和为零。对第 i 个质量元应用质点动能定理：

$$W_i^{\text{ext}}+W_i^{\text{int}}=\int_{\theta_1}^{\theta_2}(M_i^{\text{ext}}+M_i^{\text{int}})\mathrm{d}\theta=\frac{1}{2}m_iv_{i2}^2-\frac{1}{2}m_iv_{i1}^2$$

对刚体所有质量元求和，有

$$\sum W_i^{\text{ext}}+\sum W_i^{\text{int}}=\sum\int_{\theta_1}^{\theta_2}M_i^{\text{ext}}\,\mathrm{d}\theta+\sum\int_{\theta_1}^{\theta_2}M_i^{\text{int}}\,\mathrm{d}\theta=\sum\frac{1}{2}m_iv_{i2}^2-\sum\frac{1}{2}m_iv_{i1}^2$$

末状态动能为

$$E_{k2}=\sum\frac{1}{2}m_iv_{i2}^2=\sum\frac{1}{2}m_i(r_i\omega_2)^2=\left(\sum\frac{1}{2}m_ir_i^2\right)\omega_2^2=\frac{1}{2}J\omega_2^2$$

初状态动能为

$$E_{k1}=\sum\frac{1}{2}m_iv_{i1}^2=\sum\frac{1}{2}m_i(r_i\omega_1)^2=\left(\sum\frac{1}{2}m_ir_i^2\right)\omega_1^2=\frac{1}{2}J\omega_1^2$$

内力矩对刚体做的功之和为零：

$$\sum W_i^{\text{int}}=\sum\int_{\theta_1}^{\theta_2}M_i^{\text{int}}\,\mathrm{d}\theta=0$$

外力矩对刚体做的功为

$$\int_{\theta_1}^{\theta_2}M\mathrm{d}\theta=\sum\int_{\theta_1}^{\theta_2}M_i^{\text{ext}}\,\mathrm{d}\theta$$

转动刚体动能定理的积分形式为

$$W=\int_{\theta_1}^{\theta_2}M\mathrm{d}\theta=\frac{1}{2}J\omega_2^2-\frac{1}{2}J\omega_1^2 \tag{2-11}$$

转动刚体动能定理的微分形式为

$$\mathrm{d}W=M\mathrm{d}\theta=\mathrm{d}\left(\frac{1}{2}J\omega^2\right) \tag{2-12}$$

方法一 假设正方形框架对转轴的转动惯量为 J。当框架转到下方时，CD 边、BC 边的力矩做的功为零，两条边竖直方向的质心位置不变。力矩对 AB 边做的功为 mgl，力矩对 DA 边做的功为 mgl。

根据动能定理：

$$2mgl=\frac{1}{2}J\omega_2^2-0$$

正方形框架转到下方时的角速度为

$$\omega_2 = \sqrt{\frac{4mgl}{J}}$$

框架质心的线速度为

$$v_C = \omega_2 \frac{1}{2} l = l\sqrt{\frac{mgl}{J}}$$

方法二　也可以用刚体的机械能守恒定律来计算。在正方形框架转动的过程中，除重力以外其他力矩做的功为零，机械能守恒。

初始正方形框架的机械能为

$$E_1 = \frac{1}{2} J\omega_1^2 + mgh_C = 0$$

末了正方形框架的机械能为

$$E_2 = \frac{1}{2} J\omega_1^2 + mgh_C = \frac{1}{2} J\omega_2^2 + (-4mg)\frac{l}{2}$$

因此有

$$\frac{1}{2} J\omega_2^2 + (-4mg)\frac{l}{2} = 0$$

正方形框架转到下方时的角速度为

$$\omega_2 = \sqrt{\frac{4mgl}{J}}$$

框架质心的线速度为

$$v_C = \omega_2 \frac{1}{2} l = l\sqrt{\frac{mgl}{J}}$$

我们讨论一种简单的情况，即轴做平动、刚体绕轴转动的情况。在这种情况下，刚体的运动可以看成是质心轴的平动和绕质心轴转动的合成。

图 2 - 13 给出的是接力棒(tossed baton)的运动，其质心轴做的是抛体运动，而整根棒绕质心轴做定轴转动。类似的例子还有沿着山坡下滚的球和 yo - yo 球绕绳自由下落。

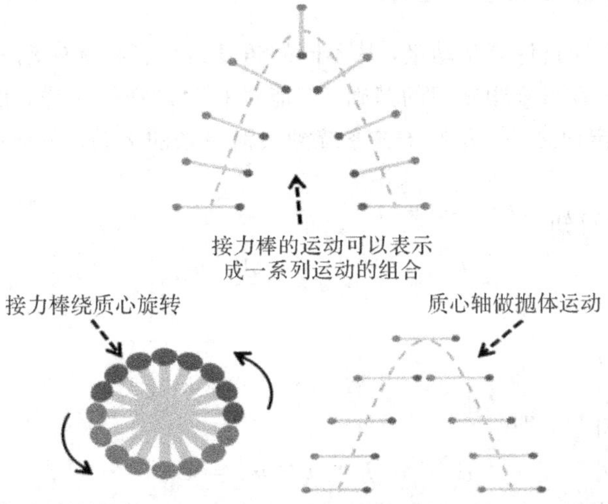
接力棒的运动可以表示
成一系列运动的组合
接力棒绕质心旋转
质心轴做抛体运动

图 2 - 13　接力棒的运动

此时刚体的总动能由两部分组成：质心平动动能 $\frac{1}{2}Mv_{\text{cm}}^2$ 和绕质心轴的转动动能 $\frac{1}{2}J_{\text{cm}}\omega^2$，即

$$E_{\text{k}} = \frac{1}{2}Mv_{\text{cm}}^2 + \frac{1}{2}J_{\text{cm}}\omega^2$$

为了证明这个关系，我们将刚体分解成很多质量元。取其中任一质量元 i，其质量为 m_i，相对于惯性参考系的速度 v_i 是质心速度 v_{cm} 和质量元相对质心的速度 v'_i 的矢量和为，即

$$\boldsymbol{v}_i = \boldsymbol{v}_{\text{cm}} + \boldsymbol{v}'_i$$

在惯性参考系中，第 i 个质量元的动能

$$E_{\text{k}i} = \frac{1}{2}m_i v_i^2 = \frac{1}{2}m_i(\boldsymbol{v}_i \cdot \boldsymbol{v}_i)$$

将上面的式子代入此式便可得到：

$$\begin{aligned} E_{\text{k}i} &= \frac{1}{2}m_i(\boldsymbol{v}_{\text{cm}} + \boldsymbol{v}'_i) \cdot (\boldsymbol{v}_{\text{cm}} + \boldsymbol{v}'_i) \\ &= \frac{1}{2}m_i(\boldsymbol{v}_{\text{cm}} \cdot \boldsymbol{v}_{\text{cm}} + 2\boldsymbol{v}_{\text{cm}} \cdot \boldsymbol{v}'_i + \boldsymbol{v}'_i \cdot \boldsymbol{v}'_i) \\ &= \frac{1}{2}m_i(\boldsymbol{v}_{\text{cm}}^2 + 2\boldsymbol{v}_{\text{cm}} \cdot \boldsymbol{v}'_i + \boldsymbol{v}'^2_i) \end{aligned}$$

对所有质量元的动能进行求和，便可得到整个刚体的动能：

$$\begin{aligned} E_{\text{k}} &= \sum E_{\text{k}i} = \sum\left(\frac{1}{2}m_i\boldsymbol{v}_{\text{cm}}^2\right) + \sum(m_i\boldsymbol{v}_{\text{cm}} \cdot \boldsymbol{v}'_i) + \sum\left(\frac{1}{2}m_i\boldsymbol{v}'^2_i\right) \\ &= \frac{1}{2}\left(\sum m_i\right)\boldsymbol{v}_{\text{cm}}^2 + \boldsymbol{v}_{\text{cm}} \cdot \left(\sum m_i\boldsymbol{v}'_i\right) + \sum\left(\frac{1}{2}m_i\boldsymbol{v}'^2_i\right) \end{aligned}$$

在上式的第一项中，$\sum m_i$ 是总质量 M，第二项是 0(因为 $\sum m_i\boldsymbol{v}'_i$ 是总质量 M 乘以质心相对于质心的速度)。

2.1.4　刚体的角动量守恒定律

2.1.3 节我们通过计算角动量，从不同的角度讨论了物体转动的一些基本的动力学规律，这也是得到角动量守恒定律的基础。像能量和动量守恒一样，角动量守恒定律也是自然界中最普遍的定律之一。从原子核系统到银河星系的运动，角动量守恒定律在所有尺度都适用。

从式(2-10)可知

$$\boldsymbol{M} = \frac{\mathrm{d}\boldsymbol{L}}{\mathrm{d}t}$$

若合外力矩为零，即

$$\boldsymbol{M} = \boldsymbol{r} \times \boldsymbol{F} = \boldsymbol{0}$$

则质点的角动量守恒，即

$$\boldsymbol{L} = \boldsymbol{r} \times m\boldsymbol{v} = \boldsymbol{C}$$

角动量守恒定律——若系统所受的合外力矩为零，则系统的总角动量守恒。

马戏团的杂技演员、跳水运动员及花样溜冰表演者都运用到了这一原理。设想当杂技演员伸开胳膊和腿，绕着质心轴旋转，当他收回伸展的胳膊和腿时，他相对于质心轴的转动惯量从较大值 J_1 变为较小值 J_2。而作用在他身上的外力只有重力，重力通过质心，所以重力相对于质心轴不会产生力矩，从而合力矩为零。因此他的角动量守恒，即 $J_1\omega_{1z}=J_2\omega_{2z}$，所以当他收回胳膊和腿时，角速度随着转动惯量的减小而增加。

若系统由若干部分组成，则内力矩会改变某一部分的角动量，然而其整个系统的总的角动量不会改变。例如，当猫从一定高度下落时，不管是正面还是四脚朝天下落，通过扭动身体可改变某一部分的角速度，但是整体的角动量都不变，都等于初始角动量，即为零。猫通过这种方式最终都可以使脚先落地，实现安全着陆。

思考题 2-3　芭蕾舞演员在完成连续转圈动作的过程中能灵活自如地控制身体的平衡。如何根据角动量守恒来进行解释？

例题 2-8　质量为 M、半径为 R 的转盘，可绕铅直轴无摩擦转动，转盘的初角速度为零。一个质量为 m 的人，在转盘上从静止开始沿半径为 r 的圆周相对于转盘匀速走动。求当人走一周回到转盘原来的位置时，转盘相对于地面转过了多少角度。

解　本题的研究对象为人和转盘，如图 2-14 所示。系统沿 Z 轴方向的外力矩为零，角动量守恒，即

$$0=mr(v_r-\omega r)+\left(-\frac{1}{2}MR^2\omega\right)$$

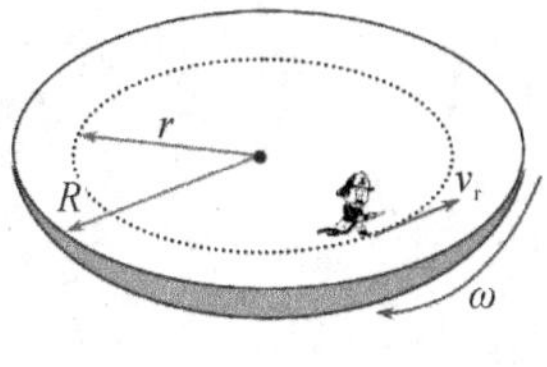

图 2-14　例题 2-8 图

转盘的角速度为

$$\omega=\frac{mrv_r}{mr^2+\frac{1}{2}MR^2}$$

人走一圈需要的时间为

$$\Delta t=\frac{2\pi r}{v_r}$$

转盘相对于地面转过的角度为

$$\theta=\omega\Delta t=2\pi\frac{mr^2}{mr^2+\frac{1}{2}MR^2}$$

例题 2-9　如图 2-15 所示，长为 l、质量为 M 的匀质杆，一端悬挂，可绕通过 O 点垂直于纸面的轴转动。杆自水平位置无初速地落下，在铅直位置与质量为 m 的物体 A 发生完全非弹性碰撞。碰撞后物体 A 沿摩擦系数为 μ 的水平面滑动。求物体 A 沿水平面滑动的距离。

解　根据刚体动能定理，有

$$\frac{1}{2}J_O\omega^2-0=\frac{1}{2}Mgl$$

由例题 2-1 可知 $J_O=\frac{1}{3}Ml^2$，碰撞以后物体对转轴的瞬时角速度为

$$\omega^2=\frac{3g}{l}$$

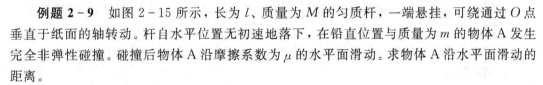

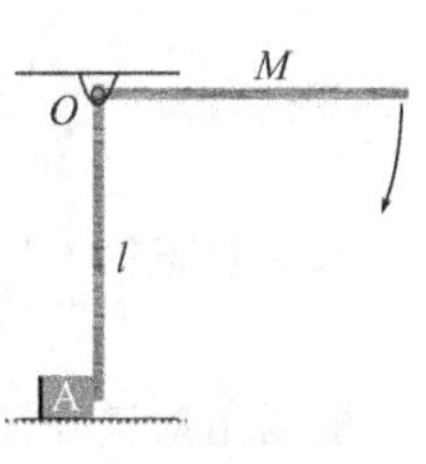

图 2-15　例题 2-9 图

碰撞过程中取杆和物体为研究对象，外力对 OZ 轴的力矩为零，系统对转轴的角动量守恒：

$$J_O\omega = J_O\omega' + ml^2\omega'$$

碰撞以后物体对转轴的瞬时角速度为

$$\omega' = \frac{M\sqrt{\frac{3g}{l}}}{M+3m}$$

碰撞以后，物体 A 运动，根据质点动能定理有

$$0-\frac{1}{2}m(l\omega')^2 = -\mu mgs$$

物体 A 沿水平面滑动的距离为

$$s=\frac{3lM^2}{2\mu(M+3m)^2}$$

例题 2-10 如图 2-16，一个教授双手伸开，拿着质量为 5 kg 的哑铃站在一转盘中间，绕着垂直轴转动。在 2 s 内完成一次转动，求他双手将哑铃收回胸前时的角速度。设他张开双臂没拿哑铃时的转动惯量为 3 kg·m²，收回双臂时的转动惯量为 2.2 kg·m²，哑铃初始距离转轴1 m，末了距离转轴 0.2 m。

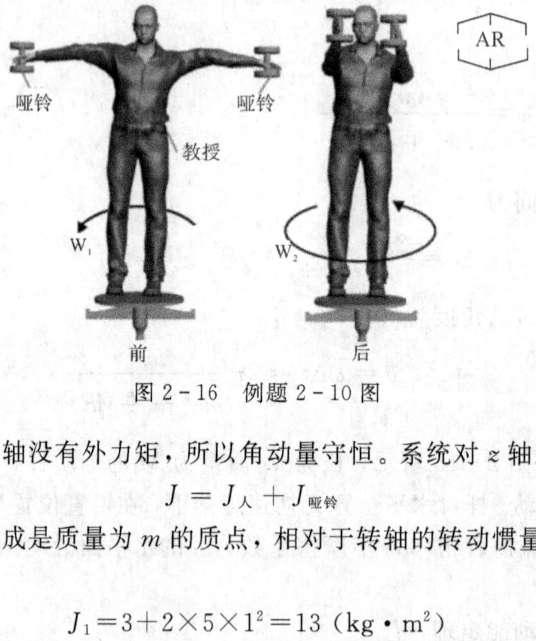

图 2-16 例题 2-10 图

解 因为系统对 z 轴没有外力矩，所以角动量守恒。系统对 z 轴总的转动惯量为

$$J=J_{人}+J_{哑铃}$$

我们将每个哑铃看成是质量为 m 的质点，相对于转轴的转动惯量为 mr^2。

初始状态：

$$J_1=3+2\times5\times1^2=13\ (\text{kg}\cdot\text{m}^2)$$

$$\omega_{1z}=\frac{2\pi}{2}=3.14\ (\text{rad/s})$$

末了状态：

$$J_2=2.2+2\times5\times0.2^2=2.6\ (\text{kg}\cdot\text{m}^2)$$

根据角动量守恒 $J_1\omega_{1z}=J_2\omega_{2z}$ 可解得

$$\omega_{2z}=\frac{J_1}{J_2}\omega_{1z}=15.7\ \text{rad/s}=5\omega_{1z}$$

讨论　角动量守恒，但是角速度变为原来的 5 倍。

在定轴转动时，刚体的动能表达式也要做重新推导，获得另外一个形式，但本质上与质点的动能定义也是相同的。

将刚体分解为若干个小质量元 Δm_i，每个质量元看作一个质点，所有质点的动能之和就是刚体的动能：

$$E_k = \sum_i \frac{1}{2}\Delta m_i v^2$$

在刚体做定轴转动时，不同的质点可能有不同的速度，但所有的质点具有相同的角速度，所以利用 $v_i = r_i\omega$ 将速度转化为角速度，则刚体动能表达式变为

$$E_k = \sum_i \frac{1}{2}\Delta m_i v_i^2 = \frac{1}{2}(\sum_i \Delta m_i r_i^2)\omega^2 = \frac{1}{2}J\omega^2$$

初始和末了状态的动能分别如下：

$$E_{k1} = \frac{1}{2}J_1\omega_{1z}^2 = \frac{1}{2}\times 13\times 3.14^2 = 64\ (\text{J})$$

$$E_{k2} = \frac{1}{2}J_2\omega_{2z}^2 = \frac{1}{2}\times 2.6\times 15.7^2 = 320\ (\text{J})$$

末了状态的动能是初始状态动能的 5 倍。末状态动能增加了，增加的动能是由教授拉回双臂和哑铃所做的功转变而来的。

例题 2-11　一宽为 1 m、质量为 15 kg 的门可绕门轴自由转动。一颗质量为 10 g 的子弹以 400 m/s 的速度打到门的中间，并停留在门里。求门的角速度，且动能是否守恒？

解　将门和子弹看成一个系统。系统相对于门轴没有合外力矩，所以角动量守恒。其受力分析如图 2-17 所示。

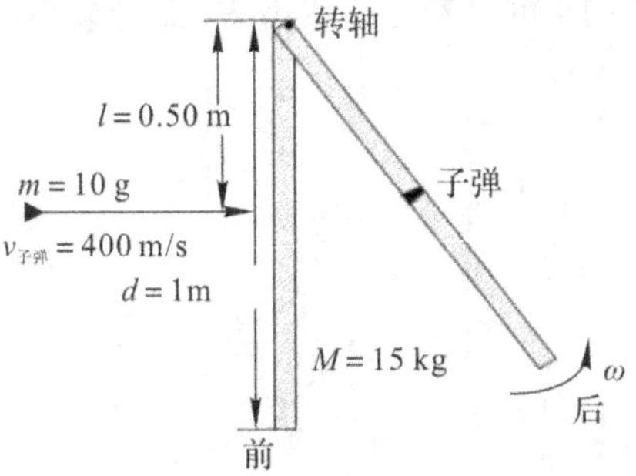

图 2-17　例题 2-11 图

子弹的初始角动量为

$$L = mvl = 0.01\times 400\times 0.5 = 2\ (\text{kg}\cdot\text{m}^2/\text{s})$$

末了角动量为 $J\omega$，这里 $J = J_{\text{door}} + J_{\text{bullet}}$。

$$J_{\text{door}} = \frac{Md^2}{3} = \frac{15\times 1^2}{3} = 5\ (\text{kg}\cdot\text{m}^2)$$

$$J_{\text{bullet}} = 0.01\times 0.5^2 = 0.0025\ (\text{kg}\cdot\text{m}^2)$$

根据角动量守恒 $mvl = J\omega$ 可得

$$\omega = \frac{mvl}{J} = \frac{2}{5+0.0025} = 0.4\ (\text{rad/s})$$

初始和末了状态的动能分别如下：

$$E_{k1}=\frac{1}{2}mv^2=\frac{1}{2}\times 0.01\times 400^2=800\ (\mathrm{J})$$

$$E_{k2}=\frac{1}{2}J\omega^2=\frac{1}{2}\times 5.0025\times 0.4^2=0.40\ (\mathrm{J})$$

讨论 末了状态系统的动能仅仅是初始动能的1/2000。因此，子弹打入门前后，整个过程动能不守恒。此碰撞为完全非弹性碰撞，原因是在碰撞过程中摩擦力起主导作用，摩擦力是非保守力。

思考题 2-4 刚体的碰撞问题和质点力学的碰撞问题之间有什么联系和区别?

思考题 2-5 在英剧《神探夏洛克》第二季中驴友之死跟回旋有关，其物理原理是什么?

*2.2 门的制动器

为延长墙壁与门的使用寿命，常常在墙与门上安装制动器。然而，开关门使得门与制动器发生碰撞，门受到撞击力会震松铰链，时间久了，门框容易损坏。但是如果将制动器安装在恰当的位置，门受到的撞击力可以减小到最小。下面讨论制动器安装在什么位置最恰当。

假设门的质量分布均匀，把门等分成许多的横条，任取其中一个横条，考虑制动器在x轴方向的最佳位置。设门宽为a(横条长度为a)，横条质量为m，因为门的质量分布均匀，所以横条质心和转轴的距离为$\frac{a}{2}$。设制动器到转轴的距离为b。门与制动器碰撞时，制动器对门(横条)的作用力为F_0，同时，横条还会受到门轴的作用力，分别为F_1和F_2，如图2-17所示。其中，F_0和F_1是冲击力，这两个力使门制动。而F_2是轴向力，提供门转动所需的向心力。从图2-18可以看出，减小F_1即可减小门框受到的撞击力。

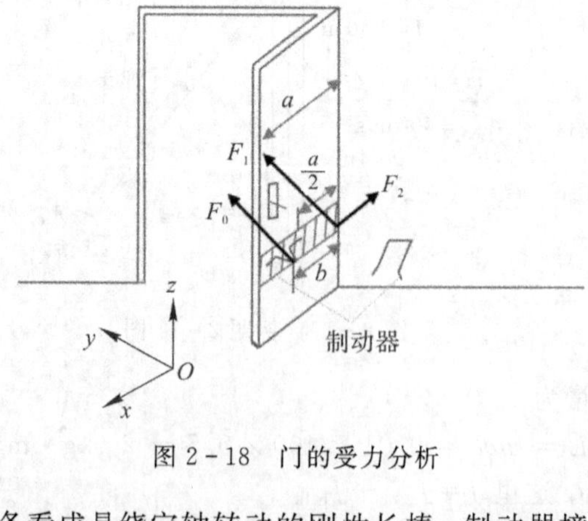

图2-18 门的受力分析

为方便分析，把横条看成是绕定轴转动的刚性长棒。制动器撞击横条时，将对横条产生一个外力矩M，由角动量定理可以得到$t_0\to t$时刻角动量的变化为

$$L-L_0=\int_{t_0}^{t}M\mathrm{d}t \tag{2-13a}$$

式中：L为撞击终止时的角动量(应为零)，L_0为开始撞击时的角动量，由公式$L_0=J\omega_0$给出，J是横条绕轴的转动惯量，ω_0为开始撞击时的角速度。从图2-17可以看出，式

(2-13(a))中的 $M=-b\cdot F_0$，因此可得

$$J\omega_0=b\int_{t_0}^{t}F_0\,\mathrm{d}t \tag{2-13b}$$

横条的运动还需遵循动量定理，其在 y 轴方向的分量式为

$$p-p_0=\int_{t_0}^{t}-(F_0+F_1)\,\mathrm{d}t \tag{2-14}$$

式中：p 为碰撞后的动量(应为零)，p_0 为开始时的动量，可以表示 $p_0=mv_y=m\dfrac{a}{2}\omega_0$，将该式代入式(2-14)中并与式(2-13b)联立得到

$$\int_{t_0}^{t}F_1\,\mathrm{d}t=\left(m\frac{a}{2}-\frac{J}{b}\right)\omega_0 \tag{2-15}$$

使冲击 F_1 最小即 $F_1=0$，且 $J=\dfrac{1}{3}ma^2$，将这两个式子代入式(2-15)得到 $b=\dfrac{2}{3}a$。

综上所述，对于门上的任一横条，把制动器安装在距离转轴$\dfrac{2}{3}a$ 处可以使门框受到的冲击力最小。因此，对于质量分布均匀且上下对称的门，把制动器安装在门的上下对称线上，且距离转轴$\dfrac{2}{3}a$ 处，可以使门框受到的撞击力减小到最小，从而延长门的使用寿命。

*2.3　汽车的驱动与制动

汽车为什么能启动呢？有人说，这是由于汽车发动机产生的驱动力使汽车启动。然而，从牛顿力学知道，静止的物体需要有外力作用，使其产生加速度，才能运动起来。汽车发动机的力是内力，内力不会使物体产生加速度。那么，汽车依靠什么外力驱动呢？

2.3.1　汽车的驱动力

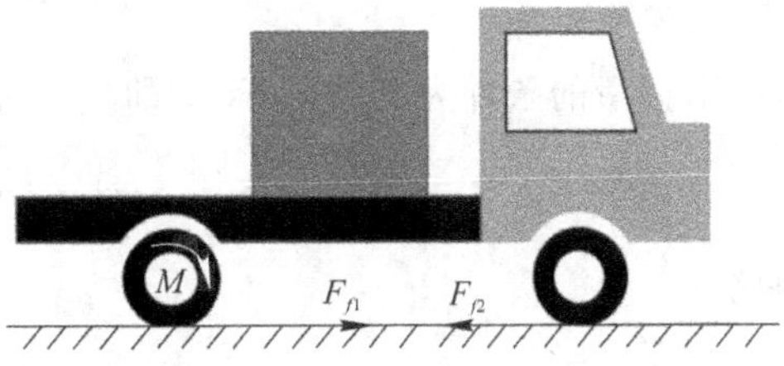

图 2-19　汽车驱动原理图

汽车启动时，内燃机内燃料燃烧产生高温高压的燃气，膨胀的燃气推动汽缸内的活塞做功，再通过传动装置传到后轮，并对后轮产生一个驱动力矩 M，如图 2-19 所示。正是这个力矩使后轮做顺时针转动，轮子与地面的接触点便有向后滑动的趋势，使地面对后轮作用一个向前的摩擦力 F_{f1}，这个力就是推动汽车前进的外力。因此实际上汽车是靠地面提供给汽车的摩擦力驱动的。前轮则是被动轮，它和地面相接触的点有向前滑动的趋势，使得地面对前轮作用一个向后的摩擦力 F_{f2}，所以 F_{f2} 是汽车前进的阻力而非推动力。要使汽车正常前进，地面必须给后轮提供足够大的摩擦力，即 $F_{f1}>F_{f2}$，否则会造成所谓的打滑现象。比如，汽车陷入泥地中打滑，即后轮在转动，汽车却仍然无法前进。从能量的角度看，假设汽车不打滑，那么车轮与地面的摩擦力是不做功的静摩擦力，所以不是摩擦力做功使汽车前进的；汽车之所以能够前进是因为发动机的内力做功，使汽车获得动能，摩擦力只是实现内力做功的条件。

2.3.2 汽车的打滑

以下为方便讨论，不考虑汽车前轮的摩擦力，分析地面与后轮的摩擦系数 μ 至少为多大时，才可避免汽车打滑。如图 2-20 所示，设汽车的质量为 m，前后轮相距 $2l$，质心 C 与前后轮等距，离地面的高度为 h。

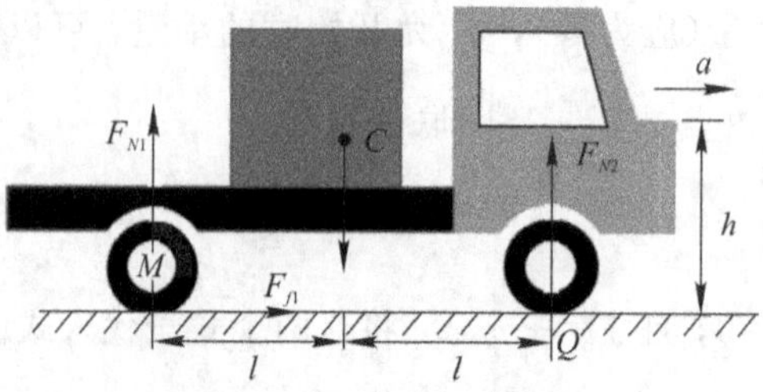

图 2-20 汽车受力分析

设地面对后轮和前轮的支撑力分别为 F_{N1} 和 F_{N2}，地面对后轮向前的摩擦力为 F_{f1}，汽车向前的加速度为 a，则由质心运动定律及牛顿定律得

$$F_{f1} = ma \tag{2-16}$$

$$F_{N1} + F_{N2} - mg = 0 \tag{2-17}$$

根据绕质心轴的转动定律可得

$$F_{f1}h + F_{N2}l - F_{N1}l = 0 \tag{2-18}$$

解式(2-16)～式(2-18)可得

$$F_{N1} = \frac{m}{2}\left(g + \frac{ha}{l}\right) \tag{2-19}$$

$$F_{N2} = \frac{m}{2}\left(g - \frac{ha}{l}\right) \tag{2-20}$$

后轮不打滑的条件为 $F_{f1} \leqslant \mu F_{N1}$，即

$$ma \leqslant \mu \frac{m}{2}\left(g + \frac{ha}{l}\right)$$

因此有

$$\mu \geqslant \frac{2la}{gl + ha} \tag{2-21}$$

生活中，雨天路面湿滑，摩擦系数必然减小，从式(2-21)可以看到，当 μ 小于某个值时，汽车就会发生打滑现象。当遇到类似情况时，可在汽车后轮轮胎下垫一些石块或者干草，增加摩擦系数 μ，即可促使汽车驶出泥坑。

2.3.3 翻车

地面对车轮的支撑力和车轮对地面的压力是一对等大反向的相互作用力。从式(2-19)和式(2-20)可以看出，随着加速度 a 的增大，F_{N1} 增大，而 F_{N2} 减小，即地面对后轮的支撑力增加，对前轮的支撑力减小。换句话说就是，当车辆加速过猛时，后轮对地面的压力增加，而前轮对地面的压力减小，这会造成汽车重心后移。相反地，在汽车刹车减速时，加速度 a 变为负值，这时后轮对地面的压力减小，前轮对地面的压力增加，出现车

头下沉、车尾上抬的情况。如果汽车刹车过猛，以致$|a|>\frac{gl}{h}$，则$F_{N1}<0$，此时后车轮与地面的相互作用方式发生变化，支撑力向下，压力向上，后车轮将离地。这时汽车刹车引起的惯性力$F=ma$对前轮与地面接触点Q的力矩已大于重力对Q点的力矩，即

$$mah > mgl \tag{2-22}$$

所以刹车越快，惯性力就越大，惯性力产生的转动力矩也越大，就越容易翻车。

*2.4　卫星的自旋稳定问题

利用旋转刚体的陀螺效应保证轨道中姿态稳定的卫星称为自旋卫星。卫星入轨以后受到驱动产生绕极轴的稳态旋转，成为典型的欧拉情形的刚体永久转动，其转动轴在惯性空间中保持方位不变。将卫星的转动轴设计为沿轨道面的法线方向，就能与轨道坐标系的Z轴始终保持一致，而不会在轨道内翻滚。欧拉情形刚体永久转动稳定性的经典力学结论为:刚体绕最大或最小惯性矩主轴的永久转动稳定，绕中间惯性矩主轴的永久转动不稳定；轴对称刚体绕极轴的永久转动稳定，绕赤道轴的永久转动不稳定。按照此原则，对于轴对称卫星的一般情形，只要将对称轴选为旋转轴，则无论此对称轴对应的惯性矩为最大值或最小值，永久转动都稳定。

2.4.1　卫星自旋转动的转动惯量

过刚体内确定点O作任意轴p，其基矢量为$\boldsymbol{p}$。设刚体内任意点P处的质量元的质量为$\mathrm{d}m$，P点至p轴的距离为ρ，定义刚体相对p轴的转动惯量为

$$J_{pp} = \int \rho^2 \mathrm{d}m \tag{2-23}$$

积分遍及整个刚体。以O为原点，建立与刚体固结的坐标系$(O-xyz)$。设$\boldsymbol{p}$对于x轴、y轴、z轴的方向余弦为α、β、γ，P点的坐标为x、y、z，则基矢量$\boldsymbol{p}$及P点相对O点的矢径$\boldsymbol{r}$的投影式为

$$\boldsymbol{p} = \alpha\boldsymbol{i} + \beta\boldsymbol{j} + \gamma\boldsymbol{k}\,,\ \boldsymbol{r} = x\boldsymbol{i} + y\boldsymbol{j} + z\boldsymbol{k} \tag{2-24}$$

式(2-23)中的被积函数可表示为

$$\begin{aligned}\rho^2 &= r^2 - (\boldsymbol{r}\cdot\boldsymbol{p})^2 = x^2 + y^2 + z^2 - (x\alpha + y\beta + z\gamma)^2 \\ &= x^2 + y^2 + z^2 - [(x\alpha + y\beta)^2 + (z\gamma)^2 + 2(x\alpha + y\beta)z\gamma] \\ &= x^2(1-\alpha^2) + y^2(1-\beta^2) + z^2(1-\gamma^2) - 2xy\alpha\beta - 2xz\alpha\gamma - 2yz\beta\gamma \\ &= x^2(\beta^2+\gamma^2) + y^2(\alpha^2+\gamma^2) + z^2(\alpha^2+\beta^2) - 2xy\alpha\beta - 2xz\alpha\gamma - 2yz\beta\gamma \\ &= (y^2+z^2)\alpha^2 + (x^2+z^2)\beta^2 + (x^2+y^2)\gamma^2 - 2xy\alpha\beta - 2xz\alpha\gamma - 2yz\beta\gamma\end{aligned} \tag{2-25}$$

将式(2-25)代入式(2-23)可得

$$\begin{aligned}J_{pp} &= \int \rho^2 \mathrm{d}m = \int[(y^2+z^2)\alpha^2 + (x^2+z^2)\beta^2 + (x^2+y^2)\gamma^2 - 2xy\alpha\beta - 2xz\alpha\gamma - 2yz\beta\gamma]\mathrm{d}m \\ &= J_{xx}\alpha^2 + J_{yy}\beta^2 + J_{zz}\gamma^2 - 2J_{xy}\alpha\beta - 2J_{yz}\beta\gamma - 2J_{xz}\alpha\gamma\end{aligned} \tag{2-26}$$

式中：J_{xx}、J_{yy}、J_{zz}分别为刚体对x轴、y轴、z轴的转动惯量，J_{xy}、J_{yz}、J_{xz}分别为刚体对x轴、y轴、z轴的惯性积。

$$\begin{cases} J_{xx} = \int (y^2 + z^2)\mathrm{d}m,\ J_{xy} = \int xy\,\mathrm{d}m \\ J_{yy} = \int (x^2 + z^2)\mathrm{d}m,\ J_{yz} = \int yz\,\mathrm{d}m \\ J_{zz} = \int (x^2 + y^2)\mathrm{d}m,\ J_{xz} = \int xz\,\mathrm{d}m \end{cases} \tag{2-27}$$

刚体对任意 p 轴的转动惯量可根据式(2-26)和式(2-27)求出。

为了直观地表示刚体相对某点的质量分布，在过 O 点的任意轴 p 上选取 P 点，令 P 点至 O 点的距离 R 与刚体对 p 轴的转动惯量 J_{pp} 的平方根成反比，即

$$R = \frac{k}{\sqrt{J_{pp}}} \tag{2-28}$$

式中：k 为任意选定的比例系数。P 点的坐标为

$$x = R\alpha,\ y = R\beta,\ z = R\gamma \tag{2-29}$$

改变 p 轴的方位，则 J_{pp} 和 R 随之改变，P 点在空间中的轨迹形成一个封闭曲面。将式(2-26)两边同乘 R^2，将式(2-29)代入，得到 P 点的轨迹方程：

$$J_{xx}x^2 + J_{yy}y^2 + J_{zz}z^2 - 2J_{xy}xy - 2J_{yz}yz - 2J_{xz}xz = k^2 \tag{2-30}$$

即以 O 点为中心的椭球面方程。所包围的椭球称为刚体相对 O 点的惯性椭球，它形象化地表示出刚体对过 O 点的所有轴的转动分布情况。

刚体中每个确定的 O 点对应着确定的惯性椭球。转动坐标系($O-xyz$)则随方程式(2-30)的系数改变，但所表示的椭球不变。当($O-xyz$)各轴与椭球的三根主轴重合时，椭球方程具有最简单的形式：

$$J_{xx}x^2 + J_{yy}y^2 + J_{zz}z^2 = k^2 \tag{2-31}$$

此特殊位置的坐标轴称为刚体的惯性主轴，坐标系称为主轴坐标系。主轴坐标系的惯性积为零，所对应的转动惯量称为主转动惯量。刚体对不同的 O 点有不同的惯性椭球和惯性主轴。若 O 点为刚体的质心，则称为中心惯性椭球、中心惯性主轴和中心主转动惯量。

刚体的质量呈轴对称分布时，其中心惯性椭球为旋转椭球，对称轴上各点均为惯性主轴，称为极轴。过极轴上任意点与极轴垂直的赤道面内的任意轴称为赤道轴，赤道轴均为该点的惯性主轴。面对称刚体的对称面上各点的法线均为该点的惯性主轴。刚体的质量球对称时，中心惯性椭球为圆球，其惯性主轴可为任意轴。

2.4.2 卫星自旋转动的角动量

刚体以瞬时角速度 ω 绕固定点 O 转动时，相对 O 点矢径为 $\boldsymbol{r}$ 的 P 点转动的线速度为

$$\boldsymbol{v} = \frac{\mathrm{d}\boldsymbol{r}}{\mathrm{d}t} = \boldsymbol{\omega} \times \boldsymbol{r} \tag{2-32}$$

刚体对点 O 的角动量为

$$\begin{aligned} \boldsymbol{L} &= \int \mathrm{d}\boldsymbol{L} = \int \boldsymbol{r} \times \boldsymbol{v}\mathrm{d}m = \int \boldsymbol{r} \times (\boldsymbol{\omega} \times \boldsymbol{r})\mathrm{d}m = \int [r^2\boldsymbol{\omega} - (\boldsymbol{r} \cdot \boldsymbol{\omega})\boldsymbol{r}]\mathrm{d}m \\ &= \int [(x^2 + y^2 + z^2)(\omega_x\boldsymbol{i} + \omega_y\boldsymbol{j} + \omega_z\boldsymbol{k}) - (x\omega_x + y\omega_y + z\omega_z)(x\boldsymbol{i} + y\boldsymbol{j} + z\boldsymbol{k})]\mathrm{d}m \\ &= L_x\boldsymbol{i} + L_y\boldsymbol{j} + L_z\boldsymbol{k} \end{aligned} \tag{2-33}$$

其中：

$$\begin{cases} L_x = J_{xx}\omega_x - J_{xy}\omega_y - J_{xz}\omega_z \\ L_y = -J_{xy}\omega_x + J_{yy}\omega_y - J_{yz}\omega_z \\ L_z = -J_{zx}\omega_x - J_{yz}\omega_y + J_{zz}\omega_z \end{cases} \tag{2-34}$$

若$(O-xyz)$为刚体的主轴坐标系，J_{xy}，J_{yz}，J_{xz}均为零，则有

$$L_x = J_{xx}\omega_x,\ L_y = J_{yy}\omega_y,\ L_z = J_{zz}\omega_z \tag{2-35}$$

此时有

$$L^2 = L_x^2 + L_y^2 + L_z^2 = J_{xx}^2\omega_x^2 + J_{yy}^2\omega_y^2 + J_{zz}^2\omega_z^2 \tag{2-36}$$

2.4.3 卫星自旋转动的动能

刚体绕固定点 O 的动能为

$$E_k = \int dE_k = \frac{1}{2}\int v^2 dm = \frac{1}{2}\int (\boldsymbol{v}\cdot\boldsymbol{v})dm = \frac{1}{2}\int (\boldsymbol{\omega}\times\boldsymbol{r})\cdot(\boldsymbol{\omega}\times\boldsymbol{r})dm$$

利用矢量运算关系，可得

$$E_k = \frac{1}{2}\boldsymbol{\omega}\cdot\int \boldsymbol{r}\times(\boldsymbol{\omega}\times\boldsymbol{r})dm = \frac{1}{2}\boldsymbol{\omega}\cdot\boldsymbol{L} = \frac{1}{2}(L_x\omega_x + L_y\omega_y + L_z\omega_z)$$

即

$$2E_k = L_x\omega_x + L_y\omega_y + L_z\omega_z \tag{2-37}$$

将式(2-34)代入式(2-37)可得

$$2E_k = J_{xx}\omega_x^2 + J_{yy}\omega_y^2 + J_{zz}\omega_z^2 - 2J_{yz}\omega_y\omega_z - 2J_{zx}\omega_z\omega_x - 2J_{xy}\omega_x\omega_y \tag{2-38}$$

若$(O-xyz)$为刚体的主轴坐标系，则有

$$2E_k = J_{xx}\omega_x^2 + J_{yy}\omega_y^2 + J_{zz}\omega_z^2 \tag{2-39}$$

2.4.4 卫星自旋转动的稳定性判断

若系统所受外力矩为零，则角动量和动能都守恒。联立式(2-36)和式(2-39)，消去 ω_z 可得

$$J_{xx}(J_{zz} - J_{xx})\omega_x^2 + J_{yy}(J_{zz} - J_{yy})\omega_y^2 = 2J_{zz}E_k - L^2 \tag{2-40}$$

若考虑内阻存在，则只有角动量守恒，而动能 E_k 随时间衰减。

将式(2-40)两边对时间 t 求导，并令$\frac{dL}{dt}=0$，$\frac{dT}{dt}<0$，有

$$J_{xx}(J_{zz} - J_{xx})\frac{d\omega_x^2}{dt} + J_{yy}(J_{zz} - J_{yy})\frac{d\omega_y^2}{dt} = 2J_{zz}\frac{dE_k}{dt} < 0 \tag{2-41}$$

对于绕 z 轴自旋的卫星，角速度 ω_x 和 ω_y 在未受扰时均为零。受扰后的变化趋势可根据式(2-41)进行判断：

$J_{zz}>J_{xx}$，$J_{zz}>J_{yy}$：ω_x^2 和 ω_y^2 减小，极轴仍接近原位置，如图 2-21(a)所示。

$J_{zz}<J_{xx}$，$J_{zz}<J_{yy}$：ω_x^2 和 ω_y^2 增大，极轴必远离原位置，如图 2-21(b)所示。

因此，自旋轴的转动惯量为最大时稳定，自旋轴的转动惯量为最小时不稳定。

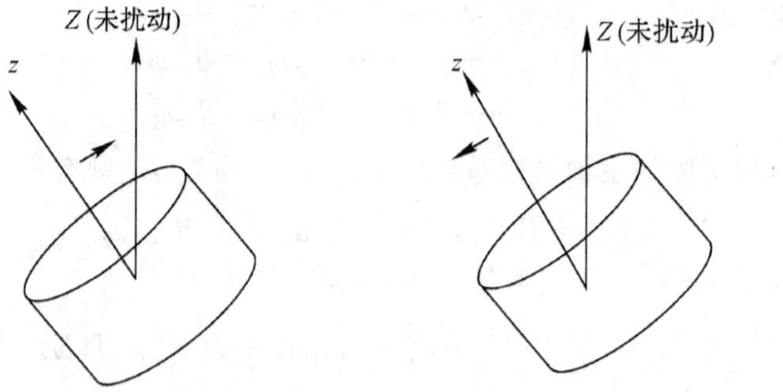

(a) $J_{zz}>J_{xx}$, $J_{zz}>J_{yy}$　　(b) $J_{zz}<J_{xx}$, $J_{zz}<J_{yy}$

图 2-21　卫星极轴的运动趋势

1957 年 10 月 4 日苏联发射的世界上第一颗人造地球卫星"斯普特尼克一号"(Sputnik-1)是带有四根天线的篮球形状轴对称体。卫星的极惯性矩和赤道惯性矩非常接近，绕极轴的永久转动保持了稳定性。1958 年 1 月 31 日，空间技术暂时落后的美国匆忙发射的"探险者一号"(Explorer-1)是一个细长的轴对称体，也带有四根天线。卫星的旋转轴对应的极惯性矩远小于赤道惯性矩，按照经典力学的理论分析，绕最小惯性矩主轴的永久转动应该稳定。但在发射升空数小时后，卫星的极轴却在轨道坐标系内逐渐翻转 90°，最终转变为绕赤道轴，也就是绕卫星的最大惯性矩主轴。这一意外事件的发生似乎颠覆了经典力学的结论，如何解释这一现象成为当时力学界的热门话题。

深入的研究表明，"探险者一号"失稳的原因来自所携带的四根柔软的天线。经典力学的结论并没有错误，但仅适用于绝对不变形的刚体。悬浮在太空中的刚体若忽略微小的重力梯度力矩，处于无力矩的自由状态，则其相对质心的动量矩守恒。由于不存在耗散因素，则其绕质心转动的动能也守恒。从动量矩和动能守恒原理出发，可推导出关于永久转动稳定性的结论。但是由于柔软的天线存在，已不能再将卫星视为刚体。不过天线在卫星中所占的比例极小，因此仍可近似地应用刚体的动量矩和动能公式进行分析。在力矩状态下，动量矩守恒原理依然适用，但是由于天线弹性形变的内阻尼因素，其总机械能将不断衰减。在动量矩保持不变的条件下，最小的极惯性矩对应于最大动能。反之，最大的极惯性矩对应于最小动能。由于能量的耗散，动能不断减小，绕最小惯性矩主轴的转动必逐渐转变为绕最大惯性矩主轴的转动。"探险者一号"的失稳现象从而得到解释。

自旋稳定的卫星可以保证极轴的方位确定不变，但旋转中的卫星不可能使探测元件对准地球，于是双自旋卫星(dual-spin satellite)便应运而生。双自旋卫星由绕同一根极轴旋转的两个部件组成，分别为转子和平台，两个部件各有不同的角速度。起稳定作用的转子以较高角速度旋转，平台的转动与卫星沿轨道绕地球的转动严格同步，以保证安装在平台上的探测仪器对准地球。1984 年 4 月 8 日我国发射的"东方红二号"卫星就是一颗双自旋卫星，它的成功发射开始了我国用自己的通信卫星进行通信的历史。

第 3 章　热　　学

热学是研究有关物质的热运动以及与热相联系的各种规律的科学，它与力学、电磁学及光学一起构成经典物理的四大基石。热学所研究的对象是由大量微观粒子组成的系统，称为热力学系统(简称系统)。一切宏观物体都是由大量的分子(原子)组成的，其中的分子都在做永不停息的无序运动。物体表现出的热力学性质是大量微观粒子的统计结果。描述整体热力学系统状态和属性的物理量为宏观量，宏观量有系统的质量、体积、压强、温度、内能等，宏观量可以用科学实验的方法和手段进行测量，也可以凭借感观进行观察；描述单个微观粒子运动状态的物理量为微观量，微观量有分子的质量、位置、速度、动量、动能、能量以及分子数密度等，一般来说，不能对微观量进行直接测量。

本章涉及的研究方法有宏观描述方法和微观描述方法，宏观描述方法从对热现象的大量的直接观察和实验测量中所总结出来的普适的基本定律出发，应用数学方法，通过逻辑推理及演绎，得出有关物质各种宏观性质之间的关系、宏观物理过程进行的方向和限度等结论。

通过对微观粒子运动状态的研究，而对热力学系统的状态加以描述的方法称为微观描述方法，它从气体物质由大数分子、原子组成的前提出发，运用统计的方法，把宏观性质看作由微观粒子热运动的统计平均值所决定，由此找出微观量与宏观量之间的关系。

宏观描述方法和微观描述方法分别从不同的角度去研究物质的热运动，它们彼此密切联系，相互补充。它们的紧密结合，使热学成为联系宏观世界和微观世界的一座桥梁。

3.1　热学基本概念与原理

3.1.1　平衡态、理想气体及其状态方程

一个热力学系统在不受外界影响的条件下，其宏观性质不随时间变化，即系统与外界无能量和质量交换的系统状态称为平衡态。处于平衡态的热力学系统，在其内部各处具有相同的温度、压强，微观上分子仍然在做不停息的运动，从这一点来看，热力学系统的平衡态是热动平衡。当一定量的气体处于平衡态时，可以用压强 p、体积 V、温度 T 一组参量描述，这组参量叫作状态参量。显然，一组状态参量对应一定量气体的一个平衡态。

当气体的外界条件发生变化时，其状态就会发生变化。气体从一个状态连续地变化到另一个状态时，所经历的是一个状态变化过程，我们把过程进展得十分缓慢，所经历的一系列中间状态无限接近平衡状态的过程叫作平衡过程。平衡过程是一个理想过程，与实际过程有差别，但在许多情况下，人们常把实际过程近似地当作平衡过程来处理。

处于平衡态的气体的热力学状态参量之间所满足的函数关系称为气体的状态方程。在

压强趋于零，温度不太高也不太低的情况下，不同种类的气体在状态方程上的差异可趋于消失，气体所遵从的规律也趋于简单。这种压强趋于零的极限状态下的气体称为理想气体。

对于一定质量的气体，其三个状态参量之一变化时，其他两个也将变化。在标准状态下，1 mol 理想气体的三个状态参量如下：

$$\begin{aligned} p_0 &= 1\,\text{atm} = 1.013\times 10^5\ \text{Pa} \\ V_{m,0} &= 22.4\,\text{L/mol} = 22.4\times 10^{-3}\,\text{m}^3/\text{mol} \\ T_0 &\equiv 273.16\ \text{K} \end{aligned} \tag{3-1}$$

对于 ν 摩尔理想气体：

$$\frac{pV}{T} = \frac{p_0V_0}{T_0} = \nu\frac{p_0V_{m,0}}{T_0} \Rightarrow pV = \nu\frac{p_0V_{m,0}}{T_0}T$$

记普适气体常量 $R=p_0V_{m,0}/T_0$（$=8.31\,\text{J/(mol}\cdot\text{K)}$），那么理想气体状态方程(克拉珀龙方程)为

$$pV = \nu RT = \frac{m}{M}RT \tag{3-2}$$

式中：m 和 M 为气体的质量和摩尔质量，摩尔数也可表达为 $\nu=N/N_A$，$N_A=6.023\times10^{23}/\text{mol}$(阿伏伽德罗常量)，分子数密度 $n=N/V$，理想气体状态方程又可表达为

$$p = \frac{N}{N_A}\frac{1}{V}RT = n\frac{R}{N_A}T \tag{3-3}$$

也可以表达为理想气体压强公式：

$$p = nkT \tag{3-4}$$

式中：$k\equiv R/N_A=1.38\times10^{-23}\,\text{J/K}$(玻尔兹曼常量)。

对于含有 n 种化学成分的混合气体，根据道尔顿分压定律，第 i 种气体的质量为 m_i，摩尔质量为 M_i，各组分分压强 p_i 之和为总压强 $p=\sum_i p_i$(所谓组分分压强是指混合气体中所含的某种气体单独存在，并且与混合气体具有相同的温度与体积时的压强)。将第 i 种分子气体的状态方程

$$p_iV = \frac{m_i}{M_i}RT$$

代入 $p=\sum_i p_i$，得到混合理想气体的状态方程：

$$pV = \frac{m}{M}RT \tag{3-5}$$

式中：混合气体的总质量 $m=\sum_i m_i$，混合气体的表观摩尔质量 $M=\dfrac{m}{\sum_i \dfrac{m_i}{M_i}}=\dfrac{m}{\sum_i \nu_i}$。

如有一个密闭容器中储有 A、B、C 三种理想气体，处于平衡状态时，A 种气体的分子数密度为 n_1，它产生的压强为 p_0，B 种气体的分子数密度为 $5n_1$，C 种气体的分子数密度为 $12n_1$，则

$$\begin{aligned} p_1 &= n_1kT = p_0 \\ p_2 &= n_2kT = 5n_1kT = 5p_0 \\ p_3 &= n_3kT = 12n_1kT = 12p_0 \end{aligned}$$

混合气体的压强为

$$p = p_1 + p_2 + p_3 = 18p_0$$

思考题 3-1　一辆高速运动的卡车突然刹车停下，试问卡车上的氧气瓶静止下来后，瓶中氧气的压强和温度将如何变化？

思考题 3-2　试计算标准状态下 1 cm^3 气体的分子数(洛喜密特数)。

例题 3-1　两个相同的容器装有氢气，以一细玻璃管相连通，管中用一滴水银作活塞，如图 3-1 所示。当左边容器的温度为 0℃，而右边容器的温度为 20℃时，水银滴刚好在管的中央。试问，当左边容器的温度由 0℃增到 5℃，而右边容器的温度由 20℃增到30℃时，水银滴是否会移动？如何移动？

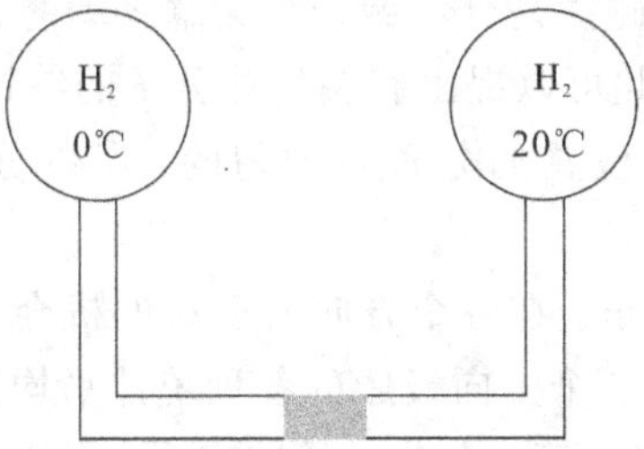

图 3-1　连通容器

解　根据力学平衡条件，当水银滴刚好处在管的中央维持平衡时，左、右两边氢气的压强、体积相等，两边气体的状态方程为

$$p_1V_1 = \frac{M_1}{M_{mol}}RT_1$$

$$p_2V_2 = \frac{M_2}{M_{mol}}RT_2$$

由 $p_1 = p_2$ 得

$$\frac{V_1}{V_2} = \frac{M_1}{M_2}\frac{T_1}{T_2}$$

开始时 $V_1 = V_2$，则有

$$\frac{M_1}{M_2} = \frac{T_2}{T_1} = \frac{293}{273}$$

当温度改变为 $T_1' = 278$ K，$T_2' = 303$ K 时，两边的体积比为

$$V_1'/V_2' = M_1T_1'/(M_2T_2') = 0.9847 < 1$$

即 $V_1' < V_2'$，因此水银滴将向左边移动少许。

3.1.2　基本宏观量的微观统计

宏观量是微观量的统计平均，这是气体动理论(统计物理学)和热力学理论间的桥梁。以理想气体为例，我们首先对几个基本的宏观量进行统计平均，这几个基本量是理想气体压强、理想气体温度和理想气体能量。

1. 理想气体压强的微观统计

1) 理想气体分子模型和统计假设

一切宏观物体都是由大量的分子组成的，其中的分子都在永不停息地做无序的热运动，分子与分子之间存在着相互作用力。如果气体的分子数密度很小，分子之间的间距远大于分子自身的线度，忽略分子之间的相互作用力，可以建立一个理想气体模型。

理想气体分子的力学性质假设如下：

(1) 比起分子间的平均距离，分子的线度可忽略不计(分子可以当作质点来处理)。

(2) 除碰撞瞬间外，分子间和分子与器壁之间均无相互作用(气体分子在连续两次碰撞中间的运动可以看作是在惯性支配下的自由运动)，分子间和分子与器壁之间发生频繁的完全弹性碰撞。

(3) 分子的运动遵循牛顿力学定律。

分子集体的统计假设：气体处于平衡态时，系统内部各点的分子数密度、压强和温度相同。在气体内部，分子的碰撞是分子做杂乱无章运动的原因，1 s 内 1 个分子与其他分子碰撞的次数约为10^{10}次。由此可以提出有关气体分子的统计假设：

(1) 在平衡态时分子按位置的分布是均匀的，所以分子密度 $n=\mathrm{d}N/\mathrm{d}V=N/V$ 各处相同。

(2) 在平衡态时，每个分子在各个方向上运动的机会是均等的，分子速度按方向的分布是均匀的，分子的速度在各个方向投影的各种统计平均值相等。

由 N 个分子组成的系统，第 i 个分子的速率平方值为

$$v_i^2 = v_{ix}^2 + v_{iy}^2 + v_{iz}^2$$

对所有分子进行统计：

$$\sum_{i=1}^{N} v_i^2 = \sum_{i=1}^{N} v_{ix}^2 + \sum_{i=1}^{N} v_{iy}^2 + \sum_{i=1}^{N} v_{iz}^2$$

速率和速度分量的平方平均值为

$$\overline{v^2} = \frac{\sum_{i=1}^{N} v_i^2}{N}, \quad \overline{v_x^2} = \frac{\sum_{i=1}^{N} v_{ix}^2}{N} \quad \overline{v_y^2} = \frac{\sum_{i=1}^{N} v_{iy}^2}{N} \quad \overline{v_z^2} = \frac{\sum_{i=1}^{N} v_{iz}^2}{N}$$

速率平方平均值为

$$\overline{v^2} = \overline{v_x^2} + \overline{v_y^2} + \overline{v_z^2} \tag{3-6}$$

分子速度按方向的分布是均匀的，所以有

$$\overline{v_x^2} = \overline{v_y^2} = \overline{v_z^2} = \frac{1}{3}\overline{v^2} \tag{3-7}$$

2) 理想气体压强公式推导

气体的压强是由大量分子与器壁发生连续碰撞的作用力产生的，它是一个统计平均值。气体的压强在数值上等于单位时间内与器壁相碰撞的所有分子作用于器壁单位面积上的总冲量。一个容器的体积为 V，贮有分子质量为 m 并处于平衡状态的一定量的理想气体，气体分子总数为 N，单位体积的分子数 $n=N/V$。将所有的分子按速度区间分布分为若干组，每一组中各个分子的速度大小和方向基本相同。第 i 组分子的速度为 $\boldsymbol{v}_i$，分子数为 N_i，分子数密度 $n_i=N_i/V$，总的分子数密度为

$$n = n_1 + n_2 + \cdots + n_i + \cdots = \sum_{i=1} n_i$$

取如图 3-2 所示的直角坐标系，器壁上的面积元 $\mathrm{d}A$ 垂直于 X 轴，以 $\mathrm{d}A$ 为底，$\boldsymbol{v}_i$ 为轴线，$v_{ix}\mathrm{d}t$ 为高的斜柱体，其体积大小 $\mathrm{d}V=\mathrm{d}A \cdot v_{ix}\mathrm{d}t$。在时间 $\mathrm{d}t$ 内，速度为 v_i 的分子与

dA 发生碰撞的分子数为

$$n_i dV = n_i v_{ix} dt dA$$

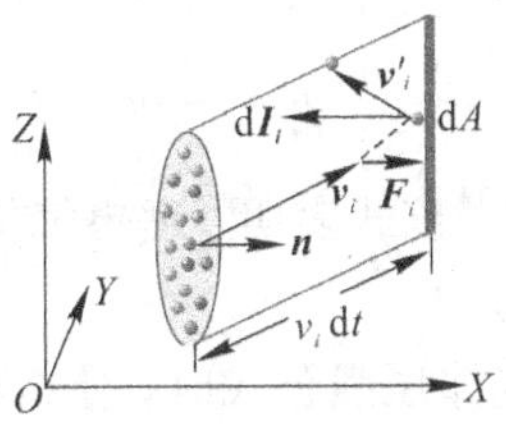

图 3-2 压强公式推导示意图

碰撞前的动量为 $mv_i n_i v_{ix} dt dA$，碰撞后的动量为 $mv_i' n_i v_{ix} dt dA$。器壁对 dt 时间内发生碰撞的第 i 组分子作用的冲量为

$$d\boldsymbol{I}_i = -\boldsymbol{F}_i dt$$

式中：$\boldsymbol{F}_i$ 是分子对器壁的作用力，方向沿 X 轴正方向。由于分子和器壁发生完全弹性碰撞，速度的大小不变，则有

$$-F_i dt = mn_i v_{ix} dt dA(v_i' - v_i)$$

在 X 轴方向，冲量的分量为

$$-F_i dt = mn_i v_{ix} dt dA(-v_{ix} - v_{ix})$$

$$\Rightarrow F_i dt = 2mn_i v_{ix}^2 dt dA$$

由于只有 $v_{ix}>0$ 的分子对器壁面积元 dA 才有作用力，因此所有分子对器壁的作用力为

$$F = \sum_{i(v_{ix}>0)} 2n_i m v_{ix}^2 dA$$

在平衡态下，任一时刻气体分子热运动沿各个方向运动的机会均等，有

$$F = \sum_{i(v_{ix}>0)} 2n_i m v_{ix}^2 dA = \frac{1}{2}\sum_i 2n_i m v_{ix}^2 dA = \sum_i n_i m v_{ix}^2 dA$$

根据速度投影平方统计平均值的定义，分子在 X 轴方向上速度平方的平均值为

$$\overline{v_x^2} = \frac{\sum_i N_i v_{ix}^2}{N} = \frac{\sum_i V n_i v_{ix}^2}{N}$$

$$\Rightarrow \sum_i n_i v_{ix}^2 = \frac{N}{V}\overline{v_x^2} = n\overline{v_x^2}$$

在平衡态下，分子沿各个方向的机会均等，利用式(3-7)有

$$\sum_i n_i v_{ix}^2 = \frac{1}{3} n\overline{v^2}$$

将上式代入 $F = \sum_i n_i m v_{ix}^2 dA$ 得

$$F = \frac{1}{3} nm\overline{v^2} dA$$

根据压强的定义得压强为

$$p = \frac{F}{dA} = \frac{1}{3} nm\overline{v^2} \tag{3-8}$$

分子的平均平动动能为

$$\bar{\varepsilon}_t = \frac{1}{2}m\overline{v^2} \tag{3-9}$$

理想气体的压强为

$$p = \frac{2}{3}n\bar{\varepsilon}_t \tag{3-10}$$

这就是理想气体的压强公式。该式表明：理想气体压强是大量分子无规则运动对器壁碰撞的平均效果。

思考题 3-3　在推导理想气体压强公式时，什么地方用到理想气体假设？什么地方用到平衡态条件？什么地方用到统计平均概念？

2. 理想气体温度的微观统计

由 $p=\frac{2}{3}n\bar{\varepsilon}_t$ 和 $p=nkT$ 得到分子的平均平动动能：

$$\bar{\varepsilon}_t = \frac{3}{2}kT \tag{3-11}$$

该式表明温度只和分子平均平动动能有关。宏观意义上讲，温度用来描述两个或多个热力学系统处于同一热平衡状态具有的共同的性质，温度是决定一个系统是否能与其他系统处于热平衡的宏观性质。微观意义上讲，温度的本质是分子平均平动动能的量度，温度反映了物体内部分子无规则运动的激烈程度。

进一步讨论温度的物理意义，以下几点需要注意：

(1) 温度是描述热力学系统平衡态的物理量，但是对于一个处于非平衡态的系统，不能用温度描述系统的整体状态。

(2) 温度是关于大量分子做无规则热运动的统计结果，因此对于单个分子(或少数分子)来说，温度是无意义的。

(3) 温度和系统整体运动无关，分子的平动动能是在系统质心参考系中测量的，所有分子的平动动能总和也就是系统内能的组成部分。

思考题 3-4　温度的实质是什么？对于单个分子能否问它的温度是多少？对于 100 个分子的系统呢？一个系统至少要有多少个分子我们说它的温度才有意义？若热力学系统处于非平衡态，温度概念能否使用？

思考题 3-5　1 大气压 27℃时，求 1 m^3 体积理想气体的分子数和分子热运动的平均平动动能。

3. 理想气体能量的微观统计——能量均分定理

1) 分子的自由度

所谓物体的自由度是指确定一个物体在空间位置所需的独立坐标数目。分子的运动包括平动、振动和转动，因此对应的分子的能量包括平动能、振动能和转动能。

单原子分子(He,Ne)相当于自由质点，因此有 3 个平动自由度，即 3 个平动自由度，如图3-3(a)所示。

双原子分子(H_2,N_2,O_2,CO,CO_2)相当于自由细杆，有 5 个自由度(不考虑振动)，即 3 个平动自由度和 2 个转动自由度，如图 3-3(b)所示。确定自由细杆的质心需要 3 个平动自由度(x,y,z)，而确定自由细杆在空间的取向需要 2 个转动自由度(α,β)。

多原子分子(CH_4,H_2O,NH_3)相当于自由刚体，有 6 个自由度，即 3 个平动自由度和 3 个转动自由度，如图 3-3(c)所示。确定自由刚体的质心需要 3 个平动自由度(x,y,z)，而确定自由刚体绕质心的转动需要 3 个转动自由度(α,β,φ)。

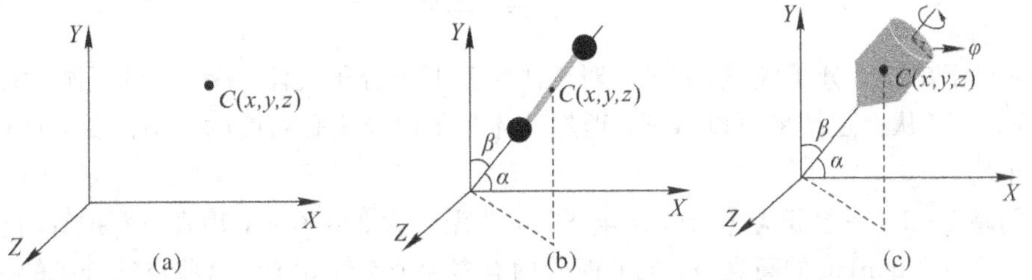

图 3-3　分子自由度

2) 能量均分定理

单原子分子有 3 个平动自由度，根据理想气体分子的平均平动动能($\bar{\varepsilon}_t=m\overline{v^2}/2$)和压强公式，可导出 $\bar{\varepsilon}_t=3kT/2$，且有

$$\frac{1}{2}mv^2=\frac{1}{2}mv_x^2+\frac{1}{2}mv_y^2+\frac{1}{2}mv_z^2$$

进而有

$$\frac{1}{2}m\overline{v^2}=\frac{1}{2}m\overline{v_x^2}+\frac{1}{2}m\overline{v_y^2}+\frac{1}{2}m\overline{v_z^2}$$

于是得

$$\frac{1}{2}m\overline{v_x^2}=\frac{1}{2}m\overline{v_y^2}=\frac{1}{2}m\overline{v_z^2}=\frac{1}{3}\cdot\left(\frac{1}{2}m\overline{v^2}\right)=\frac{1}{2}kT \tag{3-12}$$

从式(3-12)可以看出分配在单原子分子的每个自由度上的平均能量为 $kT/2$。因此得到能量按自由度均分定理：处于平衡态的理想气体分子，无论做何种运动，分配在每个自由度上的平均动能都为 $kT/2$。

双原子分子(5 个自由度)的平均动能为

$$\bar{\varepsilon}_k=5\cdot\frac{1}{2}kT \tag{3-13}$$

多原子分子(6 个自由度)的平均动能为

$$\bar{\varepsilon}_k=6\cdot\frac{1}{2}kT \tag{3-14}$$

自由度为 i 的分子的平均动能为

$$\bar{\varepsilon}_k=\frac{i}{2}kT \tag{3-15}$$

3) 理想气体的内能

气体的内能为系统中分子热运动总机械能的统计平均值。但是对于理想气体，忽略分子之间的相互作用势能，内能为系统中分子各种热运动形式的动能总和。因此，1 mol 理想气体的内能为

$$E=N_A\bar{\varepsilon}_k$$

而 $\bar{\varepsilon}_k=\frac{i}{2}kT$，于是

$$E = \frac{i}{2} N_A kT = \frac{i}{2} RT \tag{3-16}$$

ν mol 理想气体的内能为

$$E = \nu \frac{i}{2} RT \tag{3-17}$$

式中：对于单原子分子气体，$i=3$；对于刚性双原子分子气体，$i=5$；对于刚性多原子分子气体，$i=6$。从上述结果可以得到：理想气体分子内能只是温度的单值函数，只和热力学温度成正比。

例题 3-2　一容积为 10 cm^3 的电子管，当温度为 300 K 时，用真空泵把管内空气抽成压强为 5×10^{-6} mmHg 的高真空，问此时管内有多少个空气分子？这些空气分子的平均平动动能的总和是多少？平均转动动能的总和是多少？平均动能的总和是多少？(760 mmHg=1.013×10^5 Pa，空气分子可认为是刚性双原子分子，玻尔兹曼常量 $k=1.38\times10^{-23}$ J/K)

解　设管内总分子数为 N，由

$$p = nRT = \frac{N}{V} kT$$

得到：

(1) 管内空气分子数

$$N = \frac{pV}{kT} = 1.61 \times 10^{12}$$

(2) 分子的平均平动动能的总和为

$$E_t = \frac{3}{2} NkT = 10^8 \text{(J)}$$

(3) 分子的平均转动动能的总和为

$$E_r = \frac{2}{2} NkT = 0.667 \times 10^8 \text{(J)}$$

(4) 分子的平均动能的总和为

$$E = \frac{5}{2} NkT = 1.67 \times 10^8 \text{(J)}$$

例题 3-3　容积为 20.0 L(升)的瓶子以速率 $v=200\ \text{m}\cdot\text{s}^{-1}$ 匀速运动，瓶子中充有质量为 100 g 的氦气。设瓶子突然停止，且气体的全部定向运动动能都变为气体分子热运动的动能，瓶子与外界没有热量交换，求热平衡后氦气的温度、压强、内能及氦气分子的平均动能各增加多少？(摩尔气体常量 $R=8.31\ \text{J}\cdot\text{mol}^{-1}\cdot\text{K}^{-1}$，玻尔兹曼常量 $k=1.38\times10^{-23}\ \text{J}\cdot\text{K}^{-1}$)

解　定向运动动能为

$$E_k = \frac{1}{2} Nmv^2$$

气体内能增量为

$$\varepsilon = N \frac{1}{2} ik\Delta T,\ i = 3$$

按能量守恒应有

$$\frac{1}{2} Nmv^2 = N \frac{1}{2} ik\Delta T$$

所以有

$$mv^2 = \frac{iR\Delta T}{N_A}$$

（1）温度的增量为

$$\Delta T = \frac{N_A mv^2}{iR} = \frac{M_{mol} v^2}{iR} = 6.42\ (\mathrm{K})$$

（2）压强的增量为

$$\Delta p = \left(\frac{M}{M_{mol}}\right) R \frac{\Delta T}{V} = 6.67 \times 10^{-4}\,(\mathrm{Pa})$$

（3）内能的增量为

$$\Delta E = \left(\frac{M}{M_{mol}}\right) \frac{1}{2} iR\Delta T = 2.00 \times 10^3\,(\mathrm{J})$$

（4）氦气分子平均动能的增量为

$$\Delta\bar{\varepsilon} = \frac{1}{2} ik\Delta T = 1.33 \times 10^{-22}\,(\mathrm{J})$$

例题 3-4　水蒸气分解为同温度 T 的氢气和氧气 $H_2O \rightarrow H_2 + 0.5O_2$ 时，1 mol 的水蒸气可分解成 1 mol 氢气和 0.5 mol 氧气。当不计振动自由度时，求此过程中内能的增量。

解　当不计振动自由度时，H_2O 分子，H_2 分子，O_2 分子的自由度分别为 6、5、5。

1 mol H_2O 的内能为

$$E_{H_2O} = 3RT$$

1 mol H_2 或 O_2 的内能为

$$E_{H_2} = E_{O_2} = \frac{5}{2}RT$$

故内能增量为

$$\Delta E = \left(1 + \frac{1}{2}\right)\frac{5}{2}RT - 3RT = \frac{3}{4}RT$$

3.1.3　内能、功和热量、准静态过程、热力学第一定律及热容

1. 内能、功和热量

对于大量分子构成的热力学系统，分子之间的相互作用为保守力，系统的内能就是所有分子的动能和相互作用势能之和。而所有分子的动能取决于系统的温度，分子间的相互作用势能取决于它们之间的距离，也就是系统的体积。因此，一旦系统的状态确定，即系统处于平衡状态，则系统的温度和体积确定，因而系统的内能确定，所以系统的内能是系统状态 (T,V) 的函数。对于理想气体系统，由于忽略了分子间的相互作用，因而不计系统的势能，只计算系统的动能。由前面的分析可知，系统的动能只是温度的单值函数，所以理想气体系统的内能只是温度的单值函数。对于具有 i 个自由度的 ν mol 理想气体，其内能为

$$E = \nu \frac{i}{2} RT \tag{3-18}$$

要改变系统状态，亦即改变系统的内能，可以通过两种方式：传热和做功。例如，日常生活中烧开水就是系统从外界吸收热量；用气筒给自行车轮胎打气，气筒底部变烫，就是

外界对系统做功的结果。相似的还有，气缸里的气体从外界吸收热量而升温，气体通过膨胀推动活塞对外界做功而降低温度。因此从改变系统内能的角度来看，做功和传热具有同样的效果，功和热都可对能量变化进行量度，是能量变换的两种不同体现。做功和传热都和具体的过程有关，所以称之为过程量。或者说功和热量不属于任何系统，是系统变化过程中出现的物理量，不是状态量。至于内能，因为它只与状态有关，所以称内能为状态量。

虽然做功和传热在改变系统的内能方面具有等价性，但是两者在能量的传递上却不相同：做功是系统通过和外界物体发生宏观上的相对位移来实现的，是外界物体的有规则运动和系统内分子无规则热运动间的能量转换；传热则是系统通过系统内分子与外界边界处分子之间的碰撞来实现的，是两者无规则热运动之间交换能量的过程。

2. 准静态过程

当热力学系统从一个状态变化到另一个状态时，若经历这一热力学过程中的任一中间状态都无限接近平衡态，则这一过程称为准静态过程。如图 3-4 所示，推进活塞压缩气缸中的气体，气体的体积发生变化，内部各点的压强、分子数密度和温度都不同。如果活塞压缩气体的过程进行得“无限缓慢”，那么任一时刻系统的状态都可以看作是平衡态。

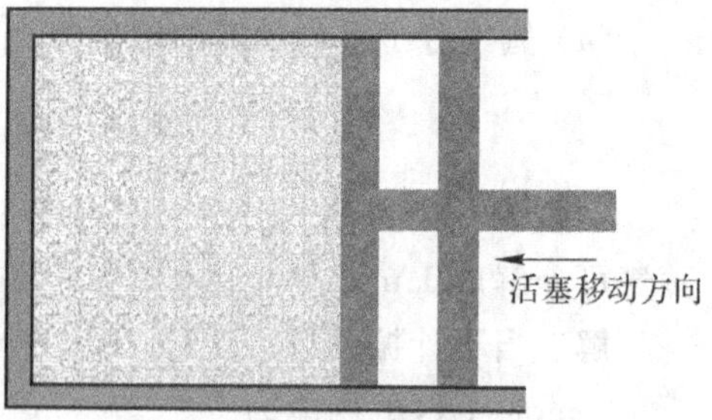

图 3-4　活塞气缸

热力学系统从一个平衡态经历非平衡过程到达另一个新的平衡态所需的时间称为弛豫时间。在实际过程中，若系统发生的可以被实验测得的微小状态变化所需的时间比弛豫时间长得多，则意味着在任一时刻对系统进行测量时，系统都有充分的时间达到平衡态。例如，原来气缸内处于平衡态的气体受到压缩后，到达一个新的平衡态所需的时间为10^{-3} s，若压缩气体的时间为 1 s，则意味着气体在 1s 时间内已经足够达到新的平衡态，这是准静态过程。因此，准静态过程可以看作是一系列依次接替的平衡态组成的，任一时刻系统各点的分子数密度、压强和温度都相同。

准静态过程可以用系统状态图($p-V$ 图、$p-T$ 图和 $T-V$ 图)中的一条曲线来表示(图 3-5(a))，曲线上的任一点表示系统的一个平衡态。

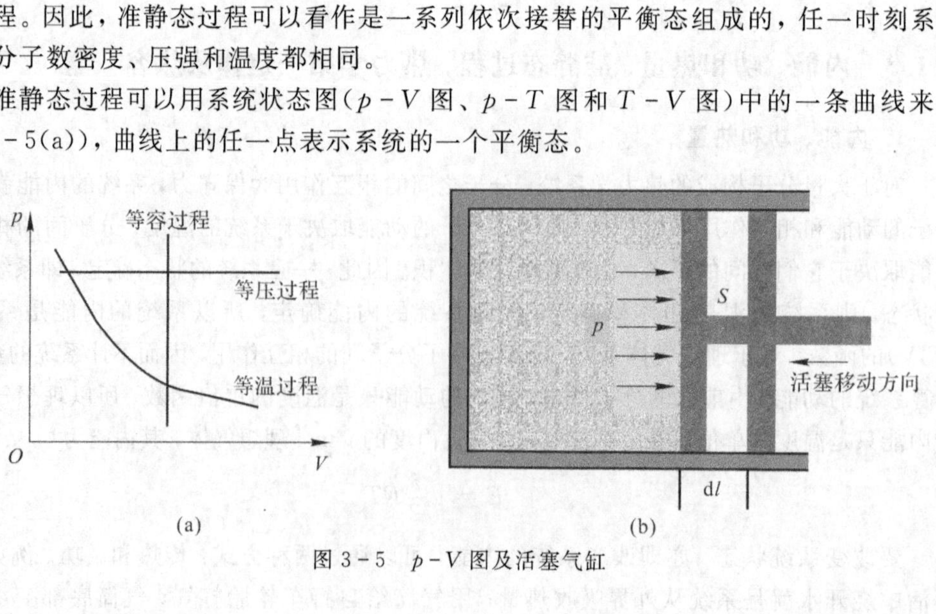

图 3-5　$p-V$ 图及活塞气缸

如图 3-5(b)所示，储存在汽缸中一定质量的气体对活塞做的元功为

$$\mathrm{d}A = f\mathrm{d}l = pS\mathrm{d}l = p\mathrm{d}V$$

对于有限的准静态过程，气体对外做的功为

$$A = \int_{V_1}^{V_2} p\mathrm{d}V \tag{3-19}$$

式中：p 和 V 是气体的状态参量。因此，功不仅和系统的始末状态有关，还与系统经历的热力学过程密切相关。如图 3-6 所示，系统初始和末了状态相同，系统经历的过程不同，对外做的功也不一样。气体对外做的功就是 $p-V$ 状态曲线和横坐标围成的面积。

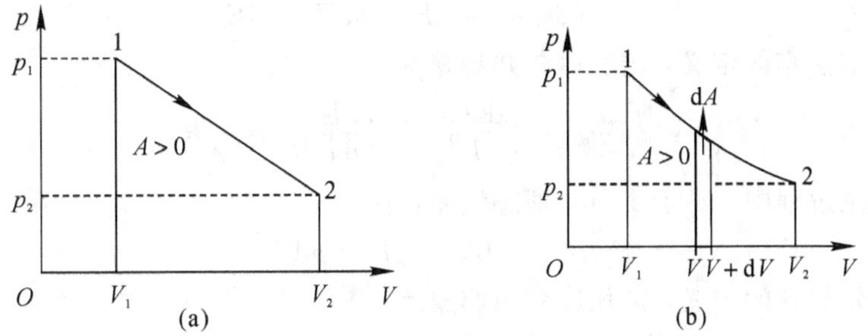

图 3-6　不同过程的功

3. 热力学第一定律

1) 第一类永动机幻想破灭

在 19 世纪早期，不少人沉迷于一种神秘机械，这种设想中的机械只需要一个初始的力量就可使其运转起来，之后不再需要任何动力和燃料，却能自动不断地做功。这种不需要外界提供能量的永动机称为第一类永动机。在热力学第一定律提出之前，人们一直围绕着制造永动机的可能性问题展开激烈的讨论。热力学第一定律是能量守恒定律，它是说能量可以由一种形式变为另一种形式，但其总量既不能增加也不能减少，是守恒的。

在 18 世纪末至 19 世纪初，随着蒸汽机在生产中的广泛应用，人们越来越关注热和功的转化问题。于是，热力学应运而生。1798 年，汤普生通过实验否定了热质的存在。德国医生、物理学家迈尔在 1841—1843 年间提出了热与机械运动之间相互转化的观点，这是热力学第一定律的第一次提出。焦耳(见图 3-7)设计实验测定了电热当量和热功当量，用实验证实了热力学第一定律，补充了迈尔的论证。

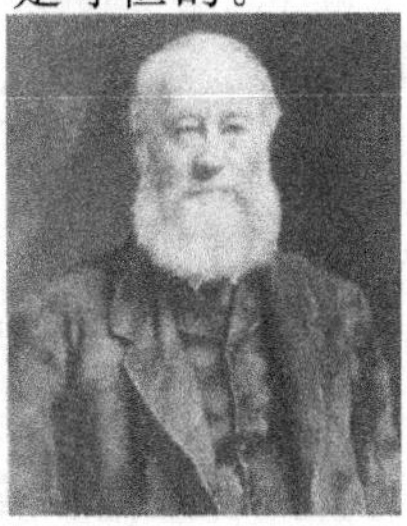

图 3-7　焦耳

2) 热力学第一定律

若系统从外界吸收的热量为 Q，系统对外界做的功为 A，系统内能的增量为 ΔE，则系统从外界吸收的热量等于系统内能的增加和对外做的功，即

$$Q = \Delta E + A \tag{3-20}$$

这就是热力学第一定律。同时规定：当 $Q>0$ 时，系统从外界吸热，反之系统向外界放热；当 $A>0$ 时，系统对外界做正功，反之外界对系统做正功。对于无限小状态的变化过程，有

$$\mathrm{d}Q = \mathrm{d}E + \mathrm{d}A \tag{3-21}$$

4. 热容

系统和外界之间的热传递会引起系统温度的变化。不同的物质在温度升高相同的情况下，吸收的热量不同。定义 1 mol 的物质升高 1 K 所需的热量为物质的摩尔热容，则 1 mol 物质温度升高 dT 所需的热量为 dQ，摩尔热容为

$$C_{\mathrm{m}} = \frac{\mathrm{d}Q}{\mathrm{d}T} \tag{3-22}$$

式中：dQ 是过程量(物质的摩尔热容与过程有关)。

在准静态等容过程中，对于 1 mol 理想气体，有

$$(\mathrm{d}Q)_V = \mathrm{d}E + p\mathrm{d}V = \mathrm{d}E$$

按物质的摩尔热容的定义，定容摩尔热容量为

$$C_{V,m} = \left(\frac{\mathrm{d}Q}{\mathrm{d}T}\right)_V = \left(\frac{\mathrm{d}E}{\mathrm{d}T}\right)_V = \frac{i}{2}R \tag{3-23}$$

在准静态等压过程中，对于 1 mol 理想气体，有

$$(\mathrm{d}Q)_p = \mathrm{d}E + p\mathrm{d}V$$

按物质的摩尔热容的定义，定压摩尔热容量为

$$C_{p,m} = \left(\frac{\mathrm{d}Q}{\mathrm{d}T}\right)_p = \left(\frac{\mathrm{d}E}{\mathrm{d}T}\right)_p + p\left(\frac{\mathrm{d}V}{\mathrm{d}T}\right)_p \tag{3-24}$$

将 $E=\frac{i}{2}RT$ 和 $pV=RT$ 代入得

$$C_{p,m} = \frac{i}{2}R + R \tag{3-25}$$

从而得迈耶公式：

$$C_{p,m} = C_{V,m} + R \tag{3-26}$$

定义比热容比：

$$\gamma = \frac{C_{p,m}}{C_{V,m}} \tag{3-27}$$

在一般问题所涉及的温度下，C_p、C_V、γ 为常数，所以

$$\gamma = \frac{i+2}{i} \tag{3-28}$$

式中：对于单原子分子理想气体(He、Ne、Ar)，$i=3$；对于刚性双原子分子理想气体(H_2、O_2、N_2、CO)，$i=5$；对于多原子理想气体(CH_4、NH_3、SO_2)，$i=6$。对于单原子和双原子分子，热容理论和实验结果吻合得非常好；对于多原子分子，热容理论和实验结果相差较大。原子和分子遵循量子力学规律，量子理论计算表明，系统的热容来自电子和原子振动，热容和温度有关，且有如下规律：

理想气体等温过程：

$$Q_T = A = \nu RT\ln\frac{V_2}{V_1} = \nu RT\ln\frac{p_1}{p_2}$$

理想气体等压过程：

$$A = \nu R(T_2 - T_1),\ Q_p = (E_2 - E_1) + \nu R(T_2 - T_1) = \left(\frac{i}{2} + 1\right)\nu R(T_2 - T_1)$$

理想气体等容过程：

$$Q_V = E_2 - E_1 = \frac{i}{2}\nu R(T_2 - T_1) = \nu C_{V,m}(T_2 - T_1) = \frac{i}{2}V(p_2 - p_1)$$

例题 3-5 把压强为 1.013×10^5 Pa、体积为 100 cm^3 的氮气压缩到 20 cm^3 时，计算气体内能的增量、吸收的热量和所做的功，如图 3-8 所示。假定：(1) 等温压缩；(2) 先等压压缩，再等体升压到同样状态。

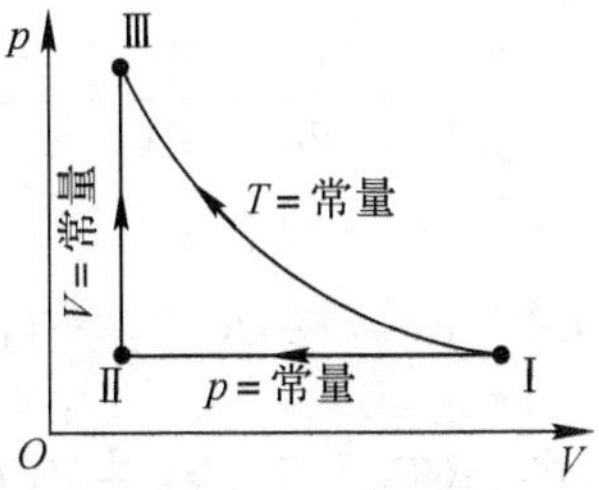

图 3-8 p-V 图

解 对于一般的理想气体等温过程，温度不变：

$$\Delta E = 0$$

考虑等温过程状态方程 $p_1V_1 = p_2V_2$，系统做功如下：

$$A = \int_{V_1}^{V_2} p\mathrm{d}V = \nu RT\ln\frac{V_2}{V_1} = \nu RT\ln\frac{p_1}{p_2}$$

$$Q_T = A = \nu RT\ln\frac{V_2}{V_1} = \nu RT\ln\frac{p_1}{p_2}$$

当压强减小时，系统吸热，$V_2 > V_1$，$p_2 < p_1$，系统对外界做功；当压强增大时，系统放热，$V_2 < V_1$，$p_2 > p_1$，外界对系统做功。

而若是等压过程，则压强保持不变，系统做功如下：

$$A = \int_{V_1}^{V_2} p\mathrm{d}V = p(V_2 - V_1)A = \nu R(T_2 - T_1)$$

系统内能变化为

$$\Delta E = \frac{i}{2}\nu R(T_2 - T_1)$$

系统吸热为

$$\begin{aligned} Q_p &= (E_2 - E_1) + \nu R(T_2 - T_1) \\ &= \frac{i}{2}\nu R(T_2 - T_1) + \nu R(T_2 - T_1) \\ &= \left(\frac{i}{2} + 1\right)\nu R(T_2 - T_1) = \nu C_{p,m}(T_2 - T_1) \end{aligned}$$

由状态方程得到$\frac{T_1}{V_1} = \frac{T_2}{V_2}$，所以有

$$Q_p = \left(\frac{i}{2} + 1\right)p(V_2 - V_1)$$

当 $V_2 > V_1$，$T_2 > T_1$ 时，系统吸热，内能增加，体积增大，系统对外界做功；当 $V_2 < V_1$，$T_2 < T_1$ 时，系统放热，内能减小，体积减小，外界对系统做功。

对于等容过程，体积保持不变，系统做功为

$$A = \int_{V_1}^{V_2} p\mathrm{d}V = 0$$

系统内能变化为

$$\Delta E = \frac{i}{2}\nu R(T_2 - T_1)$$

运用状态方程得

$$\frac{T_1}{p_1} = \frac{T_2}{p_2}$$

系统吸热为

$$Q_V = E_2 - E_1 = \frac{i}{2}\nu R(T_2 - T_1)$$

$$= \nu C_{V,m}(T_2 - T_1) = \frac{i}{2}V(p_2 - p_1)$$

当 $p_2 > p_1, T_2 > T_1$ 时，系统吸热，内能增加；当 $p_2 < p_1, T_2 < T_1$ 时，系统放热，内能减小。

对于本题：

(1) 将氮气看作理想气体，等温压缩过程Ⅰ⇒Ⅲ，系统放热为

$$Q_T = A = \nu RT\ln\frac{V_2}{V_1} = p_1V_1\ln\frac{V_2}{V_1} = -13.6\ (\mathrm{J})$$

气体对外界做功为

$$A = Q_T = -13.6(\mathrm{J})$$

(2) 气体从状态Ⅰ⇒Ⅱ⇒Ⅲ，则

$$E_3 - E_1 = 0$$

气体吸热为

$$Q = A_p + A_V$$

等压过程Ⅰ⇒Ⅱ，气体向外界放热为

$$A_p = \int_{V_1}^{V_2} p\mathrm{d}V = p_1(V_2 - V_1) = -8.1\ (\mathrm{J})$$

等容过程Ⅱ⇒Ⅲ，则

$$A_V = 0$$

气体从状态Ⅰ⇒Ⅱ⇒Ⅲ，外界对气体做功为

$$Q = A_p = -8.1\ (\mathrm{J})$$

思考题 3-6 能否说“系统含有热量”“系统含有功”?

思考题 3-7 热量与过程进行有关，但为什么在定容条件下吸收的热量与中间过程无关?

3.1.4 温度、温度计

1. 温度

温度是热力学系统在宏观上对物体冷热程度的量度，用来描述两个或多个热力学系统处于同一热平衡状态具有的共同的性质。温度是决定一个系统是否能与其他系统处于热平

衡的宏观性质，在微观上反映了分子做无规则运动的剧烈程度。几个热力学系统接触，通过交换能量最后达到平衡态，具有相同的温度。

如图 3-9 所示，与同一物体 C 达到热平衡状态的两个物体 A 和 B，彼此之间也将达到热平衡状态，这称为热力学第零定律。温度的测量是建立在热力学第零定律和温度概念的基础上，对物体的冷热程度进行的数值表述。温度的表达称为温标，物理学中有经验温标和热力学温标两种。

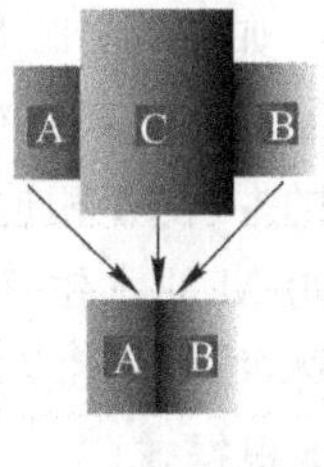

图 3-9 热力学第零定律

常用的温度分为华氏温度和摄氏温度。德国人华伦海特先后利用酒精(1709 年)和水银(1714 年)作为测量物质，用℉代表华氏温度，他把一定浓度的盐水凝固时的温度定为 0℉，把纯水凝固时的温度定为 32℉，把标准大气压下水沸腾的温度定为 212℉。瑞典人摄尔修斯于 1742 年改进了华伦海特温度计的刻度，他把水的沸点定为零度，把水的冰点定为 100 度。后来他的同事施勒默尔把两个温度点的数值又倒过来，就成了现在的百分温度，用℃表示摄氏温度。华氏温度与摄氏温度的关系为：华氏温度值=9/5 摄氏温度值+32。现在英、美等国家多用华氏温度，我国、法国等大多数国家则多用摄氏温度。

2. 经验温标

利用物质的某种与温度相关的属性来确定温度，这个温度就是经验温标。通常使用的测温物质的属性(如体积)与温度呈线性关系，且需要一个参考点来确定温度的“坐标”，所以经验温标的两个要素是：测温属性(线性属性)和参考点。

以理想气体为例，对于一定质量的气体，在一定温度下，有

$$pV = \text{常数} \tag{3-29}$$

式(3-29)为玻意耳定律。实际气体在压强越小时，与玻意耳定律符合得越好。所谓理想气体是实际气体的一种理想状态，它能在各种压强下都遵守玻意耳定律。理想气体温标是根据玻意耳定律建立的一种温标。

3. 定压气体温度计

在一定温度下：

$$pV \propto T \tag{3-30}$$

定义水的三相点(水、冰和水气共存达到的平衡点)温度：

$$T_3 \equiv 273.16\ \text{K} \tag{3-31}$$

对于一定量的理想气体，在水的三相点温度下，压强和体积分别为 p_3、V_3。在任意温度 T 下，压强和体积分别为 p、V，根据玻意耳定律和理想气体状态方程，有

$$\begin{cases} p_3V_3 = aT_3 \\ pV = aT \end{cases} \Rightarrow T = \frac{pV}{p_3V_3}T_3 \Rightarrow T = 273.16\frac{pV}{p_3V_3} \tag{3-32}$$

已知 p、V，即可以得到温度 T。根据测温物质的性质，若测温物质的压强比较容易稳定，则可做成定压气体温度计，其温标为

$$T = 273.16\frac{V}{V_3} \tag{3-33}$$

4. 定体气体温度计

由式(3-32)可知，可做成定体气体温度计，其温标为

$$T = 273.16\frac{p}{p_3} \tag{3-34}$$

如图 3-10 所示，定体气体温度计的充气泡 B 由铂合金制成，内部充有一定量的气体，B 通过毛细管和水银压强计的左臂 M 相连。通过上下移动压强计的右臂 M′，总可以使得 M 的水银面与指示针尖 O 接触。在各种温度下，B 内气体的体积不变，气体的压强就是 M 和 M′中水银面的高度差。根据式(3-34)可计算得到温度。

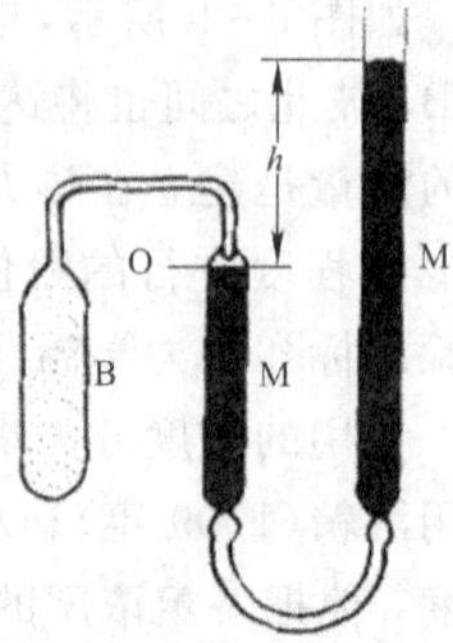

图 3-10　定体气体温度计

由经验温标制成的温度计的类型很多，根据所用测温物质的不同和测温范围的不同，有煤油温度计、酒精温度计、水银温度计、气体温度计、电阻温度计、温差电偶温度计、辐射温度计和光测温度计等。

5. 温差电偶温度计

温差电偶温度计是一种测温范围很大的温度计，它利用温差电现象制成。两种不同的金属丝焊接在一起形成工作端，另两端与测量仪表连接，形成电路。把工作端放在被测温度处，工作端与自由端温度不同时，就会出现电动势，因而有电流通过回路。通过电学量的测量，利用已知处的温度，就可以测定另一处的温度。这种温度计的测温范围很大，多用于高温和低温测量。有的温差电偶能测量高达 3000℃的高温，有的能测接近绝对零度的低温。例如，由铜和康铜构成的温差电偶的测温范围在 200～400℃；由铁和康铜构成的温差电偶的测温范围在 200～1000℃；由铂和铂铑合金(铑 10%)构成的温差电偶测温可达上千摄氏度；由铱和铱铑(铑 50%)构成的温差电偶可用在 2300℃左右；若用钨和钼(钼 25%)构成温差电偶，则其测温可高达 2600℃。图 3-11 所示为一种温差电偶温度计，其指标如表 3-1 所示。

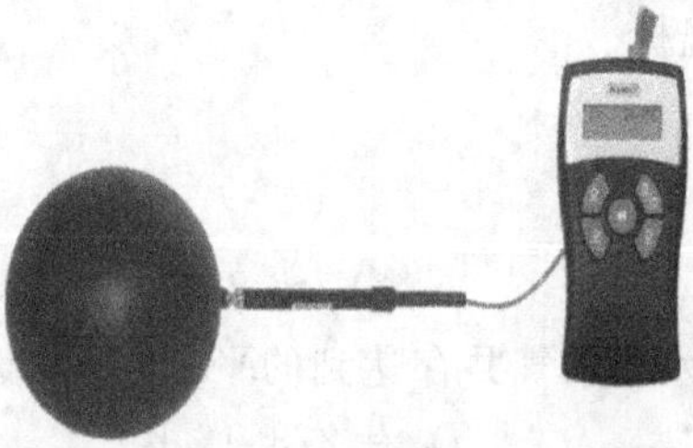

图 3-11　温差电偶温度计

表 3-1　一种温差电偶温度计技术参数

参数	指标	参数	指标
温度范围	(−200～1760℃)±0.7℃	分辨率	0.1～1℃/0.1～1℉
显示	大屏幕背光显示	感应器	K/J/T/R/S/E 型
信号输出	RS232 标准信号输出	尺寸	181mm (L)×71mm(W)×38mm(H)
重量	158 g	供电电源	9 V 电池

3.2 热 机

热机是一种将热能转换成功的装置。在生产实践活动中使用的蒸汽机、内燃机、燃气轮机等，尽管它们在结构、工作物质、做功方式、工作效能等方面有着很大的差别，但其基本原理是相同的。那就是热机的工作物质不断地从某一状态出发，经过循环过程而回到原来的状态。在此过程中，工作物质不断地从热源吸收热量，对外做功。热机可分为连续地使工作物质膨胀增加其动能并驱动叶轮机的叶片获得旋转功的流动式，和在容器内使工作物质膨胀提高压力并驱动活塞的容积式。前者以蒸汽机(见图 3-12)、燃气轮机为代表，后者以往复式活塞发动机(见图 3-13)为代表。

图 3-12 蒸汽机

图 3-13 活塞发动机

3.2.1 热机循环过程、卡诺循环

1. 循环过程

工作物质的状态经历了一系列变化后，又回到原来状态，叫作系统经历了一个循环过程。图 3-14(a)所示的是热电厂中水的循环过程。

过程 1：水从锅炉 B 中吸收热量 Q_1 后变成高温高压的蒸气，进入汽缸 C。

过程 2：在汽缸 C 中蒸气推动汽轮机的叶轮对外做功 A_1。

过程 3：做功后蒸气的压强和温度降低变成“废气”，进入冷凝器 R 后凝结为水放出热量 Q_2。

过程 4：水泵 P 对冷凝水做功 A_2，将它压回到锅炉 B 中。图 3-14(b)是循环过程的状态曲线。

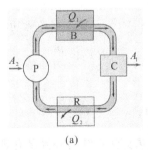

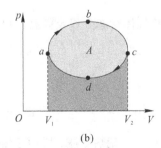

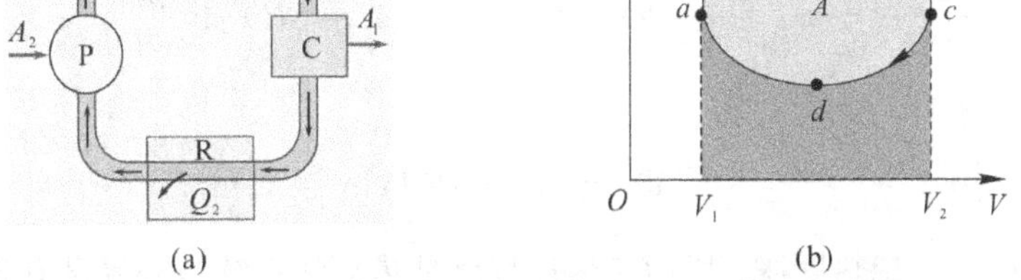

图 3-14 循环过程

工作物质经历了一个循环，内能不变，根据热力学第一定律可知

$$A_1 - A_2 = Q_1 - Q_2 \tag{3-35}$$

工作物质对外做的净功为

$$A = A_1 - A_2 \tag{3-36}$$

这个净功就是图 3-14(b)中 *abcd* 循环过程曲线所围起来的面积。工作物质吸收的净热量为

$$Q = Q_1 - Q_2 \tag{3-37}$$

实际上工作物质吸收的净热量等于工作物质对外界所做的净功，即

$$A = Q_1 - Q_2 \tag{3-38}$$

在热机循环中，工作物质对外界所做的功和它吸收的热量的比值称为热机效率或循环效率，即

$$\eta = \frac{A}{Q_1},\ \eta = \frac{Q_1 - Q_2}{Q_1} = 1 - \frac{Q_2}{Q_1} \tag{3-39}$$

2. 卡诺循环

1824 年青年工程师卡诺(见图 3-15)研究了一种理想循环——卡诺循环，为提高热机效率指明了方向，并为热力学第二定律的确立奠定了基础。在理想卡诺循环过程中，工作物质只和两个恒温热库交换热量，循环过程由两个等温和两个绝热过程构成，如图 3-16 所示。

图 3-15　卡诺

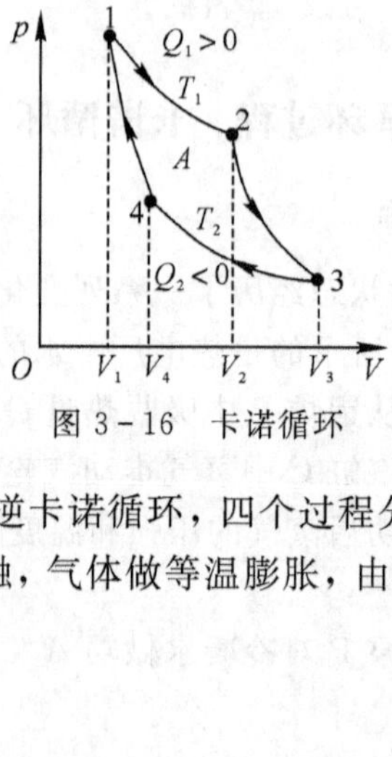

图 3-16　卡诺循环

对于由 v mol 理想气体为工作物质构成的可逆卡诺循环，四个过程分别分析如下。

过程 1→2——等温膨胀：气缸和高温热库接触，气体做等温膨胀，由状态 1(p_1、V_1、T_1)等温膨胀到状态 2(p_2、V_2、T_1)。

内能变化：

$$\Delta E = 0$$

考虑理想气体状态方程及等温过程状态方程 $p_1V_1 = p_2V_2$，系统做功：

$$A_1 = \int_{V_1}^{V_2} p\mathrm{d}V = \nu RT_1 \ln\frac{V_2}{V_1} = \nu RT_1 \ln\frac{p_2}{p_1}$$

吸收热量 Q_1：

$$Q_1 = A_1 = \nu RT_1 \ln\frac{V_2}{V_1} \tag{3-40}$$

过程 2→3——绝热膨胀：所谓绝热过程就是热力学系统与外界没有热量交换的过程。

(1) 绝热过程热功关系。如图 3-16 所示，气缸移开高温热库，气体做绝热膨胀，由状

态 2(p_2、V_2、T_1)绝热膨胀到状态 3(p_3、V_3、T_2)，绝热过程中，$Q=0$，则内能变化为

$$\Delta E_2=\frac{i}{2}\nu R(T_2-T_1)$$

系统做功：

$$A_2=-\Delta E_2=-\frac{i}{2}\nu R(T_2-T_1)=-\frac{1}{\gamma-1}(p_3V_3-p_2V_2) \tag{3-41}$$

(2) 绝热过程方程。绝热过程中，$Q=0$，因此热力学第一定律为

$$A=-(E_2-E_1)$$

对于无限小的准静态绝热过程：

$$\mathrm{d}A=-\mathrm{d}E\Rightarrow p\mathrm{d}V=-\frac{i}{2}\nu R\mathrm{d}T \tag{3-42}$$

再对理想气体的状态方程 $pV=\nu RT$ 两边微分得

$$p\mathrm{d}V+V\mathrm{d}p=\nu R\mathrm{d}T \tag{3-43}$$

将式(3-42)代入式(3-43)得

$$\frac{i}{2}p\mathrm{d}V+\frac{i}{2}V\mathrm{d}p=-p\mathrm{d}V\Rightarrow\frac{i}{2}Rp\mathrm{d}V+\frac{i}{2}RV\mathrm{d}p=-Rp\mathrm{d}V$$

运用 $C_{V,m}=\frac{i}{2}R$，$C_{p,m}=C_{V,m}+R$ 得

$$(C_{V,m}+R)p\mathrm{d}V+C_{V,m}V\mathrm{d}p=0\Rightarrow\frac{\mathrm{d}p}{p}+\gamma\frac{\mathrm{d}V}{V}=0\Rightarrow\ln p+\gamma\ln V=\text{常量}$$

得到泊松方程：

$$pV^\gamma=C_1 \tag{3-44}$$

进一步运用理想气体状态方程得到

$$TV^{\gamma-1}=C_2 \tag{3-45}$$

$$p^{\gamma-1}T^{-\gamma}=C_3 \tag{3-46}$$

对于过程 2→3，由绝热方程式(3-45)得到

$$T_1V_2^{\gamma-1}=T_2V_3^{\gamma-1}$$

过程 3→4——等温压缩：气缸和低温热库接触，气体做等温压缩，由状态 3(p_3、V_3、T_2)等温压缩到状态 4(p_4、V_4、T_2)，放出热量 Q_2：

$$Q_2=\nu RT_2\ln\frac{V_3}{V_4}$$

过程 4→1——绝热压缩：气缸移开低温热库，气体做绝热压缩，由状态 4(p_4、V_4、T_2)绝热压缩返回状态 1(p_1、V_1、T_1)，完成循环，且

$$T_2V_4^{\gamma-1}=T_1V_1^{\gamma-1}$$

由 $T_1V_2^{\gamma-1}=T_2V_3^{\gamma-1}$ 和 $T_2V_4^{\gamma-1}=T_1V_1^{\gamma-1}$ 得

$$\frac{V_2}{V_1}=\frac{V_3}{V_4}$$

卡诺热机的效率为

$$\eta_C=1-\frac{Q_2}{Q_1}\Rightarrow\eta_C=1-\frac{\nu RT_2\ln\frac{V_3}{V_4}}{\nu RT_1\ln\frac{V_2}{V_1}}=1-\frac{T_2}{T_1} \tag{3-47}$$

思考题 3-8 将 1 mol 氮气与 1 mol 氦气从相同状态出发准静态绝热膨胀，使体积各增加一倍，试问哪个过程所需的功大？为什么？

3. 热力学温标

卡诺循环表明：卡诺循环效率只与高温、低温热库的温度有关，与工作物质无关。提高热机的效率是提高高温热库的温度和降低低温热库的温度。在温度分别为 T_1 和 T_2 的两个给定热源之间工作的各种工作物质的卡偌循环的效率都相等，而且是实际热机的可能效率的最大值。开尔文根据式(3-47)得出

$$\frac{Q_1}{Q_2}=\frac{T_1}{T_2} \tag{3-48}$$

从式(3-48)可以看出，温度与工作物质无关，只要规定水的三相点温度 $T_2=273.16\ \mathrm{K}$ 作为参考温度，测量出工作物质从热库 T_1 吸收的热量和在热库 T_2 放出的热量，就可以得到温度 T_1。开尔文引进的这种温标与热机的工作物质(与测温属性)无关，它不是经验温标，因此称之为热力学温标，亦称绝对温标，符号为“K”。1954 年后，国际上开始采用热力学温标，规定只用一个固定点建立标准温标，这个固定点选的是水的三相点。由热力学温标所定义的热力学温度是具有最严格科学意义的温度。

宇宙中的温度范围大约在 $3\sim10^8$ K，典型的温度见表 3-2。用人工的方法获取超低温的努力早已开始：利用气体液化后节流膨胀和绝热膨胀可以得到 4.2 K 的低温；利用抽气加速液体的蒸发还可以获得更低的温度；若用的液体是氦，则温度可达 10^{-3} K，等等。技术不断进步，人类向绝对零度的逼近过程还会继续，但不可能真正达到 0 K 的极限。

表 3-2 自然界一些实际的温度

场 景	温 度
宇宙大爆炸后 10^{-43} s	10^{33} K(宇宙的密度为 $10^{93}\ \mathrm{kg/m^3}$)
实验室已获得的最高温度	6×10^7 K
太阳中心	1.5×10^7 K
地球中心	4×10^3 K(地球的密度为 $5\times10^3\ \mathrm{kg/m^3}$，表面温度为 300 K)
氮的沸点	77 K(1 atm $=1.013\ 25\times10^5$ Pa)
氦的沸点	4.2 K
星际空间	2.7 K(宇宙背景温度)
核自旋冷却法获得的最低温度	5×10^{-10} K
实验室已获得的最低温度	2.4×10^{-11} K(激光冷却法)

例题 3-6 如图 3-17 所示，1 和 2 是绝热线 a 上的两个状态。试指出过程 b 和过程 c 是吸热还是放热？

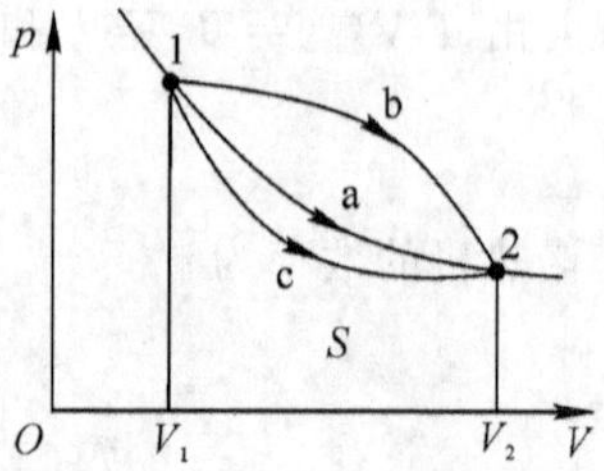

图 3-17 p-V 图

解 初始和末了状态给定，系统从状态 1 分别经历三个过程达到状态 2，内能变化相同。

绝热过程 a 内能降低：

$$\Delta E=-A=-S$$

过程 b 吸热：

$$Q = \Delta E + A_b = \Delta E + S_b$$
$$Q = S_b - S > 0$$

过程 c 放热：

$$Q = \Delta E + A_c$$
$$Q = \Delta E + S_c$$
$$Q = S_c - S < 0$$

例题 3-7　如图 3-18，一个绝热容器中，用隔板将容器分为相等的两部分，左边充有一定量的理想气体，右边是真空，此时内部气体状态为Ⅰ。抽去隔板，气体向右半部扩散，最后系统达到一个新的平衡态，为状态Ⅱ。分子数密度各处相等，但中间任一状态都是非平衡状态，这个过程称为绝热自由膨胀过程，求初始和末了平衡态的状态量。

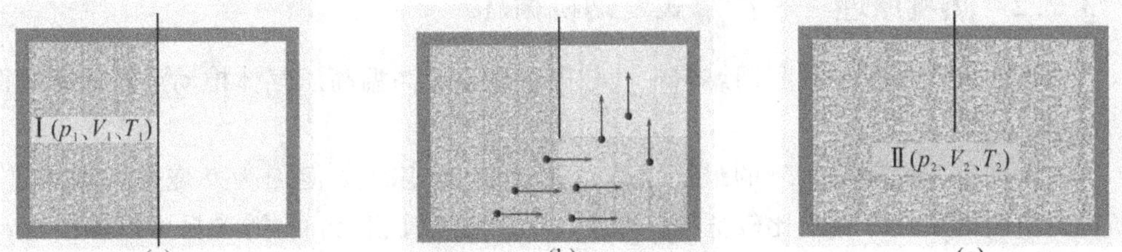

图 3-18　绝热自由膨胀过程

解　绝热自由膨胀过程既没有输入热量，也没有做功，即

$$A = 0, Q = 0$$

根据热力学第一定律，气体内能不变，温度不变，即

$$E_2 = E_1$$

初始和末了状态是平衡态，有

$$\begin{cases} p_1 V_1 = \nu R T_1 \\ p_2 V_2 = \nu R T_2 \end{cases}$$

因为 $T_1 = T_2, V_1 = \frac{1}{2}V_2$，由状态方程可知

$$p_2 = \frac{1}{2} p_1$$

例题 3-8　有 1 mol 刚性多原子分子的理想气体，原来的压强为 1.0 atm，温度为 27℃，若经过一绝热过程，其压强增大到 16 atm。试求：(1) 气体内能的增量；(2) 在该过程中气体所做的功；(3) 终态时，气体的分子数密度。(1 atm= 1.013×10^5 Pa，玻尔兹曼常量 $k=1.38\times10^{-23}$ J·K^{-1}，普适气体常量 $R=8.31$ J·mol^{-1}·K^{-1})

解　(1) 因为刚性多原子分子自由度 $i=6$，比热容比

$$\gamma = \frac{i+2}{i} = \frac{4}{3}$$

根据绝热方程有

$$T_2 = T_1 \left(\frac{p_2}{p_1}\right)^{\frac{\gamma-1}{\gamma}} = 600(\text{K})$$

所以

$$\Delta E = (M/M_{\mathrm{mol}})\,\frac{1}{2}iR(T_2 - T_1) = 7.48 \times 10^3\,(\mathrm{J})$$

(2) 绝热过程做功为

$$A = -\Delta E = -7.48 \times 10^3\,(\mathrm{J})$$

负号表明外界对气体做功。

(3) 由理想气体状态方程知

$$p_2 = nkT_2$$

所以

$$n = \frac{p_2}{kT_2} = 1.96 \times 10^{26}\,(\text{个}/\mathrm{m}^3)。$$

*3.2.2　热机原理——活塞式发动机循环

活塞式发动机是一种利用燃料在气缸内燃烧生成高温高压气体推动活塞从而获得动能的热机。

尽管活塞式发动机循环的最高温度可达 2500 K 以上，但因为燃烧是间歇式进行的，所以对材料的耐热性要求比较宽松。因此，与其他热机相比，此类热机可以抑制冷却系统和排气的损失，从而提高热效率。几乎所有的发动机都是让活塞在筒状气缸(见图 3-19)内往复运动，通过曲轴机构将这种运动转换成旋转运动的，汽油机的工作原理如图 3-20 所示。活塞顶部在曲轴旋转中心最远的位置叫作上死点，最近的位置叫作下死点，从上死点到下死点的距离叫作活塞冲程。如四冲程发动机，通过吸气→压缩→膨胀(燃烧)→排气这四个过程的重复，保持发动机连续运转。常见的活塞式发动机工作循环有奥托循环、狄塞尔循环、萨巴特循环等。

图 3-19　筒状气缸

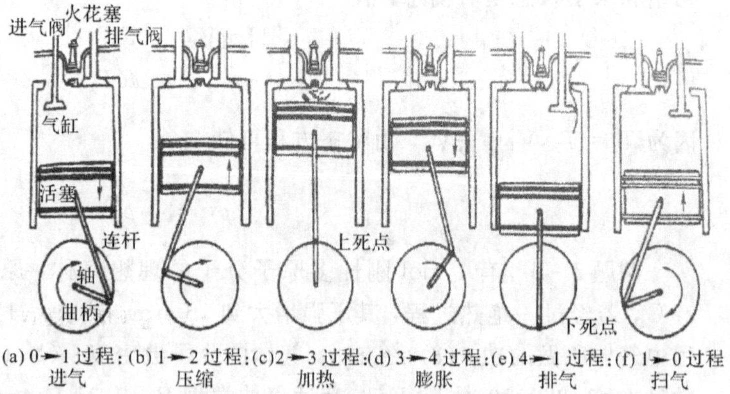

图 3-20　汽油机的工作原理

1. 奥托循环

火花点火式发动机中，通常在吸入/压缩可燃性混合气体时，即在激烈的紊乱流情况下点火，通过火焰的快速传播实现燃烧。因此，加热过程几乎是在压缩过程结束时(上死点)体积一定的情况下瞬间完成的，所以称之为定体循环，亦称奥托循环。

计算热机效率时，假定满足理想过程的近似条件，且气体保持定量。

过程 1→2——绝热压缩：

$$T_1V_1^{\gamma-1} = T_2V_2^{\gamma-1}$$

$$\frac{T_2}{T_1} = \frac{V_1^{\gamma-1}}{V_2^{\gamma-1}}$$

过程 2→3——定体加热：如图 3-21 所示，系统从状态 2(p_2、V、T_2)经准静态过程到达状态 3(p_3、V、T_3)，体积保持不变，系统做功为

$$A = \int_V^V p\,\mathrm{d}V = 0$$

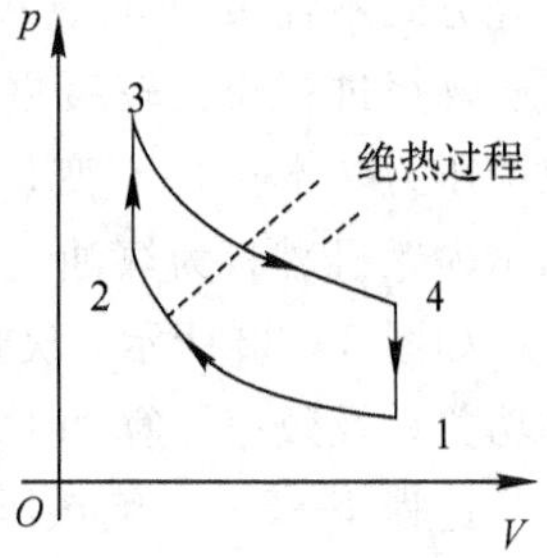

图 3-21 奥托循环

系统内能变化为

$$\Delta E = \frac{i}{2}\nu R(T_3 - T_2)$$

运用状态方程得

$$\frac{T_2}{p_2} = \frac{T_3}{p_3}$$

系统吸热为

$$Q_1 = E_3 - E_1 = \frac{i}{2}\nu R(T_3 - T_2) = \nu C_{V,m}(T_3 - T_2) \tag{3-49}$$

过程 3→4——绝热膨胀：

$$T_3V_3^{\gamma-1} = T_4V_4^{\gamma-1}$$

$$\frac{T_4}{T_3} = \frac{V_3^{\gamma-1}}{V_4^{\gamma-1}} = \frac{V_2^{\gamma-1}}{V_1^{\gamma-1}} = \frac{T_1}{T_2} = \frac{T_4 - T_1}{T_3 - T_2}$$

过程 4→1——定体冷却：

$$Q_2 = \nu C_{V,m}(T_1 - T_4)$$

热机效率为

$$\eta = 1 - \frac{|Q_2|}{Q_1} = 1 - \frac{T_4 - T_1}{T_3 - T_2} = 1 - \frac{T_1}{T_2}$$

$$= 1 - \left(\frac{V_1}{V_2}\right)^{1-\gamma} = 1 - K^{1-\gamma}$$

其中：$K=\dfrac{V_1}{V_2}$称为绝热容积压缩比。可见 K 越大，效率越高。但若 K 过大，将使气体处于图中“3”点的状态时有过高的压强，而“3”点正好位于上死点，这时曲柄与活塞成一条直线，则气缸内燃烧所产生的高压强非但不能产生推动活塞运动的推力，相反会给曲柄两端连接件及飞轮、曲柄等产生很大的冲击力。因此，过大的 K 将引起所谓爆震现象，对机件保养不利。另外，当汽油机的压缩比大于 10 时，可能会使汽油蒸汽与空气的混合气体在尚未压缩到“2”点时，温度即升到足以引起混合气体爆发的程度。现假设 K 为 7，算得奥托循环的效率为

$$\eta = 1 - 7^{-0.4} = 0.55 = 55\%$$

实际的汽油机中，由于气体并非准静态地变化，也由于运动部件之间的摩擦、气体不

完全燃烧、存在热传导等不可逆因素，故其效率低于该值，一般最高仅为40%左右。

2. 狄塞尔循环(柴油机)

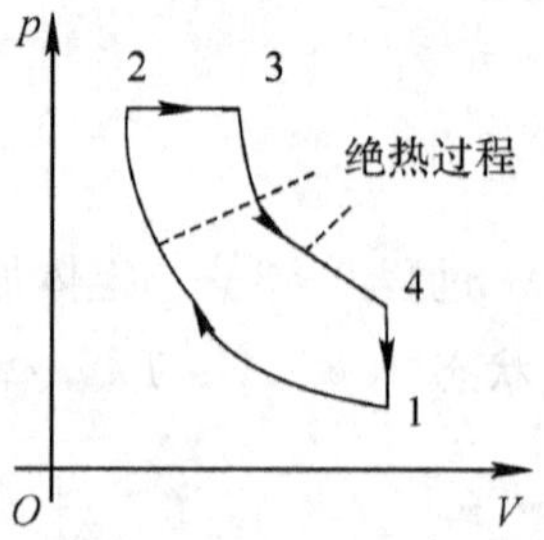

图 3-22　狄塞尔循环

狄塞尔发动机在气缸内把纯空气压缩成高温高压状态，然后将燃料以雾状高压喷入，燃烧室内形成激烈的紊乱流动，在燃料和空气迅速混合形成可燃性混合气体的同时，从满足自我点火条件的部分开始，燃烧依次进行。这种燃烧方式不需要外部点火装置，亦称压缩点火式发动机。由于燃烧进行得比较缓慢，压缩结束(上死点)后的做功过程中压力基本保持不变，故亦称定压加热循环。早期的狄塞尔内燃机燃料为煤油，后改为柴油，这就是我们通常所称的柴油机。

如图 3-22 所示，狄塞尔循环和奥托循环的区别仅仅是 2→3 过程为定压加热过程，其热功关系及效率计算如下：

过程 1→2——绝热压缩：

$$\frac{T_2}{T_1}=\frac{V_1^{\gamma-1}}{V_2^{\gamma-1}}=K^{\gamma-1} \tag{3-50}$$

过程 2→3——定压加热：系统从状态“2”(p、V_2、T_2)经准静态过程到达状态“3”(p、V_3、T_3)，压强保持不变，系统做功为

$$A=\int_{V_2}^{V_3}p\mathrm{d}V=p(V_3-V_2)=\nu R(T_3-T_2) \tag{3-51}$$

系统内能变化为

$$\Delta E=\frac{i}{2}\nu R(T_3-T_2)$$

系统吸热为

$$\begin{aligned}Q_1&=(E_3-E_2)+\nu R(T_3-T_2)=\frac{i}{2}\nu R(T_3-T_2)+\nu R(T_3-T_2)\\&=\left(\frac{i}{2}+1\right)\nu R(T_3-T_2)=\nu C_{p,m}(T_3-T_2)\end{aligned} \tag{3-52}$$

由状态方程得

$$\frac{T_3}{T_2}=\frac{V_3}{V_2}=\rho \tag{3-53}$$

其中：ρ 为定压容积压缩比，由式(3-50) 和式(3-53)得

$$T_3=\rho K^{\gamma-1}T_1$$

过程 3→4——绝热膨胀：

$$\frac{T_4}{T_3}=\left(\frac{V_3}{V_4}\right)^{\gamma-1}$$

又有

$$\frac{T_3}{T_2}=\frac{V_3}{V_2}=\rho,\ V_1=V_4$$

则

$$T_4=\left(\frac{V_3}{V_4}\right)^{\gamma-1}T_3=\left(\frac{V_3}{V_4}\right)^{\gamma-1}\rho K^{\gamma-1}T_1=\left(\frac{V_3}{V_4}\right)^{\gamma-1}\rho\left(\frac{V_1}{V_2}\right)^{\gamma-1}T_1=\left(\frac{V_3}{V_2}\right)^{\gamma-1}\rho T_1=\rho^{\gamma}T_1$$

过程 4→1——定体冷却：

$$Q_2 = \nu C_{V,m}(T_1 - T_4)$$

热机效率为

$$\eta = 1 - \frac{|Q_2|}{Q_1} = 1 - \frac{C_{V,m}(T_4 - T_1)}{C_{p,m}(T_3 - T_2)} = 1 - \frac{T_4 - T_1}{\gamma(T_3 - T_2)} = 1 - \frac{\rho^{\gamma} - 1}{\gamma(\rho - 1)K^{\gamma-1}}$$

从上式可知，容积压缩比 K 越大，效率越高，这与奥托循环是类似的。由于 ρ 比 1 大得多，热容比 $\gamma>1$，故在 K 相同的情况下，狄塞尔循环的效率比奥托循环低，但由于狄塞尔循环没有爆震现象，就没有了压缩比小于 10 的限制，K 可达 10～20，柴油机的效率可高于汽油机，而一般汽油机的效率仅为 40%左右，柴油机比汽油机笨重但能发出较大功率，因而常用作大型卡车、工程机械、机车和船舶的动力装置。

*3.2.3 热机原理——燃气轮机发动机循环

燃气轮机是发动机的一种，其通过高速运转的压缩机将大量空气连续地压缩，在燃烧室内该空气流喷射燃料使之燃烧，用生成的高温燃烧气体吹到安装在转动轴上的叶片上驱动涡轮，从而获得旋转功。涡轮和压缩机一般直接用轴连接，涡轮输出功的一部分用于驱动压缩机，剩下的部分作为轴功输出用于驱动发电机、螺旋桨、车轴等。这种通过喷嘴喷射以动能的形式输出直接用于推进的热机称为喷气式发动机。

图 3-23 为最简单的开放式燃气轮机循环的构成。与容积式相比，这种流动式热机构造复杂。而且由于燃烧连续进行，燃烧室与叶片暴露于高温环境中，燃烧温度受制于材料的强度和耐腐蚀性，热效率比较低。尤其是部分负荷时的性能较差，不适合用于负荷变动大的装置。然而，由于燃气轮机可使涡轮高速运转连续地输出轴功，在小型轻量化的条件下获得高输出，故常用于飞机、高速舰艇、应急发电机等作为动力源。

燃气轮机基本循环的加热与放热过程是在等压条件下进行的，因此称为定压燃烧循环或布雷顿循环(图 3-24)，各循环过程如下：

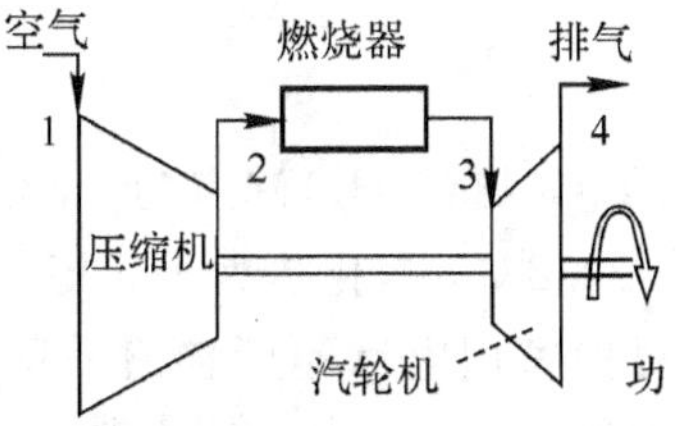

图 3-23 燃气轮机的构成

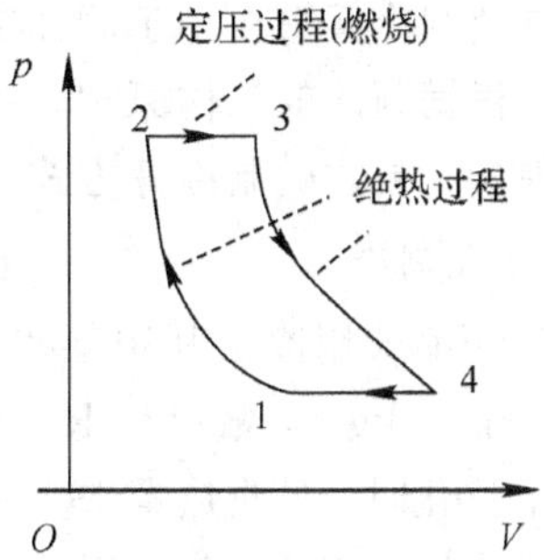

图 3-24 布雷顿循环

过程 1→2——绝热压缩：

$$\frac{T_1}{T_2} = \left(\frac{p_1}{p_2}\right)^{\frac{\gamma-1}{\gamma}}$$

过程 2→3——定压加热：

$$Q_1 = \nu C_{p,m}(T_3 - T_2)$$

过程 3→4——绝热膨胀：

$$\frac{T_4}{T_3}=\left(\frac{p_4}{p_3}\right)^{\frac{\gamma-1}{\gamma}}=\left(\frac{p_1}{p_2}\right)^{\frac{\gamma-1}{\gamma}}$$

过程 4→1——定压冷却：

$$Q_2=\nu C_{p,m}(T_4-T_1)$$

理论循环热机效率为

$$\eta=1-\frac{|Q_2|}{Q_1}=1-\frac{T_4-T_1}{T_3-T_2}=1-\frac{1}{\varepsilon^{(\gamma-1)/\gamma}}$$

其中：$\varepsilon=\frac{p_2}{p_1}$为压力比，循环效率依赖于压力比 ε 和热容比 γ，随着压力比的增加而增加。

＊3.2.4 制冷机

1. 制冷过程

工作物质从低温热库吸热(Q_2)，向高温热库放热(Q_1)，外界对工作物质必须做功(A)。致冷循环是热机循环的逆循环，如图 3-25 所示。

工作物质从外界吸收的热量与外界对工作物质做功的比值为致冷系数：

$$w=\frac{Q_2}{A}\Rightarrow w=\frac{Q_2}{|Q_1|-Q_2} \tag{3-54}$$

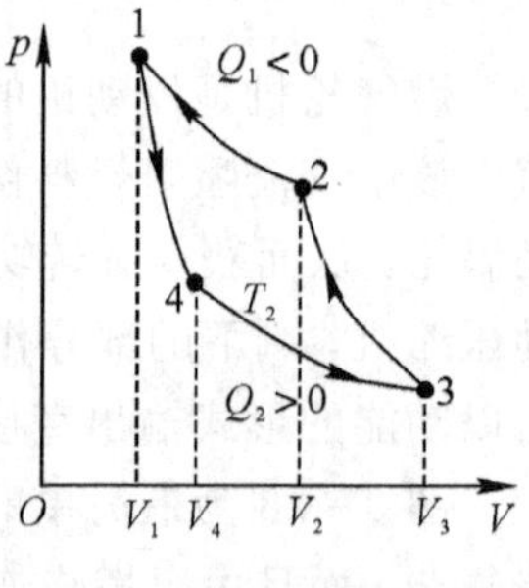

图 3-25 致冷循环

对于卡诺致冷循环，其制冷系数为

$$w=\frac{Q_2}{A}=\frac{Q_2}{|Q_1|-Q_2}=\frac{T_2}{T_1-T_2} \tag{3-55}$$

2. 冰箱制冷

理想制冷机是以理想气体为工质的卡诺制冷机，由于实际制冷机存在各种不可逆损耗，其有效制冷系数要小于同样工作在 T_1 和 T_2 两温度间的卡诺制冷机。冰箱制冷的方法有很多，根据制冷的工作原理，一般可分为蒸气制冷、半导体制冷等。蒸气制冷又有蒸气压缩式制冷、吸收式制冷等方式。

1) 蒸气制冷

蒸气压缩式制冷是利用某些低沸点的液态工质[如氨(NH_3)沸点为−33.5℃，汽化热为 1366 kJ · kg^{-1}，氟里昂 R_{12}(CCl_2F_2)沸点为−29.8℃，汽化热为 165 kJ · kg^{-1}]在不同压力下汽化时，吸收热量来实现制冷的。这是目前家用电冰箱所普遍采用的制冷方式，过去工质多用氟里昂。蒸气压缩式家用冰箱由压缩机 A、冷凝器(又称散热器)B、毛细管(节流阀)C 和蒸发器 D 等四部分构成，如图 3-26 所示。其工作过程如下：压缩机首先吸入在蒸发器中已蒸发制冷后的常温低压制冷工质蒸气，经压缩机活塞对其进行绝热压缩，使其内能增加，温度升高。因此，常温、低压的制冷工质蒸气经绝热压缩后成为高温、高压的干蒸气。经管道送入直径为 5～6 mm 的铜管冷凝器，在一定

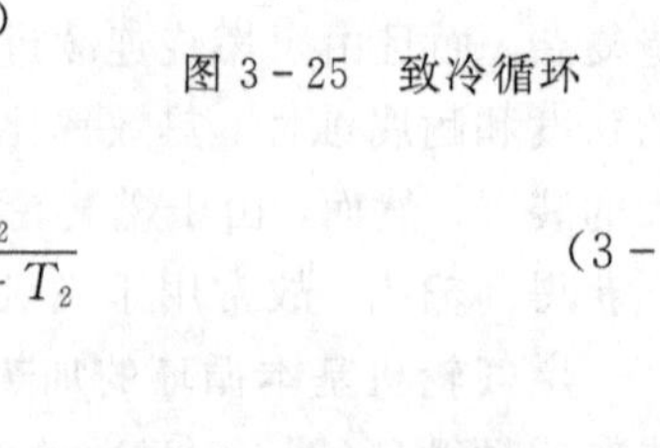

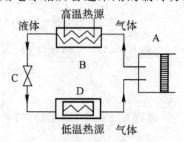

图 3-26 蒸汽压缩式制冷机

的压力下，经冷凝器B冷却后，蒸气放出的热量通过空气自然对流带走，使干蒸气变为高压液体。之后经紧靠着冷凝器的出口过滤器，除去水分、杂质，制冷工质状态不变。再进入长约2～4 m，内径为0.5～1 mm的毛细管C，由于管道的横截面突然缩小，并有相当的长度，从而在毛细管进出口之间形成相应的压力降，温度降低，此即毛细管的节流作用。同时，毛细管的全部长度几乎都穿在由蒸发器D到压缩机的回气管中，回气管中的工质温度比毛细管中的温度低，两者有相向流动。因此，毛细管中的工质在流向蒸发器的同时散发热量。由于毛细管的节流和散热的共同作用，从毛细管流出的工质变为低温、低压液体，随后进入冷冻室蒸发器D中，因压力大大减小，工质迅速汽化，从周围物体吸热，使冷冻室温度降低。蒸发后的工质蒸气经回气管回到压缩机中，实现一次循环，如此往复，达到电冰箱的制冷目的。

2）半导体制冷

半导体式电冰箱采用半导体制冷，又叫温差电制冷，它可使热量从低温物体移到高温物体。该类电冰箱利用铂耳帖效应，即用N型和P型两种半导体材料制成电偶，当电流流过半导体材料时，除产生不可逆的焦耳热外，在不同的接头处出现吸热或放热现象，如图3-27所示。如果电流反向，吸热的接头处便放热，放热的接头处便吸热。吸收和放出的热量与电流成正比。目前，采用半导体制冷，高低温差可达150℃。当这种冰箱的制冷容量超过几十升时，其效率小于压缩式制冷冰箱；但对于小容量冰箱，它是相当优越的，汽车上已使用这种小型半导体冰箱。由于这种冰箱具有无机械传动、无需制冷剂、无噪声等特点，将被广泛应用。

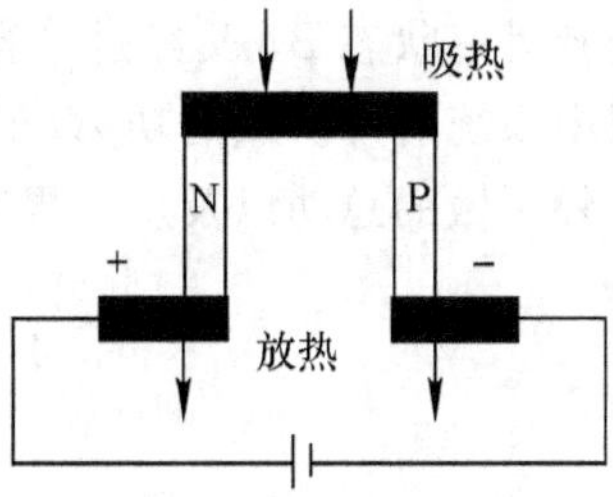

图3-27 半导体式冰箱制冷示意图

3. 热泵型空调器

制冷机不仅可用来降低温度，也可用来升高温度。例如，冬天取暖常采用电加热器，它把电功直接转化为热后被人们所利用，实际上这是很不经济的。若把电功输给一台制冷机，使它从温度较低的室外或江、河的水中吸收热量向需取暖的装置输热，这样除电功转变为热外，还额外地从低温热源吸取了一部分热传到高温热源，取暖效率要高得多，这种装置称为热泵。一台既可以用作降温，又可以用作供暖的制冷机就是通常所说的空调机，它将两只热交换器分别置于室内与室外，并借助一只四通阀对流出压缩机的高温气体的流向进行切换。

如图3-28(a)所示，冬天，温度较高的较高压气体流进室内交换器(位于图的右半部)，被室内空气冷却，此时室内热交换器起冷凝器的作用，从而升高室内温度；被冷却成液态的高压流体经毛细管节流降温而进入室外热交换器(位于图左半部)蒸发吸热，最后流进压缩机。如图3-28(b)所示，夏天，从压缩机流出的较高温、较高压气体进入室外热交换器放热冷却而成为液态，再经毛细管节流降温而进入室内热交换器蒸发吸热，从而降低室内温度，最后回流入压缩机。室内室外热交换机均配有一台风机使之做强迫对流传热。

热泵从室外吸热(Q_2)，再加上压缩机做功(A)，一起向室内供热($Q_1=A+Q_2$)，因此在能量应用上是划算的。标志热泵性能的是供热系数w'，其定义为

$$w'=\frac{Q_1}{A}=\frac{Q_2+A}{A}=1+w \tag{3-56}$$

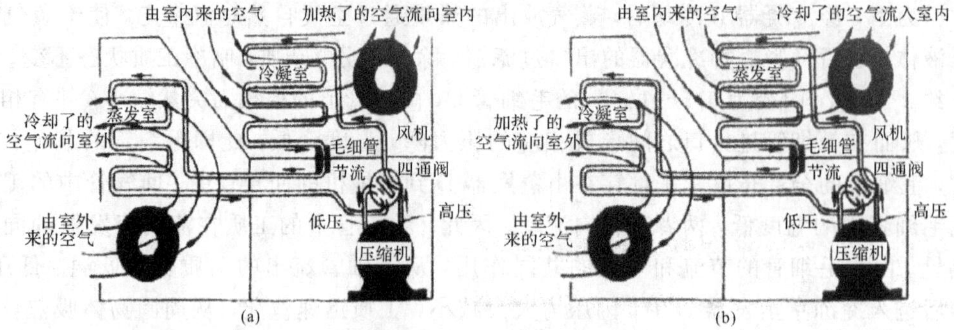

图 3-28　热泵型空调器

例题 3-9　一定量的单原子分子理想气体，从初态 A 出发，沿图 3-29 所示直线过程变到另一状态 B，又经过等容、等压两过程回到状态 A。求：(1) A→B，B→C，C→A 各过程中系统对外所做的功 A，内能的增量 E 以及所吸收的热量 Q；(2) 整个循环过程中系统对外所做的总功以及从外界吸收的总热量(过程吸热的代数和)。

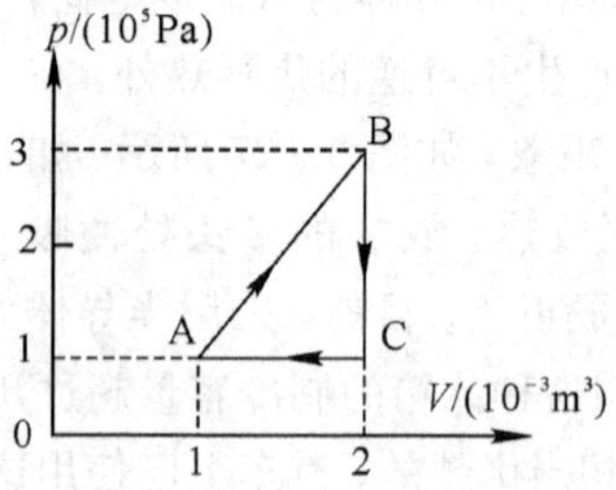

图 3-29　$p-V$ 图

解　(1) 过程 A→B 的功、内能和热量变化为

$$A_1 = \frac{1}{2}(p_B + p_A)(V_B - V_A) = 200\ (\text{J})$$

$$\Delta E_1 = \nu C_V(T_B - T_A)$$

$$= \frac{3(p_B V_B - p_A V_A)}{2} = 750\ (\text{J})$$

$$Q = A_1 + \Delta E_1 = 950\ (\text{J})$$

过程 B→C 的功、内能和热量变化为

$$A_2 = 0$$

$$\Delta E_2 = \nu C_V(T_C - T_B) = \frac{3(p_C V_C - p_B V_B)}{2} = -600\ (\text{J})$$

$$Q_2 = A_2 + \Delta E_2 = -600\ (\text{J})$$

过程 C→A 的功、内能和热量变化为

$$A_3 = p_A(V_A - V_C) = -100\ (\text{J})$$

$$\Delta E_3 = \nu C_V(T_A - T_C) = \frac{3}{2}(p_A V_A - p_C V_C) = -150\ (\text{J})$$

$$Q_3 = A_3 + \Delta E_3 = -250\ (\text{J})$$

(2) 整个循环过程中系统对外所做的总功以及从外界吸收的总热量为

$$A = A_1 + A_2 + A_3 = 100\ (\text{J})$$

$$Q = Q_1 + Q_2 + Q_3 = 100\ (\text{J})$$

例题 3-10 汽缸内有 2 mol 氦气，初始温度为 27℃，体积为 20 L，先将氦气等压膨胀，直至体积加倍，然后绝热膨胀，直至回复初温为止。把氦气视为理想气体，试求：(1) 在 $p-V$ 图上大致画出气体的状态变化过程；(2) 在这过程中氦气吸热多少？(3) 氦气的内能变化多少？(4) 氦气所做的总功是多少？(普适气体常量 $R=8.31\ \text{J}\cdot\text{mol}^{-1}\cdot\text{K}^{-1}$)

解 (1) 根据题意作 $p-V$ 图，如图 3-30 所示。

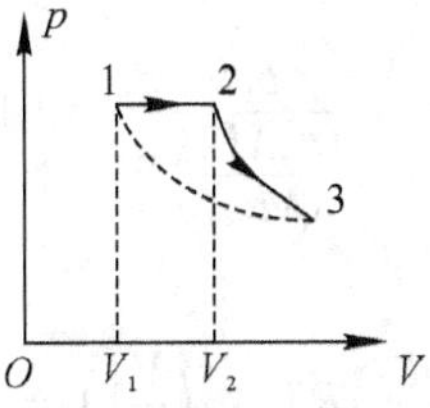

图 3-30 $p-V$ 图

(2) 因为 $T_1=(273+27)\text{K}=300\ \text{K}$，根据等压过程的状态方程：

$$\frac{V_1}{T_1} = \frac{V_2}{T_2}$$

得

$$T_2 = \frac{V_2 T_1}{V_1} = 600\ (\text{K})$$

所以可得

$$Q = \nu C_p (T_2 - T_1) = 1.25 \times 10^4 (\text{J})$$

(3) 在一个循环过程中工质内能没有变化：

$$\Delta E = 0$$

(4) 根据热力学第一定律

$$Q = W + \Delta E$$

得

$$A = Q = 1.25 \times 10^4 (\text{J})$$

例题 3-11 气缸内贮有 36 g 水蒸气(视为刚性分子理想气体)，经 abcda 循环过程，如图 3-31 所示，其中 a→b、c→d 为等体过程，b→c 为等温过程，d→a 为等压过程。试求：(1) d→a 过程中水蒸气做的功 A_{da}；(2) a→b 过程中水蒸气内能的增量 ΔE_{ab}；(3) 循环过程中水蒸气做的净功 A；(4) 循环效率 η。(注：循环效率 $\eta=A/Q_1$，A 为循环过程中水蒸气对外做的净功，Q_1 为循环过程中水蒸气吸收的热量，$1\ \text{atm}=1.013\times10^5\ \text{Pa}$)

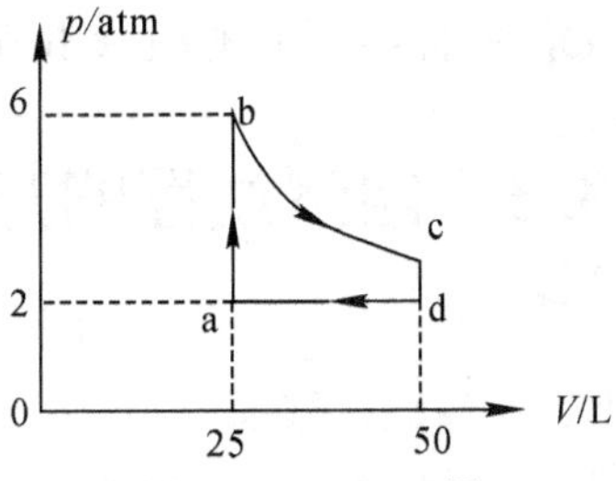

图 3-31 $p-V$ 图

解 水蒸气的质量 $M=36\times10^{-3}$ kg，水蒸气的摩尔质量 $M_{mol}=18\times10^{-3}$ kg，$i=6$。

(1) d→a 过程中水蒸气做的功为

$$A_{da}=p_a(V_a-V_d)=-5.065\times10^3(\mathrm{J})$$

(2) a→b 过程中水蒸气内能的增量为

$$\Delta E_{ab}=\left(\frac{M}{M_{mol}}\right)\left(\frac{i}{2}\right)R(T_b-T_a)=\left(\frac{i}{2}\right)V_a(p_b-p_a)=3.039\times10^4(\mathrm{J})$$

(3) 由状态方程

$$T_b=\frac{p_bV_a}{\left(\frac{M}{M_{mol}}\right)R}=914\ (\mathrm{K})$$

得

$$A_{bc}=\left(\frac{M}{M_{mol}}\right)RT_b\ln\left(\frac{V_c}{V_b}\right)=1.05\times10^4(\mathrm{J})$$

循环过程中水蒸气做的净功为

$$A=A_{bc}+A_{da}=5.4\times10^3(\mathrm{J})$$

(4) 根据热力学第一定律

$$Q_1=Q_{ab}+Q_{bc}=\Delta E_{ab}+A_{bc}=4.09\times10^4(\mathrm{J})$$

可得循环效率为

$$\eta=\frac{A}{Q_1}=13\%$$

例题 3-12 1 mol 理想气体在 $T_1=400$ K 的高温热源与 $T_2=300$ K 的低温热源间做卡诺循环(可逆的)，在 400 K 的等温线上起始体积为 $V_1=0.001\ \mathrm{m}^3$，终止体积为 $V_2=0.005\ \mathrm{m}^3$，试求此气体在每一循环中：(1) 从高温热源吸收的热量 Q_1；(2) 气体所做的净功 A；(3) 气体传给低温热源的热量 Q_2。

解 (1) 从高温热源吸收的热量为

$$Q_1=RT_1\ln\left(\frac{V_2}{V_1}\right)=5.35\times10^3(\mathrm{J})$$

(2) 由卡诺循环公式可得循环效率为

$$\eta=1-\frac{T_2}{T_1}=0.25$$

所以气体所做的净功为

$$A=\eta Q_1=1.34\times10^3(\mathrm{J})$$

(3) 气体传给低温热源的热量为

$$Q_2=Q_1-A=4.01\times10^3(\mathrm{J})$$

3.3 自然过程的方向

3.3.1 自然过程的方向

所有热力学过程都满足能量守恒，遵守热力学第一定律，但满足热力学第一定律的过程不一定都能实现，因为自然热力过程是有方向的，而且是不可逆转的。

热力学系统的变化是有方向性的。例如：

(1) 摩擦力做的功可以全部转变成热，而热机吸收的热不可能全部转变为功，而不引起其他的变化。

(2) 热量能够自动从高温物体传向低温物体，但热量不能自动从低温物体传向高温物体。

(3) 气体在真空中自由膨胀，却不能自动地恢复到原来的体积。

(4) 热传导是温度由不均匀趋向均匀，系统中各点温度一致后就会停止。

(5) 热扩散是密度由不均匀趋向均匀，系统中各点密度一致后就会停止。

可见，一切与热现象有关的实际过程都具有方向性和限度，下面对此做具体介绍。

自然热力过程是不可逆转的。例如：

(1) 功热转换问题。摩擦力做的功可以全部转变成热。撤出外力的飞轮由于转轴处的摩擦力最后静止，飞轮的动能克服摩擦力做功，摩擦力做的功转变为转轴和飞轮的内能(温度升高)；而逆过程(让转轴和飞轮自动地冷却，内能转变为飞轮的动能，使飞轮转动起来)不能进行。重物降落带动水中的叶片转动，叶片与水摩擦，使水的温度升高，内能增加；而逆过程(水的温度自动降低，叶片转动使物体自动升高)不能进行。因此，通过摩擦使功变热的过程是不可逆的，热自动地转变为功的过程是不可能发生的，或者热转变为功而不引起其他的变化的过程是不可能发生的。

另一方面，热可以转变为功。一定量的气体从高温热库吸热，一部分用于对外做功，一部分不做功，而在低温热库放出。热也可以全部用于对外做功，但在这种情况下，气体体积以及状态就不能复原，也就不能连续对外做功。例如，一定量的气体经历等温膨胀过程，将从高温热库吸收的热全部用于对外做功，理想气体的体积增大了，不能自动复原。

(2) 热传导过程也是不可逆的。两个温度不同的物体相互接触，热量总是自动地从高温物体传向低温物体;但其逆过程，即热量自动地从低温物体传向高温物体是不可能的。热量要从低温物体传向高温物体，外界必须对系统做功(如冰箱和空调制冷)。

(3) 气体的绝热自由膨胀也是不可逆的。一个绝热容器中，用隔板将容器分为相等的两部分，左边充有一定量的理想气体，右边是真空，抽去隔板，气体将自由膨胀。但是其逆过程，即气体自动地压缩恢复至原来的状态是不可能发生的。

综上所述，一切与热现象有关的实际宏观过程都是不可逆的。

3.3.2 热力学第二定律

人们在认识了能的转化和守恒定律后，制造永动机的梦想并没有停止下来，不少人开始企图从单一热源(如空气、海洋)吸收能量，并用来做功。将热转变成功并没有违背能量守恒，如果能够实现，人类就将会有几乎取之不尽的能源，地球上的海水资源非常丰富，热容很大，仅仅使海水的温度下降1℃，释放出来的热量就足够现代社会用几十万年。如果能够从海水中吸取热量做功，那么航海不需要携带燃料。这种机械被人们称为第二类永动机。但所有的实验都失败了，因为这违背了自然界的另一条基本规律：热力学第二定律。

1824年，法国陆军工程师卡诺设想了一个既不向外做功又没有摩擦的理想热机。通过对热和功在这个热机内两个温度不同的热源之间的简单循环(卡诺循环)的研究，得出结论：热机必须在两个热源之间工作，热机的效率只取决于热源的温差，热机效率即使在理想状态下也不可能达到 100%，即热量不能完全转化为功。

1850 年，克劳修斯在卡诺的基础上统一了能量守恒和转化定律及卡诺原理，指出：一个自动运作的机器不可能把热从低温物体移到高温物体而不发生任何变化。这就是热力学第二定律。不久，开尔文又提出：不可能从单一热源取热，使之完全变为有用功而不产生其他影响；或不可能用无生命的机器把物质的任何部分冷却至比周围最低温度还低，从而获得机械功。这就是热力学第二定律的“开尔文表述”。奥斯特瓦尔德则表述为：第二类永动机不可能制造成功。

热力学第二定律是人类从生产和生活实践中总结出来的经验规律，它的命运不像热力学第一定律那样一帆风顺，它从诞生到 20 世纪初都在不断地遭受人们的非议和攻击，在各个时期都有不少人企图用各种方式来否定它，即想制造所谓的第二类永动机，当然，他们都以失败而告终。事实上，不管是克劳修斯表述，还是开尔文表述，都只是指出了一种自然热力过程的方向，这不是彻底的热力学第二定律，热力学需引入熵来解释自然界能量的转化方向。

思考题 3-9　为什么热力学第二定律可以有许多不同的表述？

3.3.3　热力学第二定律及其微观意义

热力学第二定律是在总结大量的实践经验的基础上，关于自然界过程进行的方向性和条件的基本规律。它独立于热力学第一定律，是物质世界的又一个统计规律。

热力学第二定律的实质是与热现象有关的一切实际宏观过程都是不可逆的。热力学第二定律的微观意义是一切自然过程总是沿着分子热运动的无序性增大的方向进行。

1. 功热转换问题

功转变成热是机械能转变为内能的过程。从微观上来看，功热转换是大量分子的有序运动向无序运动转化的过程。若以速度方向来标志大量分子的无序性，则有序运动的分子与无序运动的分子碰撞时，前者的机械能转变为后者的热运动动能，这个过程可以自然发生，但是无序运动自动地转变为有序运动的过程是不可能的。

2. 热传导

热传导是两个不同温度的物体(假设物质相同)接触，热量能自动地从高温物体传向低温物体，最后两个物体的温度相同。从微观上来看，热传导是分子之间无序运动的平均动能的交换。若以平均动能来标志大量分子的无序性，则两个温度不同的物体中，分子都在做无序运动，可以以平均动能来区分两个物体，则分子运动有序性高；一旦两个物体接触到达平衡态后，两个物体中分子的动能一样，不能再以平均动能区分两个物体，即有序性降低，无序性升高。因此，大量分子运动的无序性由于热传导而增强了。故两个物体中大量分子从平均动能完全相同的无序状态，自动地向两个物体分子平均动能不同的较为有序的状态进行的过程，是不可能的。

3. 理想气体绝热自由膨胀

自由膨胀过程是气体分子整体从占有空间较小的初始状态变化到占有空间较大的末了状态。从微观上来看，自由膨胀是大量分子的有序运动向无序运动转化的过程。若以分子分布的空间位置来标志大量分子的无序性，则分子在较大空间的位置比起较小空间的位置更加不容易确定，即大空间的无序性更高。因此，分子从分布较大的空间自动回到分布较小的空间是不可能的。

因此，自然热力过程总是沿着使大量分子的运动从有序状态向无序状态的方向进行。需要指出的是，热力学第二定律是关于大量分子运动无序性的统计规律，是适合于大量分子构成的系统，不适合于少量或个别分子的运动。

3.3.4 热力学概率、热力学第二定律的统计解释

首先以绝热自由膨胀为例来介绍热力学概率。设一个绝热容器中，用隔板将容器分为左右相等的A、B两部分，左边充有一定量的理想气体，右边是真空，抽去隔板，气体将自由膨胀。

假若有4个分子(a、b、c、d)在容器中(如图3-32所示)，则每个分子出现在左右两部分的概率均为1/2，系统的可能微观态数等于每个分子的可能微观态数的乘积($2^4=16$)，4个分子在A和B中的分布方式见表3-3。

表3-3 4个分子在A和B中的分布方式

分子位置的分布方式（微观态）		分子数目的分布方式（宏观态）		一种宏观态对应的微观态数目
A	B	A	B	
a b c d	0	4	0	1
a b c	d	3	1	4
a b d	c			
a c d	b			
b c d	a			
a b	c d	2	2	6
c d	a b			
a c	b d			
b d	a c			
a d	b c			
b c	a d			
a	b c d	1	3	4
b	c d a			
c	d a b			
d	a b c			
0	a b c d	0	4	1

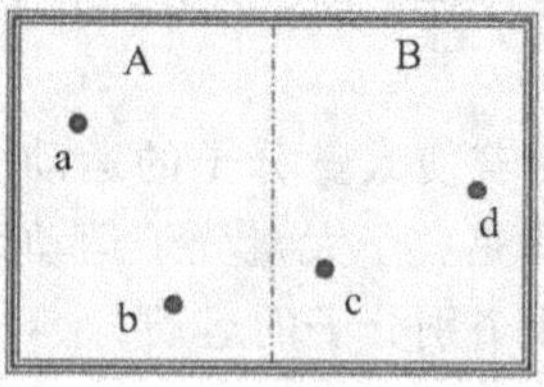

图 3-32　4 个分子的绝热自由膨胀

若是由 N 个分子构成的系统，则每种微观态出现的概率都是 $1/2^N$，而总的微观态数为 2^N。每个宏观状态对应的微观态数都不同，实际上观察到的宏观状态就是微观态数最大的状态。对应于微观态数最多的宏观状态就是系统在一定宏观条件下的平衡态，即实际观察到的系统的状态。

为了定量说明宏观状态和微观状态的关系，定义热力学概率：任一个宏观状态所对应的微观状态数(用 Ω 描述)。因此，热力学概率可对分子运动的无序性进行量度，热力学概率极大值所对应的状态就是系统宏观平衡态，也就是系统分子运动最无序的状态；对于孤立系统，一定条件下的平衡态就是热力学概率最大的状态；如果系统开始未处于热力学概率最大的状态，那么系统将向着热力学概率最大的状态过渡，直到最后到达热力学概率最大的状态，就是平衡态。

因此热力学系统的自发过程是不可逆过程，总是由概率小的宏观态向概率大的宏观态方向进行的，这就是热力学第二定律的统计意义。一个孤立系统中发生的一切实际过程都是由概率小(微观态数少)的宏观态向概率大(微观态数多)的宏观态方向进行的，也就是从比较有规则、有序的状态向着无规则、无序的状态进行。

例如，1 mol 气体的分子数 $N=6.23\times10^{23}$，容器分为体积相等的 A、B 两部分。分子全部出现在 A 或 B(微观态数和宏观态数都为 1)的概率是 $1/2^N=1/2^{6.23\times10^{23}}$，即观察 2^N 次，这个微观态才出现一次。假如每秒观察10^8 次，一年就观察 $365\times24\times3600\times10^8=3.15\times10^{15}$次，总共需观察的年数为

$$\frac{2^{6.23\times10^{23}}}{3.15\times10^{15}}\approx2^{6.23\times10^{23}}\ \text{年}$$

比宇宙的估计年龄 200 亿年还要大得多得多，实际上是观测不到的。

3.3.5　熵

热力学概率用系统微观状态数表达，但这个数目巨大，为了便于进行理论上的分析处理，1877 年玻尔兹曼利用统计理论建立了熵和热力学概率的关系——玻尔兹曼公式：

$$S=k\ln\Omega \tag{3-57}$$

在孤立系统中由不平衡因素引起的一切不可逆过程总是朝着平衡状态发展，系统将向着熵增大的宏观状态过渡，最后达到熵为最大值的宏观平衡状态。这就是熵增加原理：孤立系统的熵永远不会减少($\Delta S\geqslant0$)。在一个宏观热力学过程中，熵和系统状态参量也具有一定的关系。

1865 年克劳修斯对可逆循环过程进行了研究分析，引入了熵的概念，提出了熵的计算公式。一个孤立系统从某一初态变化到末态，因为初态和末态存在着某种性质上的原则差

别，决定了过程进行的方向，说明系统存在一个新的态函数。

定义熵变：

$$S_2 - S_1 = \int_1^2 \frac{\mathrm{d}Q}{T} \tag{3-58}$$

熵函数 S 为状态函数，熵的增量只与系统始末的状态有关，与具体经历的过程无关。

对于不可逆过程：

$$\oint \frac{\mathrm{d}Q}{T} < 0 \tag{3-59}$$

对于任意微小状态的变化过程，熵的增量(克劳修斯不等式)如下：

$$\mathrm{d}S \geqslant \frac{\mathrm{d}Q}{T} \tag{3-60}$$

式中：可逆取等号，不可逆取大于号。

第4章　静电学

静电是日常生活和工业生产、科研活动中一种常见的自然现象，人们利用静电发明了静电复印、静电除尘、静电植绒、静电育种、静电杀菌等技术。然而，静电在某些工程领域会带来危害，如电子器件的静电干扰、电路中的静电火花等。如何合理地利用静电，防止静电危害，是我们今后在学习和工作中可能会遇到的棘手问题，因此必须掌握静电规律和技术。另外，静电学也是电磁学的入门基础，通过学习静电场的基本知识和规律，可以进一步掌握矢量场的概念、性质，以及数学规律，为后续电磁学内容的学习做好铺垫。

本章首先从静电现象开始，引入真空中的静电场及其基本规律，学习掌握静电场的环路定理和高斯定理；然后通过静电屏蔽、尖端放电、高压绝缘子、电容器与电容式传感器等静电应用，学习静电场中的导体和电介质及其性质；最后进一步研究讨论静电技术在工程上的应用。

4.1　静电场的基本知识

4.1.1　静电现象

梳过头后的梳子(梳子一般带正电)能吸引小纸片；干燥的冬天，手触摸金属门把手，有时会有触电的感觉；寂静的黑暗中，脱腈纶衣服，会有“啪啪”的小闪光；手机显示屏会有灰尘聚集；塑料袋和手之间有吸引，等等——这些都是静电引起的现象。图4-1所示为实验者触摸静电球，静电使其头发竖起的情形。工作生产中，静电有时是有害的，为了消除静电影响，可以穿上防静电的工作服，如图4-2所示。

图4-1　触摸静电球，头发被静电吸起

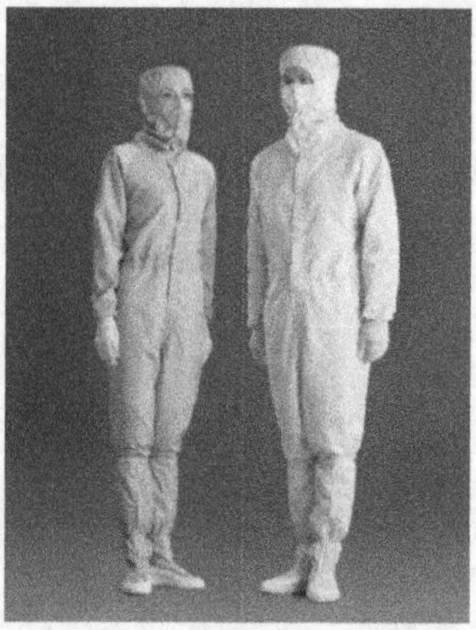

图4-2　防静电工作服

思考题 4－1　举例说明日常生活中的静电现象。

静电就是静止不动的电荷，它一般存在于物体的表面，是正负电荷在局部范围内失去平衡的结果。静电是通过电子或离子转移而形成的。静电可由物质的接触和分离、静电感应、介质极化和带电微粒的附着等物理过程而产生。

思考题 4－2　举例分析静电产生的几种途径。

思考题 4－3　举例静电应用。

4.1.2　电荷守恒定律

电荷有两种，美国科学家富兰克林(Benjamin Franklin)将其命名为“正电荷”与“负电荷”。电荷的多少由电量来量度。构成原子的三种基本粒子是电子、质子和中子，其中中子不带电，电子带负电荷，质子带正电荷，二者的电量值都是 $e=1.602\ 189\ 2\times10^{-19}$C，其中 C 为电量的国际单位(SI 单位)，称为库仑。

精确的实验表明：自然界中任何物体所带的电量都是基本电量 e 的整数倍，即电量是不连续的。电荷的这一特性称为电荷的量子化。由于电荷的量值 e 非常小，通常情况下，物体上的带电粒子数目又非常大，以致在宏观现象中，电荷的量子性表现不出来，因此，对于宏观的带电体，可以认为其电荷是连续分布的。

在已经发现的一切宏观过程和微观过程中，孤立系统的总电量保持不变。这一实验规律称为电荷守恒定律，电荷守恒定律是物理学中的基本定律之一，对宏观过程和微观过程均适用。在微观粒子的反应过程中，反应前后的电荷总数是守恒的，这一点得到了精确验证。

例如，在重核的裂变过程中，有

$$^{238}_{92}\mathrm{U}\rightarrow ^{234}_{90}\mathrm{Th}+^{4}_{2}\mathrm{He}$$

重核裂变前后，电荷代数和不变。

又如，γ 光子与重核的碰撞可转化为电子偶(一个正电子和一个负电子)，其反应可表示为

$$\gamma\rightarrow \mathrm{e}^{+}+\mathrm{e}^{-}$$

光子的电荷量为零，电子偶的电荷量的代数和也为零。至于在宏观带电体中的起电、中和、静电感应和电极化等现象中，其系统所带电荷量的代数和也保持不变，电荷守恒定律也是成立的。

拓展阅读材料

电路分析中的基尔霍夫第一定律亦称节点电流定律(见图 4－3)。其内容是：在复杂的电路中，由电源与电阻连成的或各自单独组成的一段无分支的电路称为支路，同一支路中各个横截面的电流强度相等，3 条或 3 条以上支路的连接点称为节点或分节点，在任一时间段内，流入节点的电流总量等于流出节点的电流总量。若汇合于节点的支路有 k 条，设第 n 条支路的电流强度为 i_n，并规定流入节点的电流为负，流出节点的电流为正，则汇合于节点的各支路电流强度的代数和为零。

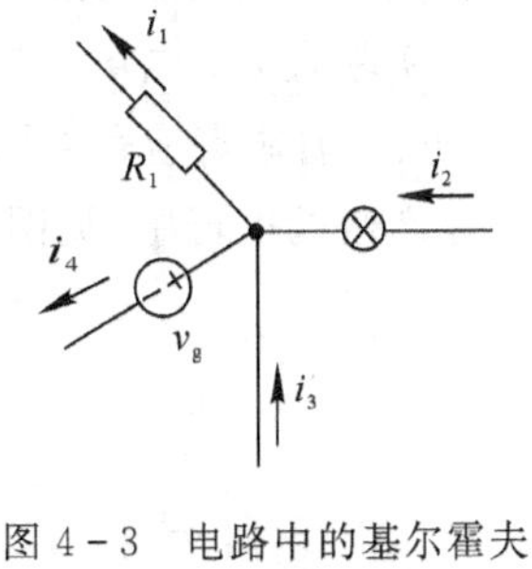

图 4－3　电路中的基尔霍夫第一定律示意图

基尔霍夫第一定律实际上是电荷守恒定律在电路节点上的具体表现。

4.1.3 电场强度及计算

1. 真空中的库仑定律

在发现电现象两千多年之后，人们才开始对电现象进行定量研究。1785 年，法国物理学家库仑(C. A. de Coulomb)从实验中发现：真空中两静止点电荷之间的相互作用力的大小，与这两个点电荷电量的乘积成正比，与它们之间距离的平方成反比；作用力的方向沿两个点电荷的连线，同号电荷相斥、异号电荷相吸。这称为库仑定律，如图 4-4 所示。在国际单位制中，点电荷 q_1 作用在点电荷 q_2 上的作用力表示为

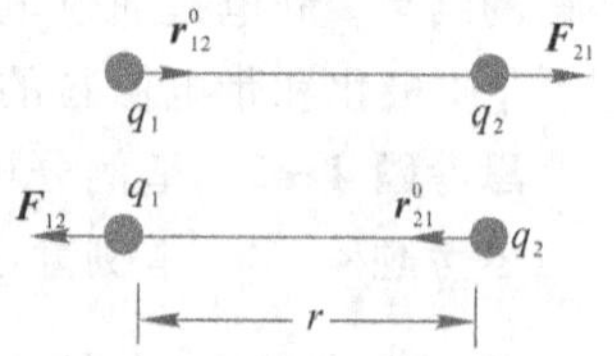

图 4-4 两个点电荷相互作用图示

$$\boldsymbol{F}_{21}=\frac{1}{4\pi\varepsilon_0}\frac{q_1q_2}{r^2}\boldsymbol{r}_{12}^0=-\boldsymbol{F}_{12} \tag{4-1}$$

式中：r 为 q_1 和 q_2 之间的距离；$\boldsymbol{r}_{12}^0$ 为由 q_1 到 q_2 方向的单位矢量；$\boldsymbol{F}_{12}$ 是 q_2 作用在 q_1 上的力，它与 $\boldsymbol{F}_{21}$ 大小相等、方向相反；ε_0 称为真空中的介电常数或真空电容率，一般取：

$$\varepsilon_0=8.85\times10^{-12}\,\mathrm{C^2\cdot m^{-2}\cdot N^{-1}}$$

实验表明，距离在 $10^{-17}\sim10^7$ m 范围内的库仑定律精确成立。库仑定律与万有引力定律都遵循平方反比规律，因此二者相关的一些物理规律在数学表达形式上是相似的。区别在于前者表现为吸力和斥力，后者只是引力。

2. 电场强度

通过测量一个静止在电场中不同地点试验电荷 q_0 所受的作用力，可以定量地描述电场。试验电荷 q_0 应满足：线度要足够小，电量也要足够小，不会改变产生原来电场的电荷分布，如图 4-5 所示。

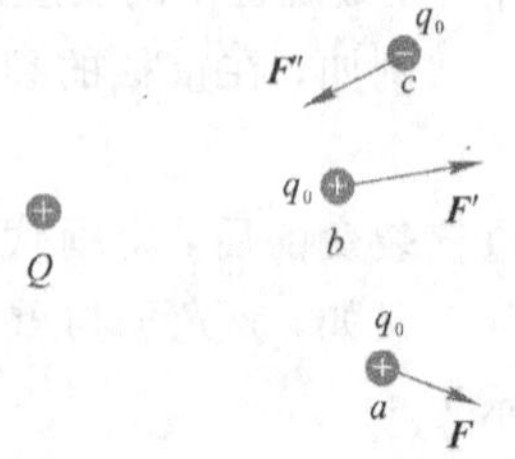

图 4-5 用试验电荷测量电场

实验发现：可以用 $\boldsymbol{F}/q_0$ 来描述电场的性质，我们把这一矢量定义为在给定点的电场强度，简称场强，用 $\boldsymbol{E}$ 表示，即

$$\boldsymbol{E}=\frac{\boldsymbol{F}}{q_0} \tag{4-2}$$

式(4-2)表明，电场中某点场强的大小，等于静止于该点的单位正电荷所受的作用力，其方向与正电荷在该点受力的方向相同。场强的单位是 N/C(牛/库仑)或 V/m(伏/米)。

实验表明，电场中的每一点都有确定的场强，场强是空间位置坐标的矢量函数。研究电场时，着眼点应是场强与空间坐标的函数关系，即场强的空间分布规律。例如，在点电荷 q 产生的电场中(见图 4-6)，根据库仑定律，q_0 受到 q 的电场力为

$$\boldsymbol{F}=\frac{1}{4\pi\varepsilon_0}\frac{qq_0}{r^2}\boldsymbol{r}^0$$

图 4-6 点电荷电场强度计算示意图

由场强的定义式(4-2)可知，静止点电荷 q 在 P 点的场强为

$$\boldsymbol{E} = \frac{1}{4\pi\varepsilon_0}\frac{q}{r^2}\boldsymbol{r}^0 \tag{4-3}$$

式中：r 是场点与点电荷 q 之间的距离，$\boldsymbol{r}^0$ 是由 q 到场点方向的单位矢量。式(4-3)表明，$\boldsymbol{E}$ 是 $\boldsymbol{r}$ 的矢量函数，静止点电荷 q 的场强分布是以电荷为中心的球形对称分布，场强的大小与电量 q 成正比，与场点到点电荷之间距离的平方成反比；方向沿半径向外($q>0$)或向内($q<0$)，且与试验电荷 q_0 无关。

3. 场强叠加原理

多个静止电荷在 P 点的合场强，等于各个电荷单独存在时在 P 点的场强的矢量和。这称为场强叠加原理。

设有 n 个点电荷系 q_1，q_2，…，q_n，其中第 i 个电荷 q_i 单独存在时在 P 点的场强为 $\boldsymbol{E}_i$，则它们在 P 点的合场强为

$$\boldsymbol{E} = \boldsymbol{E}_1 + \boldsymbol{E}_2 + \cdots + \boldsymbol{E}_n = \sum_{i=1}^{n}\boldsymbol{E}_i \tag{4-4}$$

应该说明的是，场强叠加原理不仅适用于静电场，也适用于其他各类电场。

图 4-7 所示为 n 个点电荷对 q_0 总的电场力：

$$\boldsymbol{F} = \sum_{i=1}^{n}\boldsymbol{F}_{0i} = \sum_{i=1}^{n}\frac{1}{4\pi\varepsilon_0}\frac{q_0 q_i}{r_i^2}\boldsymbol{r}_{0i}^0 \tag{4-5}$$

式中：$\boldsymbol{F}_{0i}$是第 i 个点电荷对 q_0 的作用力，r_i 为 q_0 和 q_i 之间的距离，$\boldsymbol{r}_{0i}^0$为由 q_i 到 q_0 方向的单位矢量。只要给定电荷分布，原则上用库仑定律和电场叠加原理就可以解决全部静电学问题。

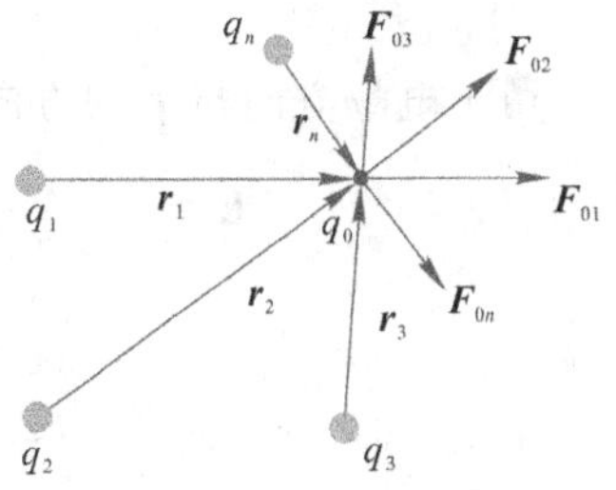

图 4-7　n 个点电荷产生的电场力

4. 场强计算

对于任意带电体，原则上可以根据点电荷的场强公式和场强叠加原理求空间各点的电场。一般把带电体分成两类：点电荷系和连续带电体。点电荷系的电场可以采用点电荷电场强度矢量叠加来计算，而连续带电体一般采用电场强度的矢量积分来计算。

1) 点电荷系的电场

如图 4-8 所示，对于 n 个点电荷构成的电荷系，由式(4-3)可知第 i 个点电荷在空间一点 P 的电场强度为

$$\boldsymbol{E}_i = \frac{1}{4\pi\varepsilon_0}\frac{q_i}{r_i^2}\boldsymbol{r}_i^0$$

根据电场强度叠加原理，多个点电荷在空间一点产生的电场强度为

$$\boldsymbol{E} = \sum_{i=1}^{n}\frac{1}{4\pi\varepsilon_0}\frac{q_i}{r_i^2}\boldsymbol{r}_i^0 \tag{4-6}$$

空间中一对等量异号点电荷$+q$和$-q$组成的点电荷系，设两个点电荷之间的距离为 l，当 $r \gg l$ 时，这样一对正负点电荷模型称为电偶极子。描述电偶极子性质的物理量是电偶极矩，简称电矩(在讨论电介质的极化时要用到电矩的概念)，用矢量 $\boldsymbol{p}$

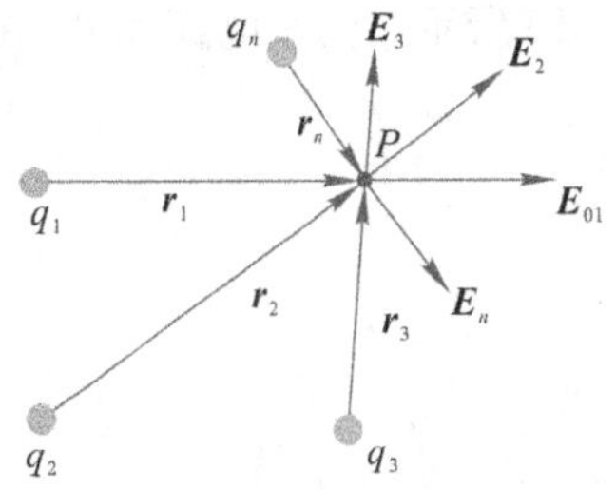

图 4-8　n 个点电荷产生的电场

表示。定义 $\boldsymbol{p}=q\boldsymbol{l}$，其中矢量 $\boldsymbol{l}$ 的方向由负电荷指向正电荷，叫作电偶极子的轴。一个正常分子中有相等的正负电荷，当正、负电荷的中心不重合时，这个分子构成一个电偶极子。

例题 4-1 计算电偶极子轴中垂线上一点 P 的场强。

解 如图 4-9 所示，设 P 点是其中垂线上较远的一点，r_+ 和 r_- 分别为正、负电荷到 P 点的距离，r 为电偶极子中心 O 到 P 点的距离，α 为 $\boldsymbol{r}_+$ 与 $\boldsymbol{l}$ 之间的夹角。由电荷系叠加原理可知，正、负电荷在 P 点产生的场强为

$$\boldsymbol{E}_P=\boldsymbol{E}_+ + \boldsymbol{E}_-$$

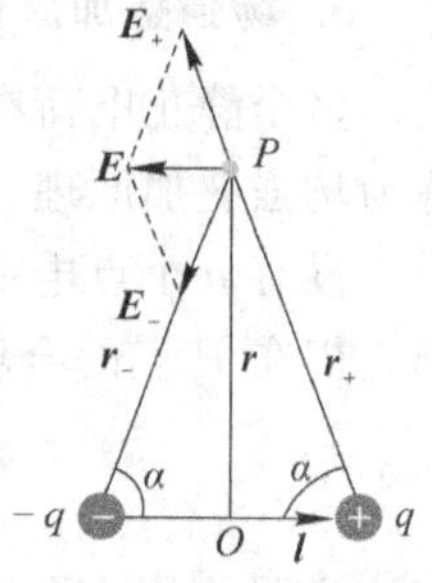

图 4-9 电偶极子轴中垂线的电场

单个正、负电荷在 P 点产生的场强为

$$E_+=E_-=\frac{1}{4\pi\varepsilon_0}\frac{q}{r_+{}^2}=\frac{1}{4\pi\varepsilon_0}\frac{q}{r^2+\left(\dfrac{l}{2}\right)^2}$$

根据场强叠加原理，则 P 点的电场强度为

$$E=E_+\cos\alpha+E_-\cos\alpha=2E_+\cos\alpha=\frac{1}{4\pi\varepsilon_0}\frac{ql}{\left[r^2+\left(\dfrac{l}{2}\right)^2\right]^{\frac{3}{2}}}$$

由于电场方向与 $\boldsymbol{p}$ 的方向相反，写成矢量形式为

$$\boldsymbol{E}=-\frac{1}{4\pi\varepsilon_0}\frac{\boldsymbol{p}}{\left[r^2+\left(\dfrac{l}{2}\right)^2\right]^{\frac{3}{2}}}$$

由于 $l\ll r$，$r^2+\left(\dfrac{l}{2}\right)^2\approx r^2$，因此电偶极子中垂线上较远点的场强为

$$\boldsymbol{E}=-\frac{1}{4\pi\varepsilon_0}\frac{\boldsymbol{p}}{r^3}$$

同理可求出在电偶极矩延长线方向上，距离电偶极子中心很远处的场强为

$$\boldsymbol{E}=\frac{2\boldsymbol{p}}{4\pi\varepsilon_0 r^3}$$

由上面两式可以看出，电偶极子的场强由电偶极矩决定，与 r^3 成反比，且比点电荷电场递减得快。

2) 连续带电体电场的电场强度

对于一个电荷连续分布的带电体，求解电场空间各点的电场强度分布时，需要用微积分方法。设想把带电体分割成许多微小的 dq 的电荷元，每个电荷元都可视为点电荷，如图 4-10 所示。任一电荷元 dq 在 P 点产生的电场强度为

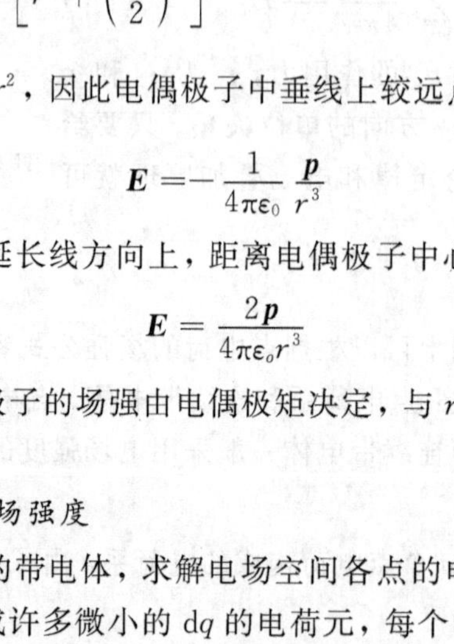

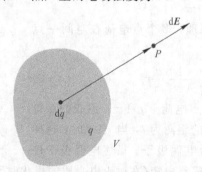

图 4-10 电荷元产生的电场

$$\mathrm{d}\boldsymbol{E}=\frac{1}{4\pi\varepsilon_0}\frac{\mathrm{d}q}{r^2}\boldsymbol{r}^0 \tag{4-7}$$

式中：r 为 $\mathrm{d}V$ 与点 P 的距离，$\boldsymbol{r}^0$ 为由 $\mathrm{d}V$ 到点 P 方向的单位矢量。根据场强叠加原理，整个带电体在 P 点的场强为

$$\boldsymbol{E}=\int_V \mathrm{d}\boldsymbol{E}=\int_V \frac{1}{4\pi\varepsilon_0}\frac{\mathrm{d}q}{r^2}\boldsymbol{r}^0 \tag{4-8}$$

为了方便计算连续带电体产生的电场强度，引入电荷密度的概念。

若电荷连续分布在一条曲线上，定义电荷线密度为

$$\lambda=\frac{\mathrm{d}q}{\mathrm{d}l}$$

式中：$\mathrm{d}q$ 为线元 $\mathrm{d}l$ 所带的电量。

若电荷连续分布在一个曲面上，定义电荷面密度为

$$\sigma=\frac{\mathrm{d}q}{\mathrm{d}S}$$

式中：$\mathrm{d}q$ 为面元 $\mathrm{d}S$ 所带的电量。

若电荷连续分布在一个体积内，定义电荷体密度为

$$\rho=\frac{\mathrm{d}q}{\mathrm{d}V}$$

式中：$\mathrm{d}q$ 为体积元 $\mathrm{d}V$ 所带的电量。

应用电荷密度的概念，式(4-8)中的 $\mathrm{d}q$ 可根据不同的线、面和体电荷分布写成如下形式：

$$\mathrm{d}q=\begin{cases}\lambda\mathrm{d}l\\ \sigma\mathrm{d}S\\ \rho\mathrm{d}V\end{cases}$$

利用式(4-8)计算连续带电体空间中任一点的场强的方法如下：

(1) 建立适当的坐标系，在带电体上任取一电荷元 $\mathrm{d}q$，写出 $\mathrm{d}q$ 在待求点处场强的大小，确定 $\mathrm{d}\boldsymbol{E}$ 的方向，并在图上画出。

(2) 如果各电荷元 $\mathrm{d}\boldsymbol{E}$ 的方向相同，则可直接积分求出 $\boldsymbol{E}$。如果各电荷元 $\mathrm{d}\boldsymbol{E}$ 的方向不相同，则将场强分别投影到坐标轴上，写出其分量式。分析电荷分布的对称性，有的分量可以根据对称性推知其值为零，对不为零的分量进行积分。

(3) 写出总场强的矢量表达式，或计算出总场强的大小和方向。

下面通过几个例题来说明连续带电体电场强度的计算方法。

例题 4-2　如图 4-11 所示，设电荷 P 均匀分布在半径为 R 的细圆环上，计算在环的轴线上与环心相距 x 的 P 点的场强。

解　由于圆环上的电荷是连续分布的，因此将电荷分割成电荷元，利用点电荷的场强公式进行积分计算。取坐标 X 轴在圆环轴线上，将圆环分成一系列电荷元，在圆环上取长度为 $\mathrm{d}l$ 的电荷元 $\mathrm{d}q$，在 P 点产生的场强为

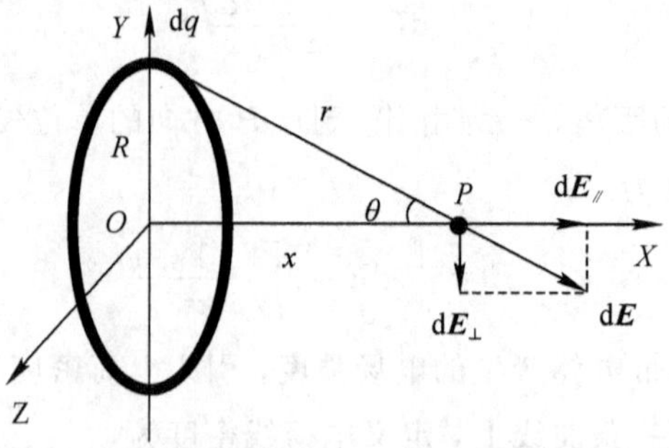

图 4-11 均匀带电细圆环中心轴线上的电场

$$\mathrm{d}E=\frac{\lambda \mathrm{d}l}{4\pi\varepsilon_0 r^2}=\frac{\lambda \mathrm{d}l}{4\pi\varepsilon_0 (x^2+R^2)}$$

其中：$\lambda=\dfrac{q}{2\pi R}$。根据均匀圆环电荷分布对称性可知

$$E_{\perp}=0$$

$$\mathrm{d}E_{/\!/}=\mathrm{d}E\cos\theta=\frac{\lambda \mathrm{d}l}{4\pi\varepsilon_0 (x^2+R^2)^{\frac{3}{2}}}$$

对上式进行积分得

$$E_{/\!/}=\int_0^{2\pi R}\frac{\lambda x\,\mathrm{d}l}{4\pi\varepsilon_0\ (R^2+x^2)^{3/2}}=\frac{(\lambda\cdot 2\pi R)x}{4\pi\varepsilon_0\ (R^2+x^2)^{3/2}}=\frac{qx}{4\pi\varepsilon_0\ (R^2+x^2)^{3/2}}$$

P 点的电场强度为

$$E=E_{/\!/}=\frac{qx}{4\pi\varepsilon_0\ (R^2+x^2)^{\frac{3}{2}}}$$

写成矢量形式为

$$\boldsymbol{E}=\frac{1}{4\pi\varepsilon_0}\frac{qx}{(R^2+x^2)^{3/2}}\boldsymbol{i}$$

讨论：

(1) $\boldsymbol{E}$ 与圆环平面垂直，环中心处 $\boldsymbol{E}=\boldsymbol{0}$，这一点也可用对称性判断得出。

(2) 当 $x\gg R$ 时，$E=\dfrac{q}{4\pi\varepsilon_0 x^2}$，带电圆环可视为点电荷。

例题 4-3 如图 4-12 所示，有一均匀带电直线，长为 l，电量为 q，求距它为 r 处 P 点的场强。

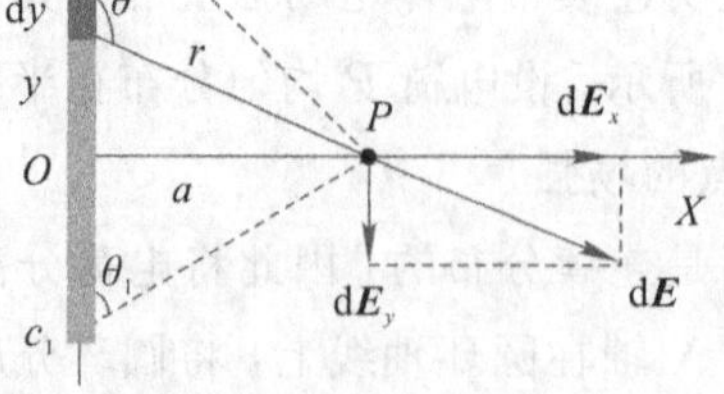

图 4-12 均匀带电直线线外电场

解　将带电体分成一系列电荷元。在细棒上任选一个电荷元 $dq=\lambda dl$，电荷元在 P 点产生的电场强度为

$$dE=\frac{1}{4\pi\varepsilon_0}\frac{\lambda dy}{r^2}$$

电荷线密度为 $\lambda=\frac{q}{L}$，由图中几何关系得：

$$y=a\cot(\pi-\theta)$$

$$dy=\frac{a}{\sin^2\theta}d\theta$$

$$r^2=\frac{a^2}{\sin^2(\pi-\theta)}$$

所以有

$$dE=\frac{\lambda}{4\pi\varepsilon_0 a}d\theta$$

$d\boldsymbol{E}$ 在 X 轴和 Y 轴方向的分量为

$$dE_x=dE\sin(\pi-\theta)=\frac{\lambda}{4\pi\varepsilon_0 a}\sin\theta d\theta$$

$$dE_y=-dE\cos(\pi-\theta)=\frac{\lambda}{4\pi\varepsilon_0 a}\cos\theta d\theta$$

对以上两式进行积分得

$$E_x=\int dE_x=\int_{\theta_1}^{\theta_2}\frac{\lambda}{4\pi\varepsilon_0 a}\sin\theta d\theta=\frac{\lambda}{4\pi\varepsilon_0 a}(\cos\theta_1-\cos\theta_2)$$

$$E_y=\int dE_y=\int_{\theta_1}^{\theta_2}\frac{\lambda}{4\pi\varepsilon_0 a}\cos\theta d\theta=\frac{\lambda}{4\pi\varepsilon_0 a}(\sin\theta_2-\sin\theta_1)$$

写成矢量形式为

$$\boldsymbol{E}=E_x\boldsymbol{i}+E_y\boldsymbol{j}$$

$$\boldsymbol{E}=\frac{\lambda}{4\pi\varepsilon_0 a}[(\cos\theta_1-\cos\theta_2)\boldsymbol{i}+(\sin\theta_2-\sin\theta_1)\boldsymbol{j}]$$

(1) 对于均匀带电半无限长细棒：

当 $\theta_1=0$，$\theta_2=\pi/2$ 时，$\boldsymbol{E}=\frac{\lambda}{4\pi\varepsilon_0 a}(\boldsymbol{i}+\boldsymbol{j})$

当 $\theta_1=\pi/2$，$\theta_2=\pi$ 时，$\boldsymbol{E}=\frac{\lambda}{4\pi\varepsilon_0 a}(\boldsymbol{i}-\boldsymbol{j})$

(2) 对于均匀带电无限长细棒：

当 $\theta_1=0$，$\theta_2=\pi$ 时，$\boldsymbol{E}=\frac{\lambda}{2\pi\varepsilon_0 a}\boldsymbol{i}$

即对于无限均匀带电直线，电场垂直于直线，当 $\lambda>0$ 时，$\boldsymbol{E}$ 背向直线。当 $\lambda<0$ 时，$\boldsymbol{E}$ 指向直线。对于一些可看成由均匀带电无限长细棒组成的带电体系，可利用上述结论及叠加原理求解。

例题 4-4　分析电偶极子在均匀外电场中所受的作用力与力矩。

解　图 4-13 表示均匀电场 $\boldsymbol{E}$ 中的一个电偶极子，电矩 $\boldsymbol{p}$ 的方向与场强 $\boldsymbol{E}$ 方向间的夹角为 θ，正、负电荷所受的电场力分别为

$$\boldsymbol{F}_+ = q\boldsymbol{E},\ \boldsymbol{F}_- = -q\boldsymbol{E}$$

它们的大小相等、方向相反，所以电偶极子所受的合力为零，故电偶极子在均匀电场中不会平动。但是 $\boldsymbol{F}_+$ 和 $\boldsymbol{F}_-$ 不在同一条直线上，这样两个力形成一个力偶，力偶矩大小为

$$M = qEl\sin\theta = pE\sin\theta$$

写成矢量式为

$$\boldsymbol{M} = \boldsymbol{p} \times \boldsymbol{E}$$

只要 $\boldsymbol{E}$ 的方向与 $\boldsymbol{p}$ 的方向不一致，电场对电偶极子就作用一个力矩，其效果是让 $\boldsymbol{p}$ 转向 $\boldsymbol{E}$ 的方向，以达到稳定平衡状态。

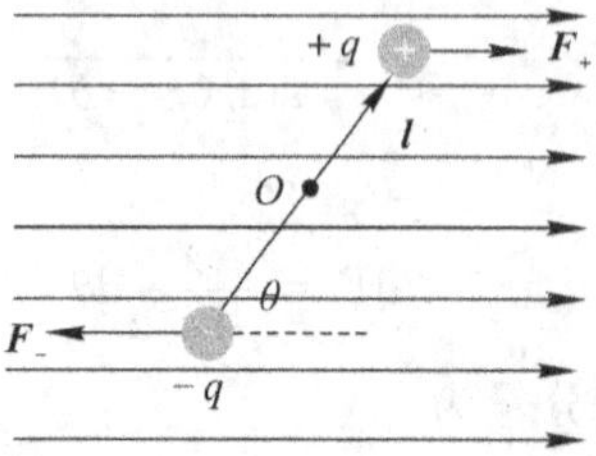

图 4-13　电偶极子在均匀电场中受到的力和力矩

思考题 4-4　如何安全用电？(建议：网络查找资料，分析论证。)

参考资料　人体的安全电压是不高于 36 V，而电流对人体的作用更大，表 4-1 所示为电流对人体的危害程度。

表 4-1　电流对人体的危害程度

电流/mA	人的感觉程度
1	感到有电
5	有相当的痛感
10	感到忍不了的痛苦
20	肌肉剧烈收缩失去动作自由
25	已相当危险
100	致死

思考题 4-5　网络搜索静电(感应)起电机，并解释其工作原理。

参考资料　静电起电机的旋转盘由两块圆形有机玻璃叠在一起组成，中间留有空隙，每块玻璃向外的表面上都贴有铝片，铝片以圆心为中心对称分布，如图 4-14 所示。由于两盘分别与两个受动轮固定，并依靠皮带与驱动轮相连，且两根皮带中有一根皮带中间有交叉，因此转动驱动轮时两盘的转向相反。通过手动摇柄快速旋转转盘，静电起电机的两个储电瓶能分别连续获得较多的正、负电荷。静电起电机所产生的电压较高，与其他仪器配合后，可进行静电感应、雷电模拟、演示尖端放电等有关静电现象的实验。

图 4-14　静电起电机

思考题 4-6　如何计算分立的电荷系产生的场强？
思考题 4-7　如何计算连续的带电体产生的场强？
思考题 4-8　如何计算无限长均匀带电直线产生的场强？
思考题 4-9　如何计算无限大均匀带电平面产生的场强？

4.2　静电场的基本定理

静电场的基本定理有两个：一是静电场环路定理，二是静电场高斯定理。静电场环路定理揭示了静电场是保守力场，可以引入电势来描述静电场。静电场高斯定理表明静电场是有源场，电场线有头有尾，不闭合。

4.2.1　静电场环路定理

图 4-15 所示为环形回路。由于静电场力做功与路径无关，因此，在静电场中，试验电荷 q_0 由任意点 P_1 沿闭合路径运动一周再回到 P_1 点，电场力对其做功必然为零，即

$$A = \int_{P_1}^{P_2} q_0 \boldsymbol{E} \cdot \mathrm{d}\boldsymbol{l} + \int_{P_2}^{P_1} q_0 \boldsymbol{E} \cdot \mathrm{d}\boldsymbol{l}$$

$$A = \int_{P_1}^{P_2} q_0 \boldsymbol{E} \cdot \mathrm{d}\boldsymbol{l} + \left(-\int_{P_1}^{P_2} q_0 \boldsymbol{E} \cdot \mathrm{d}\boldsymbol{l}\right) = 0$$

q_0 在静电场中沿闭合路径 L 运动一周，静电力对其做功表示为

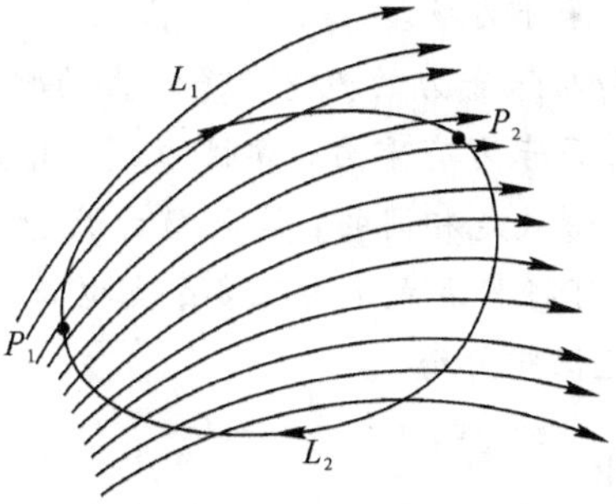

图 4-15　环路示意图

$$\oint_L q_0 \boldsymbol{E} \cdot \mathrm{d}\boldsymbol{l} = 0$$

由于 $q_0 \neq 0$，因此有

$$\oint_L \boldsymbol{E} \cdot \mathrm{d}\boldsymbol{l} = 0 \tag{4-9}$$

式中：$\oint_L \boldsymbol{E} \cdot \mathrm{d}\boldsymbol{l}$ 为静电场场强的环流。式(4－9)称为静电场的环路定理：静电场场强沿任一闭合回路的环流都等于零。这也表明静电场是有源无旋场，电场线不闭合。静电场的环流定理是静电场的重要特征之一，也是静电场的基本定理。

设想一个装满水的圆桶，转轴位于桶中央的叶轮被马达带动以匀角速度转动，桶中的水会从中心向外逐渐跟着叶轮转动起来，桶中各点的水流速度不同，达到稳定后，桶内空间有一个稳定的速度分布，称桶内是一个速度场。对于流体，速度场 $\boldsymbol{v}$ 沿有向闭合曲线 L 的曲线积分 $\oint_L \boldsymbol{v} \cdot \mathrm{d}l$ 称为速度场沿 L 的环流。对水桶中旋转的速度场，在水面上取中心在转轴上、半径为 r 的圆周为 L，速度场沿 L 的环流显然不等于零。但是如果在平稳流动的河水中，河水速度环流可能等于零，这是环流描述水流的蜗旋性质。

拓展阅读材料

基尔霍夫第二定律(回路电压定律)：任意时刻(注意不是一段时间)，沿着电路运行一周后回到起点，电压变化率为零。如图 4－16 所示，基尔霍夫第二定律可表示为

$$\sum U = U_{ab} + U_{bc} + U_{cd} + U_{de} + U_{ef} + U_{fe} = 0$$

基尔霍夫第二定律实际上是静电场的环路定律在电路中的具体表现。

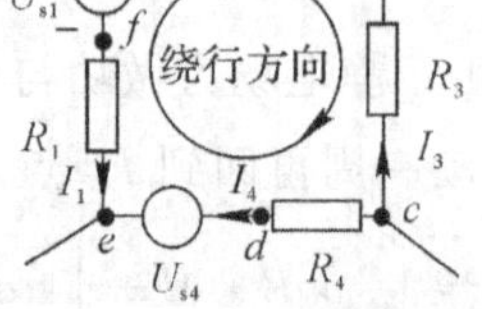

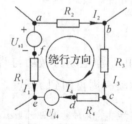

图 4－16　基尔霍夫第二定律示意图

此前，从静电场力的特性引入了场强这一物理量来描述静电场。此节我们将从静电场力做功的角度来研究静电场的性质，引入电势这一物理量，导出反映静电特性的环路定理，从而揭示静电场是一个保守力场。

力学中引进了保守力和非保守力的概念。保守力的特征是其功只与始末两位置有关，而与路径无关。前面学过的保守力有重力、弹性力、万有引力等，那么静电力与万有引力都是中心平方反比力，数学形式是相同的，静电场力做功与过程无关，因此静电场力也是保守力。对于连续带电体，可将其看成是由很多个点电荷组成的点电荷系，由此得出结论：任何电荷系统的静电场都是保守力场。

4.2.2　静电场高斯定理

对于一定电荷产生的电场而言，通过空间某一给定闭合曲线的电通量(所谓电通量就

是电场强度对某一曲面的积分，也是电场线穿过曲面的根数)应该是一定的，即电通量和场源电荷存在一定的关系。这一关系由法国物理学家高斯(Gauss，如图 4 - 17 所示)论证得出，称为高斯定理。其表述为：真空中的任何静电场中，穿过任一闭合曲面的电通量等于闭合曲面所包围的电量代数和除以 ε_0，与闭合曲面外的电荷无关。其数学表达式为

$$\Phi_e = \oint_S \boldsymbol{E} \cdot d\boldsymbol{S} = \frac{1}{\varepsilon_0} \sum_{S_{内}} q_i \tag{4-10}$$

式中：曲面 S 通常是一个假想的闭合曲面，这个闭合曲面称为高斯面，$\sum q_i$ 称为高斯面内的净电荷。

图 4 - 17　Carl Friedrich Gauss(卡尔·弗里德里希·高斯)画像

1. 电场线

为了形象地描述电场强度在空间的分布，英国物理学家法拉弟(M. Faraday)引入了电场线的概念。所谓电场线就是人们按照一定的画法规定在电场中所画出的一簇曲线。为了让电场线能够直观地反映出电场中各点处电场强度的方向和大小，规定电场线和电场强度 $\boldsymbol{E}$ 之间具有以下关系：

(1) 电场线上任一点的切线方向表示该点 $\boldsymbol{E}$ 的方向。

(2) 电场中某一点通过垂直电场强度方向上单位面积的电场线条数等于该点 $\boldsymbol{E}_{\perp}$ 的大小。

如图 4 - 18 所示，在电场强度分布的空间一点选取一面积元 $d\boldsymbol{S}$，面积元的方向用单位法向矢量 $\boldsymbol{n}$ 表示，该面积元在电场强度方向上的投影大小为 $dS_{\perp}$。设通过电场中某点垂直于该点场强方向的小面积 $dS_{\perp}$ 的电场线条数为 $d\Phi_e$，则该点的场强为

$$E = \frac{d\Phi_e}{dS_{\perp}} \tag{4-11}$$

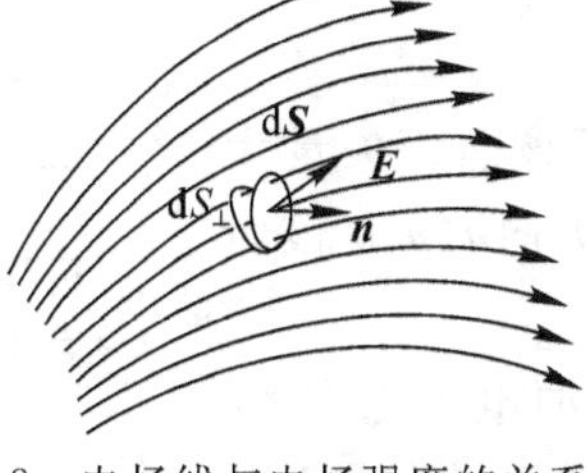

图 4 - 18　电场线与电场强度的关系示意图

此规定表明电场线较稀疏处的场强值较小，电场线较密集处的场强值较大。应该指出，电场线只是描述场强分布的一种手段，是研究电场的一种方法，实际上电场线是不存在的，但借助实验可将电场线模拟出来。图 4－19 是几种典型带电体产生的电场线分布图。

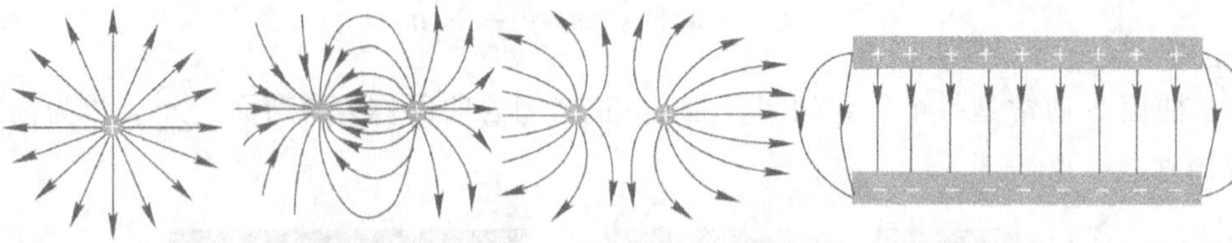

图 4－19　几种典型带电体产生的电场线分布图

根据电场的性质，可以总结出电场线具有以下性质：

(1) 电场线不闭合、不中断，起自正电荷，止于负电荷，或延伸到无穷远处。

(2) 任意两条电场线不能相交。

2. 电通量

观察涌泉、地漏、河流，我们会发现，涌泉不断有泉水涌出——有正源，地漏把水漏掉——有负源，河流流水不断——无源。为了描述水的流动和有无源性，人们引进了通量的概念。

通量一词来源于拉丁文的"流动"，虽然在静电场中并没有什么东西在流动，但我们仍可以把力线想象成描述水流动的流线。设想将流水分割成许多小体积元，并给每个小体积元附上一个表示其流动速度的矢量 $\boldsymbol{v}$，河流中的流水就是一个速度场。在速度方向取垂面 S，则速度乘以面积就表示这个速度场对某一曲面的通量，数学表示为 $\iint_S \boldsymbol{v} \cdot \mathrm{d}\boldsymbol{S}$，也就是单位时间内通过该面的水的体积。

矢量场有两个重要的基本性质：一个是通量，另一个是环流。考察一个矢量场的通量和环流是人们总结出来的研究矢量场的基本方法。静电场的通量和环流所满足的方程分别称为高斯定理和环路定理，它们是静电学中的两个基本方程。我们从场线的概念出发，给出电通量较为直观的定义。

在电场中通过任意曲面的电场线条数称为通过该面的电场强度通量，简称电通量，用 Φ_e 表示。

按照画电场线的规定，穿过面积元 $\mathrm{d}\boldsymbol{S}$ 的电通量为

$$\mathrm{d}\Phi_e = E\mathrm{d}S_\perp$$

定义面积矢量 $\boldsymbol{S}=S\boldsymbol{n}$，即该面积矢量大小为其面积 S，方向为其法线方向 $\boldsymbol{n}$（$\boldsymbol{n}$ 是该面法线上的单位矢量）。

均匀电场中通过平面 S 的电通量如图 4－20所示，在均匀电场中平面 S 的法向方向 $\boldsymbol{n}$ 与 $\boldsymbol{E}$ 的夹角为θ，则通过 S 面的电通量为

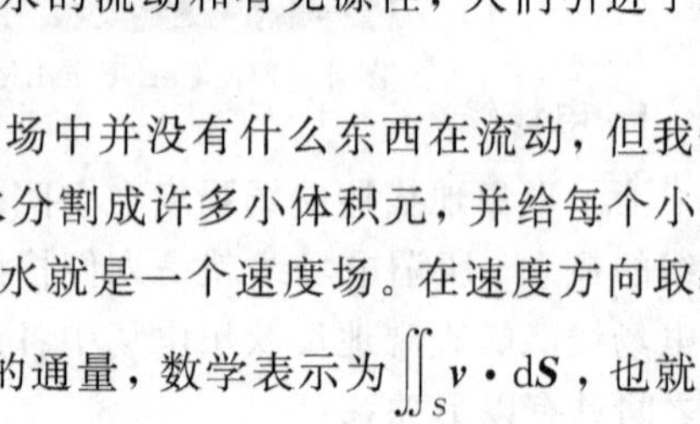

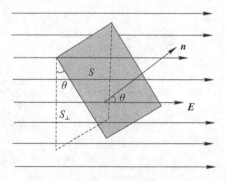

图 4－20　面积 S 电通量定义示意图

$$\Phi_e = ES_\perp = ES\cos\theta = \boldsymbol{E}\cdot\boldsymbol{S}$$

一般情况下，电场是不均匀的。如图 4－21 所示，对于非均匀电场中的任意曲面 S，把曲面 S 分割成无数个微元面 dS，dS 可看成平面、均匀场。定义面积元矢量 $\mathrm{d}\boldsymbol{S}=\mathrm{d}S\boldsymbol{n}$ ，dS 是面积元的大小，$\boldsymbol{n}$ 为 $\mathrm{d}\boldsymbol{S}$ 的单位法向向量，$\mathrm{d}\boldsymbol{S}$ 与该处 $\boldsymbol{E}$ 的夹角为 θ，则通过 $\mathrm{d}\boldsymbol{S}$ 的电通量为

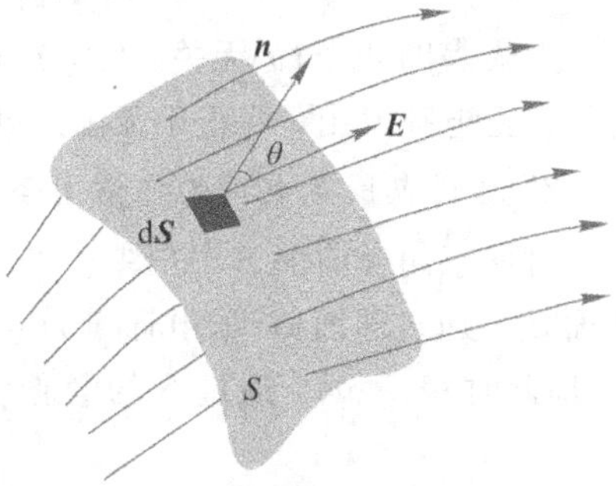

图 4－21　微元面 dS 电通量定义示意图

$$\mathrm{d}\Phi_e = E\mathrm{d}S\cos\theta = \boldsymbol{E}\cdot\mathrm{d}\boldsymbol{S}$$

上式对整个曲面积分，得到通过整个曲面 S 的电通量为

$$\Phi_e = \int_S \boldsymbol{E}\cdot\mathrm{d}\boldsymbol{S} \qquad (4-12)$$

如果曲面是闭合的，如图 4－22 所示，则式(4－12)中的曲面积分应变成对闭合曲面的积分。因此，在任意电场中通过封闭曲面的电通量为

$$\Phi_e = \oint_S \boldsymbol{E}\cdot\mathrm{d}\boldsymbol{S} \qquad (4-13)$$

电通量的正负取决于面积元法线矢量 $\boldsymbol{n}$ 的方向。$\boldsymbol{n}$ 方向的选取有两种方法，通常规定：封闭曲面上任意点的法线总是垂直于曲面指向外侧。因此，对于整个闭合曲面，进入闭合曲面的电场线的电通量为负，穿出闭合曲面的电通量为正。通过整个闭合曲面的电通量为这两部分电通量的代数和。

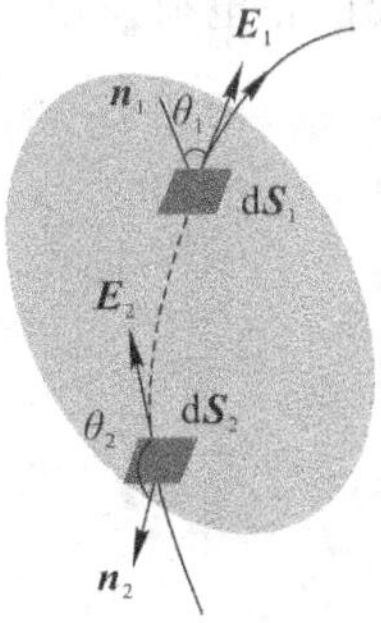

图 4－22　封闭曲面 S 电通量计算示意图

3. 高斯定理验证

1) 通过包围点电荷 q 的同心球面的电通量都等于 q/ε_0

如图 4－23 所示，q 为正点电荷，S 为以 q 为中心，以任意 r 为半径的球面，我们来计算通过 S 面的电通量。在球面上任意面积元 $\mathrm{d}\boldsymbol{S}$ 上，$\boldsymbol{E}$ 与 $\mathrm{d}\boldsymbol{S}$ 平行，且沿矢径方向，任一点 $\boldsymbol{E}$ 为

$$\boldsymbol{E} = \frac{1}{4\pi\varepsilon_0}\frac{q}{r^2}\boldsymbol{r}^0$$

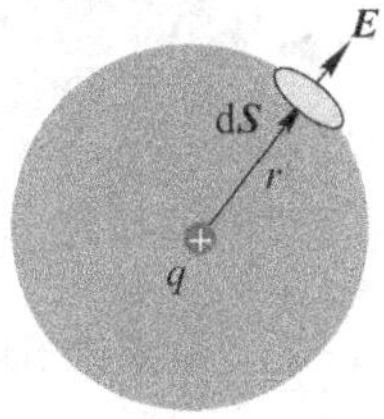

图 4－23　点电荷位于球面中心

穿过面积元 $\mathrm{d}\boldsymbol{S}$ 的电通量为

$$\mathrm{d}\Phi_e = \boldsymbol{E}\cdot\mathrm{d}\boldsymbol{S} = E\mathrm{d}S = \frac{1}{4\pi\varepsilon_0}\frac{q}{r^2}\mathrm{d}S$$

通过闭合曲面 S 的电通量为

$$\Phi_e = \oint_S \boldsymbol{E} \cdot d\boldsymbol{S} = \oint_S \frac{1}{4\pi\varepsilon_0}\frac{q}{r^2}dS = \frac{1}{4\pi\varepsilon_0}\frac{q}{r^2}\oint_S dS = \frac{1}{4\pi\varepsilon_0}\frac{q}{r^2} \cdot 4\pi r^2 = \frac{q}{\varepsilon_0}$$

上式表明 Φ_e 与 r 无关，仅与球面所包围的 q 有关。这反映了电场线的基本性质，即电场线自正电荷发出，终止于无限远处。空间无其他电荷存在时，电场线不会中断或增加。

2) 通过包围点电荷的任意闭合曲面的电通量都等于 q/ε_0

对任意闭合曲面 S，如图 4-24 所示，在 S 内作一个以 $+q$ 为中心，任意半径 r 的闭合球面 S_1，通过球面 S_1 的电通量为 q/ε_0。由于电场线具有连续性，通过 S_1 的电力线必通过 S，即此时 $\Phi_{e1}=\Phi_e$，通过 S 的电通量为

$$\Phi_e = \oint_S \boldsymbol{E} \cdot d\boldsymbol{S} = \frac{q_0}{\varepsilon_0}$$

可见，在点电荷产生的电场中，Φ_e 与闭合曲面的形状无关，其值均等于 q/ε_0。不论是正电荷，还是负电荷，这一结论都是正确的。当 q 为正时，表明电场线从闭合曲面内穿出或者说电场线由正电荷发出；当 q 为负时，表明电场线从闭合曲面内穿进或者说电场线会聚于负电荷。

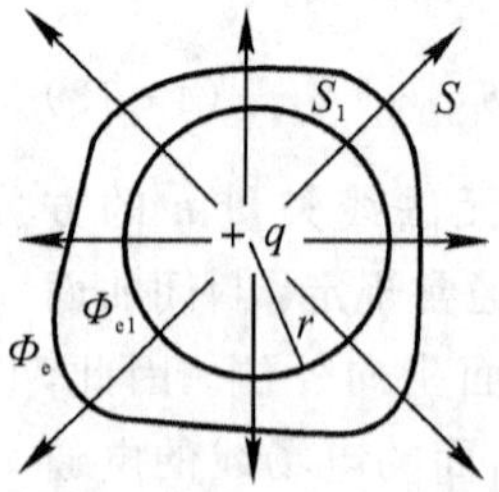

图 4-24　两封闭面电通量关系图

3) 通过不包围点电荷的任意闭合曲面的电通量都等于零

当点电荷在闭合曲面外时，如图 4-25 所示。此时，进入 S 面内的电力线必穿出 S 面(穿入与穿出 S 面的电力线数相等)，即

$$\Phi_e = \oint_S \boldsymbol{E} \cdot d\boldsymbol{S} = 0$$

表明任意闭合曲面外的电荷对 Φ_e 无贡献。

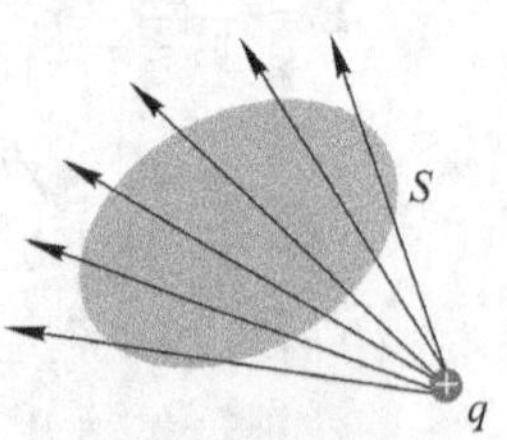

图 4-25　电荷位于封闭面外

4) 多个点电荷的电通量等于它们单独存在时的电通量的代数和

将上述结论推广到由若干个点电荷产生的电场，如图 4-26 所示，在点电荷 q_1，q_2，…，q_n 电场中，任一点的场强为

$$\boldsymbol{E} = \boldsymbol{E}_1 + \boldsymbol{E}_2 + \cdots + \boldsymbol{E}_n$$

通过某一闭合曲面的电通量为

$$\Phi_e = \oint_S \boldsymbol{E}_1 \cdot d\boldsymbol{S} = \oint_S (\boldsymbol{E}_1 + \boldsymbol{E}_2 + \cdots + \boldsymbol{E}_n) \cdot d\boldsymbol{S}$$
$$= \oint_S \boldsymbol{E}_1 \cdot d\boldsymbol{S} + \oint_S \boldsymbol{E}_2 \cdot d\boldsymbol{S} + \cdots + \oint_S \boldsymbol{E}_n \cdot d\boldsymbol{S} = \frac{1}{\varepsilon_0}\sum_{S_{内}} q_i$$

即

$$\Phi_e = \oint_S \boldsymbol{E} \cdot d\boldsymbol{S} = \frac{1}{\varepsilon_0}\sum_{S_{内}} q_i$$

当把上述点电荷换成连续带电体时，利用场强叠加原理，类似地可以得到：

$$\Phi_e = \oint_S \boldsymbol{E} \cdot d\boldsymbol{S} = \frac{1}{\varepsilon_0}\int_V \rho dV \tag{4-14}$$

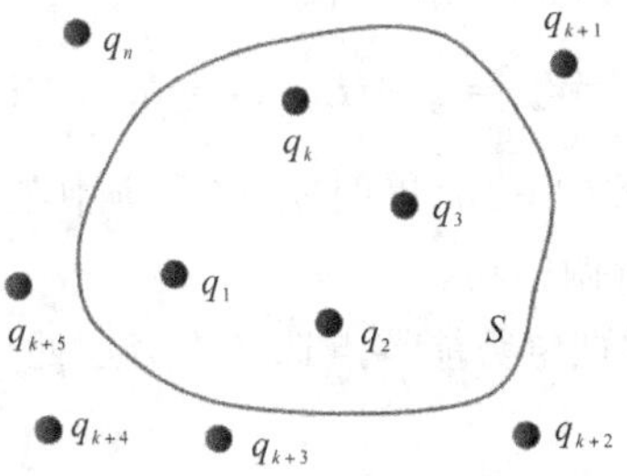

图 4-26　电荷系电通量计算用图

以上通过用闭合曲面的电通量概念验证了高斯定理，这仅是为了便于理解而用的一种形象解释，不是高斯定理的证明。

对高斯定理应全面、正确地理解，还需要做以下几点说明：

(1) 高斯定理的重要意义在于把电场与产生电场的源电荷联系了起来，它反映了静电场是有源电场这一基本性质。正电荷是电场线的源头，负电荷是电场线的尾闾。高斯定理是在库仑定律基础上得到的，但是前者的适用范围比后者更广泛。后者只适用于真空中的静电场，而前者适用于静电场和随时间变化的场，高斯定理是电磁理论的基本方程之一。

(2) 高斯定理式(4-10)表明，通过闭合曲面的电通量只与闭合曲面内的自由电荷代数和有关，而与闭合曲面外的电荷无关，也与高斯面内电荷的分布无关。

(3) 高斯定理式(4-10)中 $\boldsymbol{E}$ 是闭合曲面上各点的场强，它是由高斯面内外全部电荷共同产生的合场强；面外电荷对高斯面上的电通量没有贡献，但对高斯面上任一点的电场强度却有贡献。

(4) 电场强度 $\boldsymbol{E}$ 和电通量 Φ_e 是两个不同的物理量。当闭合曲面上各点的电场强度为零时，通过闭合曲面的电通量必为零；但当通过闭合曲面的电通量等于零时，曲面上各点的电场强度却不一定为零。

(5) 当电荷分布满足某些特殊对称性时，可利用高斯定理十分简便地求出其场强的空间分布，这是求场强的另一种方法。

4.2.3　静电场环路定理之应用

1. 电势及计算

静电场是保守力场，对于保守力场可以引入势能的概念。本节先介绍电势能的概念，在此基础上引入描述电场性质的另一个物理量——电势，进而讨论电势的计算。

1）电势能

正如在重力场中物体处在一定的位置具有一定的重力势能一样，电荷在静电场中某一位置也具有一定的电势能。根据保守力的功等于相关势能增量的负值，设 W_a、W_b 分别为 q_0 在 a、b 两点的电势能，则有

$$-(W_b - W_a) = A_{ab} = \int_a^b q_0 \boldsymbol{E} \cdot \mathrm{d}\boldsymbol{l} \tag{4-15}$$

电势能是相对量，为了确定电荷在电场中某一点的电势能，必须选择一个势能参考点，并取该点的电势能为零。电势能的零点与其他势能零点一样，也是任意选取的，我们选取 $W_b=0$，由式(4-15)可得 a 点的势能为

$$W_a = q_0 \int_a^b \boldsymbol{E} \cdot \mathrm{d}\boldsymbol{l} = q_0 \int_a^{“0”} \boldsymbol{E} \cdot \mathrm{d}\boldsymbol{l} \tag{4-16}$$

式中："0"表示电势零点。式(4-16)表明 q_0 在电场中某点的电势能等于将电荷 q_0 从该点移到电势能为零处电场力所做的功。

对于有限带电体，通常把电势能零点选在无穷远处，即规定 $W_\infty=0$，则 q_0 在 a 点的电势能为

$$W = q_0 \int_a^\infty \boldsymbol{E} \cdot \mathrm{d}\boldsymbol{l} \tag{4-17}$$

式(4-17)表明 q_0 在电场中某点的电势能等于将电荷 q_0 从 a 点移到无限远处电场力所做的功。可见，电势能不仅与电场有关，而且与引入电场的电荷 q_0 有关。

2）电势

电荷在电场中某点的电势能和电量的比值与 q_0 无关，只与电场在该点的性质和位置有关，因此这一比值是描述电场中任一点电场性质的一个基本物理量，称为 a 点的电势，用 φ 表示。φ 同 $\boldsymbol{E}=\dfrac{\boldsymbol{F}}{q_0}$ 一样，反映的是电场本身的性质。电势的定义式为

$$\varphi_a = \frac{W_q}{q_0} = \frac{A_{a“0”}}{q_0} \int_a^{“0”} \boldsymbol{E} \cdot \mathrm{d}\boldsymbol{l} \tag{4-18}$$

若电势能的零点选在无穷远处，则有

$$\varphi = \int_a^\infty \boldsymbol{E} \cdot \mathrm{d}\boldsymbol{l} \tag{4-19}$$

式(4-19)表明电场中某一点 a 的电势等于单位正电荷从该点移到电势为零处(电势能为零处)静电力对它做的功。

3）电势差

电场中任意两点 a、b 间的电势之差，称为它们的电势差(或电压)，用 U_{ab} 表示：

$$U_{ab} = \varphi_a - \varphi_b = \int_a^\infty \boldsymbol{E} \cdot \mathrm{d}\boldsymbol{l} - \int_b^\infty \boldsymbol{E} \cdot \mathrm{d}\boldsymbol{l} = \int_a^b \boldsymbol{E} \cdot \mathrm{d}\boldsymbol{l} \tag{4-20}$$

式(4-20)表明 a、b 两点的电势差等于单位正电荷从 a 点移到 b 点的过程中，静电力做的功。对于电势能、电势和电势差应明确以下几点：

(1) 电势是空间坐标的标量函数，可正、负或 0，由场源电荷和场点决定，单位是V(伏)。

(2) 电势的零点(电势能零点)任选。在理论上对有限带电体通常取无穷远处电势等于零，在实际应用上通常取地球为电势零点：一方面因为地球是一个很大的导体，它本身的电势比较稳定，适于作为电势零点；另一方面任何其他地方都可以方便地将带电体与地球比较，以确定电势。

(3) 电势与电势能是两个不同的概念，电势是电场具有的性质，而电势能是电场中电荷与电场组成的系统所共有的，若电场中不引进电荷也就无电势能，则各点电势还是存在的。按照电势的定义，如果电荷 q 所在处的电势为 φ，则该电荷所具有的静电势能 $W=q\varphi$。

(4) 场强的方向即为电势的降落方向。

(5) 电势差是绝对的，与电势零点的选取无关。利用电势差的概念，可以方便地计算出点电荷 q 从 a 点移动到 b 点静电力做功为

$$A_{ab} = qU_{ab} = q(\varphi_a - \varphi_b) \tag{4-21}$$

可见，静电力对点电荷所做的功等于点电荷始、末位置的电势差与其电量的乘积。

4) 电势叠加原理

根据场强叠加原理和电势定义很容易证明电势也是满足叠加原理的。在点电荷系 q_1，q_2，…，q_n 产生的电场中，由场强叠加原理可知，总场强为

$$\boldsymbol{E} = \boldsymbol{E}_1 + \boldsymbol{E}_2 + \cdots + \boldsymbol{E}_n$$

取无穷远处为电势零点，则任意点 a 的电势为

$$\begin{aligned}\varphi &= \int_a^\infty \boldsymbol{E} \cdot \mathrm{d}\boldsymbol{l} = \int_a^\infty (\boldsymbol{E}_1 + \boldsymbol{E}_2 + \cdots + \boldsymbol{E}_n) \cdot \mathrm{d}\boldsymbol{l} \\ &= \int_a^\infty \boldsymbol{E}_1 \cdot \mathrm{d}\boldsymbol{l} + \int_a^\infty \boldsymbol{E}_2 \cdot \mathrm{d}\boldsymbol{l} + \cdots + \int_a^\infty \boldsymbol{E}_n \cdot \mathrm{d}\boldsymbol{l} \\ &= \varphi_1 + \varphi_2 + \cdots + \varphi_n\end{aligned}$$

上式表明，点电荷系中某点电势等于各个点电荷单独存在时产生的电势的代数和，此结论为静电场中的电势叠加原理。

将无穷远处取为参考点，点电荷 q 在 a 点产生的电势为

$$\varphi = \int_a^\infty \boldsymbol{E} \cdot \mathrm{d}\boldsymbol{l} = \int_a^\infty \frac{q}{4\pi\varepsilon_0 r^2}\boldsymbol{r}^0 \cdot \mathrm{d}\boldsymbol{l}$$

选沿 $\boldsymbol{r}$ 方向积分，如图 4-27 所示，则

$$\varphi = \int_a^\infty \frac{q}{4\pi\varepsilon_0 r^2}\mathrm{d}r = \frac{q}{4\pi\varepsilon_0 r}$$

按照电势叠加原理，点电荷系统的电势为

$$\varphi = \sum_{i=1}^{n} \frac{q_i}{4\pi\varepsilon_0 r_i} \tag{4-22}$$

其中 r_i 为第 i 个点电荷 q_i 到 a 点的距离。对于有限空间连续带电的物体，如图 4-28 所示，设连续带电体由无穷多个电荷元组成，每个电荷元视为点电荷，求和换成积分有

$$\varphi = \int \mathrm{d}\varphi = \int_q \frac{\mathrm{d}q}{4\pi\varepsilon_0 r} \tag{4-23}$$

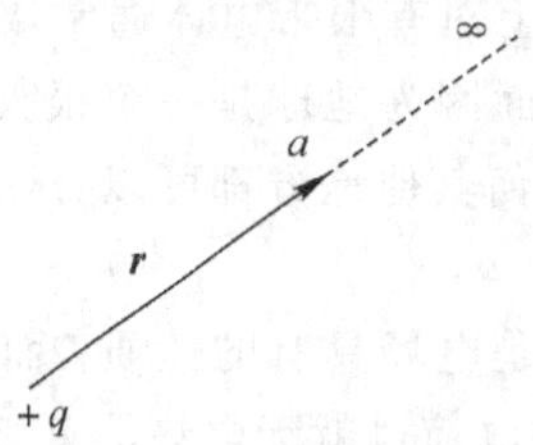

图 4-27 点电荷电势计算用图

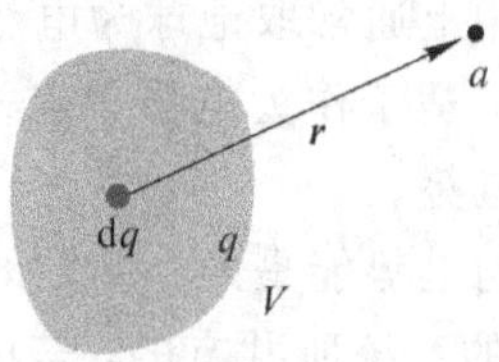

图 4-28 连续带电体电势计算用图

5) 电势的计算

电势的计算是静电场的另一类基本问题，当电荷分布一定时，求电势的分布通常有以下两种方法：

(1) 根据电势的定义式求电势：

$$\varphi = \int_a^{\text{“0”}} \boldsymbol{E} \cdot \mathrm{d}\boldsymbol{l}$$

这种求电势的方法是对场空间积分，电荷分布应具有对称性，这样容易用高斯定理求出场强分布。选定电势的零参考点，从场点 a 到零势点可取任意路径进行积分。为了便于计算，选取路径尽量与电场线重合或垂直，如果积分路径上各区域内电场强度不连续，必须分段积分。

(2) 根据点电荷的电势和电势叠加原理求电势。

电势零参考点选在无穷远处，求点电荷系的电势分布时，可根据式(4-22)直接把各点电荷的电势叠加(求代数和)，求带电体的电势分布，即把带电体分割成许多电荷元(视为点电荷)，然后利用式(4-23)进行积分，注意该积分是对场源积分。

例题 4-5 如图 4-29 所示，求电偶极子 $\boldsymbol{p}=q\boldsymbol{l}$ 在空间 P 点产生的电势。

解 取 $r\to\infty$处为电势零点，由电势叠加原理得到 P 点的电势如下：

$$\varphi = \varphi_1 + \varphi_2$$

$$\varphi = \frac{1}{4\pi\varepsilon_0}\frac{q}{r_+} + \frac{1}{4\pi\varepsilon_0}\frac{(-q)}{r_-}$$

$$\varphi = \frac{q}{4\pi\varepsilon_0}\left(\frac{r_- - r_+}{r_+ r_-}\right)$$

$$r_+ \gg l, r_- \gg l$$

$$r_- - r_+ = l\cos\theta,\ r_+ r_- \approx r^2$$

$$\varphi = \frac{1}{4\pi\varepsilon_0}\frac{ql}{r^2}\cos\theta = \frac{1}{4\pi\varepsilon_0}\frac{\boldsymbol{p}\cdot\boldsymbol{r}}{r^3}$$

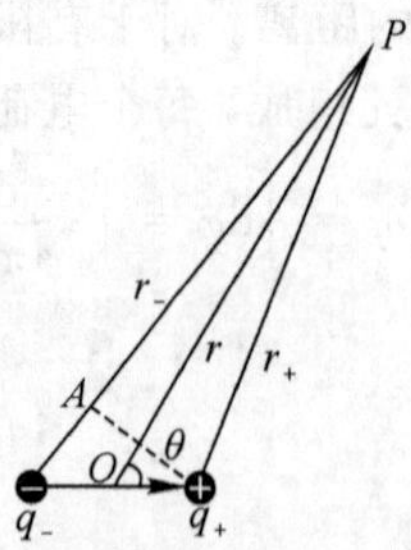

图 4-29 电偶极子电势计算用图

例题 4-6　一均匀带电圆环，半径为 R，电荷为 q，求其轴线上任一点的电势。

解　如图 4-30 所示，X 轴在圆环轴线上，取无穷远处为电势零点，这里用两种方法求解。

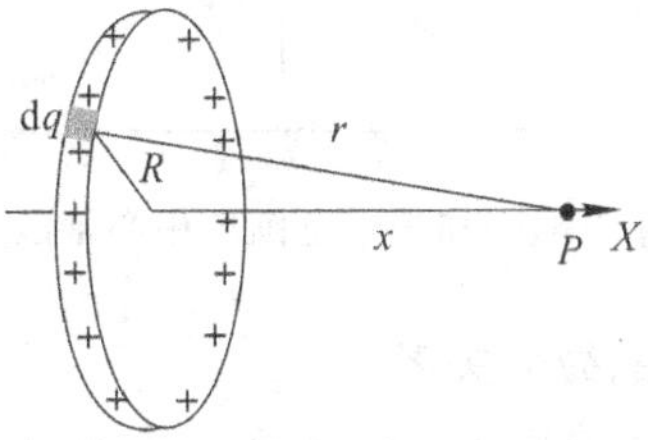

图 4-30　均匀带电圆环电势计算用图

方法一　根据电势的定义式求解：

$$E=\frac{qx}{4\pi\varepsilon_0\ (R^2+x^2)^{\frac{3}{2}}}$$

$\boldsymbol{E}$ 与 X 轴平行，取沿 X 轴为积分路径：

$$\varphi=\int_x^{\infty}E\,\mathrm{d}x=\int_x^{\infty}\frac{qx}{4\pi\varepsilon_0\ (R^2+x^2)^{\frac{3}{2}}}\mathrm{d}x=\frac{q}{4\pi\varepsilon_0}\cdot\frac{1}{2}\int_x^{\infty}\frac{\mathrm{d}(R^2+x^2)}{(R^2+x^2)^{\frac{3}{2}}}$$

$$=\frac{q}{4\pi\varepsilon_0}\cdot\frac{1}{2}\cdot\frac{1}{-\frac{1}{2}}\frac{1}{\sqrt{R^2+x^2}}\bigg|_x^{\infty}=\frac{q_0}{4\pi\varepsilon_0\sqrt{R^2+x^2}}$$

方法二　用电势叠加原理求解：

把圆环分成一系列电荷元，每个电荷元视为点电荷，dE 在 P 点产生的电势为

$$\mathrm{d}\varphi=\frac{\mathrm{d}q}{4\pi\varepsilon_0 r}=\frac{1}{4\pi\varepsilon_0}\frac{\mathrm{d}q}{(R^2+x^2)^{\frac{1}{2}}}$$

$$\mathrm{d}q=\frac{q}{2\pi R}\mathrm{d}l$$

整个环在 P 点产生的电势为

$$\varphi=\int\mathrm{d}\varphi=\int_0^{2\pi R}\frac{1}{4\pi\varepsilon_0\ (R^2+x^2)^{\frac{1}{2}}}\frac{q}{2\pi R}\mathrm{d}l$$

$$=\int_0^{2\pi R}\frac{1}{4\pi\varepsilon_0\ (R^2+x^2)^{\frac{1}{2}}}\frac{q}{2\pi R}\mathrm{d}l$$

$$\varphi=\frac{q}{4\pi\varepsilon_0\ (R^2+x^2)^{\frac{1}{2}}}$$

讨论　(1) 在 $x=0$ 处，$\varphi=\dfrac{q}{4\pi\varepsilon_0 R}$。

(2) 当 $x\gg R$ 时，$\varphi=\dfrac{q}{4\pi\varepsilon_0 x}$。

与点电荷产生的电势一样，环可视为点电荷。均匀带电圆环沿轴线的电势分布可用图 4-31 表示。

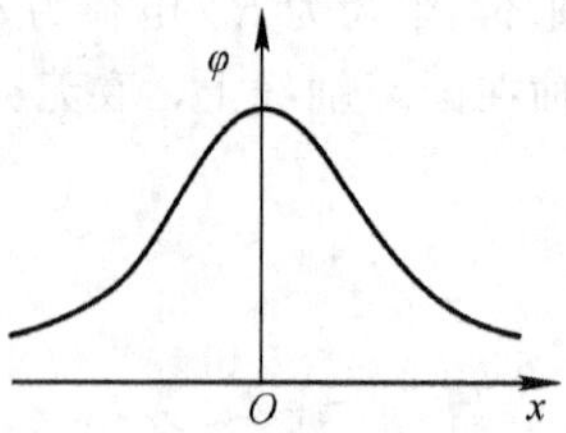

图 4-31　均匀带电圆环中心轴线电势分布

2. 等势面、场强与电势的微分关系

电场强度和电势都是描述电场中各点性质的物理量，两者之间必定存在着某种确定的关系，前面我们讨论了两者之间积分形式的关系，本节将着重研究两者之间的微分关系。为了对这种关系有比较直观的认识，我们首先介绍电势的图示法。

1) 等势面

前面我们介绍了借助电场线来形象地描绘电场强度的空间分布，下面介绍用等势面来形象地描绘电势的空间分布。

电势相等的点连接起来构成的曲面称为等势面。规定任意两个相邻的等势面之间的电势差相等，从等势面的疏密分布可以形象地描绘出电场中电势和电场强度的空间分布。图 4-32 和图 4-33 分别是正点电荷及电偶极子的等势面图，可见，点电荷电场中的等势面是一系列同心的球面。

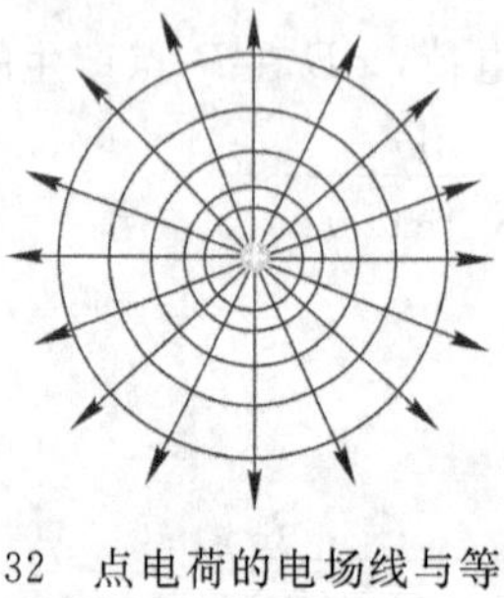

图 4-32　点电荷的电场线与等势面

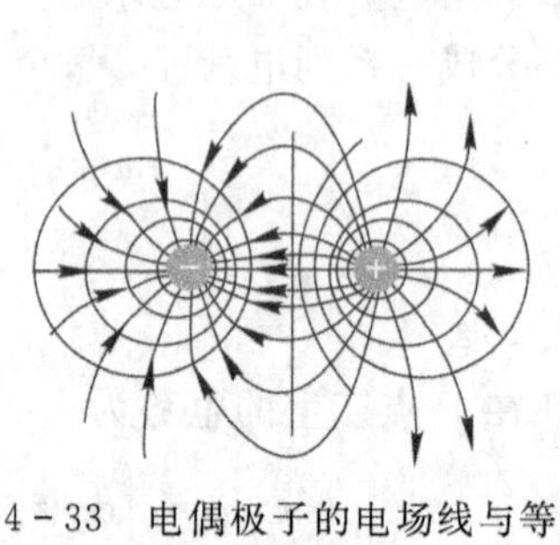

图 4-33　电偶极子的电场线与等势面

等势面具有如下特点：

(1) 等势面上移动电荷时电场力不做功。

设点电荷 q_0 沿等势面从 a 点运动到 b 点，电场力做功为

$$A_{ab} = -q_0(\varphi_b - \varphi_a) = 0$$

(2) 任何静电场中的电场线与等势面正交。

如图 4-34 所示，设点电荷 q_0 自点 P 沿等势面发生位移 $\mathrm{d}\boldsymbol{l}$，电场力做功为

$$\mathrm{d}A = q_0\boldsymbol{E}\cdot\mathrm{d}\boldsymbol{l} = q_0E\mathrm{d}l\cos\theta$$

式中：$\boldsymbol{E}$ 为 P 点的电场强度，θ 为 $\boldsymbol{E}$ 与 $\mathrm{d}\boldsymbol{l}$ 之间的夹角。点电荷在等势面上运动，有

$$\mathrm{d}A = -q_0(\varphi_2 - \varphi_1) = q_0\boldsymbol{E}\cdot\mathrm{d}\boldsymbol{l} = 0 \Rightarrow q_0E\mathrm{d}l\cos\theta = 0$$

因为 $q_0 \neq 0$，$E \neq 0$，$\mathrm{d}l \neq 0$，所以 $\cos\theta = 0$，即 $\theta = \dfrac{\pi}{2}$，说明电场线与等势面正交，$\boldsymbol{E}$ 垂直于等势面。

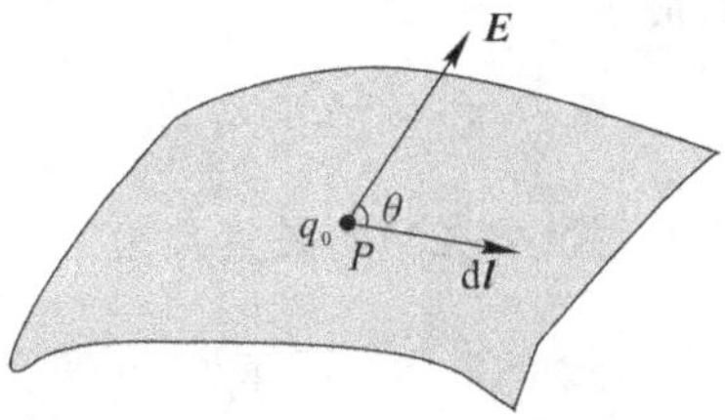

图 4-34　在等势面上移动电荷

(3) 电场线总是指向电势降低的方向。

考虑沿一条电场线的方向移动正电荷 q_0，电场力做功 $A>0$，由式(4-15)可知

$$A=-(W_2-W_1)=-q_0(\varphi_2-\varphi_1)>0$$

说明该电荷具有的电势能减小，沿电场线方向，电势降低。

(4) 等势面密集处电场强度大，等势面越稀疏，场强越小。

画等势面是研究电场的一种极为有用的方法。在很多实际问题中，电场的电势分布往往不能很方便地用函数形式表示，但可以用实验的方法测绘出等势面的分布图，从而了解整个电场的性质。

2) 场强与电势的关系

式(4-19)表明了 $\boldsymbol{E}$、φ 之间的积分关系，下面讨论 $\boldsymbol{E}$、φ 之间的微分关系。如图 4-35 所示，对于电场中相邻的两个等势面，相应地所在等势面的电势分别为 φ_1、φ_2。

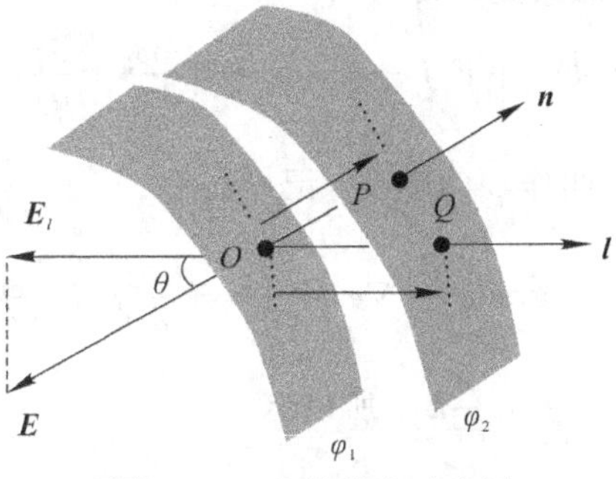

图 4-35　电势梯度示意图

假设 $\varphi_2=\varphi_1+\mathrm{d}\varphi$，$\mathrm{d}\varphi>0$，两等势面的垂直距离 $\overline{OP}=\mathrm{d}n$，方向沿法线 $\boldsymbol{n}$，Q 为等势面 φ_2 上与点 P 邻近的一点，$\overline{OQ}=\mathrm{d}l$，方向沿 $\boldsymbol{l}$ 的方向。现将单位正电荷从 O 点移动到 Q 点，则电场力做功等于电势能增量负值，即

$$\boldsymbol{E}\cdot\mathrm{d}\boldsymbol{l}=-(\varphi_1-\varphi_2)$$

$$\varphi_1-\varphi_2=\boldsymbol{E}\cdot\mathrm{d}\boldsymbol{l}$$

$$-\mathrm{d}\varphi=E\mathrm{d}l\cos\theta$$

式中：$\boldsymbol{E}\cos\theta$ 为 $\boldsymbol{E}$ 在 $\mathrm{d}\boldsymbol{l}$ 方向的分量，用 $\boldsymbol{E}_l$ 表示，因此

$$E_l=-\frac{\mathrm{d}\varphi}{\mathrm{d}l} \tag{4-24}$$

上式表明，电场中某点的场强沿任意方向投影的大小为电势沿该方向变化率的负值。

电场中的任一点沿不同的方向，φ 的空间变化率一般不等，如果 $\mathrm{d}\boldsymbol{l}$ 沿等势面的法线方向，$\theta=0$，$\mathrm{d}\boldsymbol{n}/\!/\boldsymbol{E}$，由于等势面处处与电场线正交，场强在等势面法线方向的分量就是本身

的大小，这时式(4－24)可写成

$$E = E_n = -\frac{d\varphi}{dn} \tag{4-25}$$

$\boldsymbol{E}$ 的方向与 $\boldsymbol{n}$ 的方向相反。式(4－25)的矢量式为

$$\boldsymbol{E} = -\frac{d\varphi}{dn}\boldsymbol{n} \tag{4-26}$$

式(4－26)是场强与电势的微分关系，表明：

(1) 负号表示当$\frac{d\varphi}{dn}>0$时，$E<0$，即 $\boldsymbol{E}$ 的方向总是由高电势指向低电势。

(2) 根据规定，任意两个相邻的等势面之间的电势差相等，则 dn 越小，等势面越密集，场强越大；dn 越大，等势面越稀疏，场强越小。

(3) 在国际单位制中，场强的另一种单位为伏特每米(V/m)。

在直角坐标系中，$\varphi=\varphi(x,y,z)$，则场强沿 X 轴、Y 轴、Z 轴方向的分量分别为

$$\begin{cases} E_x = -\dfrac{\partial\varphi}{\partial x} \\ E_y = -\dfrac{\partial\varphi}{\partial y} \\ E_z = -\dfrac{\partial\varphi}{\partial z} \end{cases}$$

电场强度在直角坐标系中的矢量式为

$$\boldsymbol{E} = E_x\boldsymbol{i} + E_y\boldsymbol{j} + E_z\boldsymbol{k} = -\left(\frac{\partial\varphi}{\partial x}\boldsymbol{i} + \frac{\partial\varphi}{\partial y}\boldsymbol{j} + \frac{\partial\varphi}{\partial z}\boldsymbol{k}\right) \tag{4-27}$$

数学上，$\frac{\partial\varphi}{\partial x}\boldsymbol{i} + \frac{\partial\varphi}{\partial y}\boldsymbol{j} + \frac{\partial\varphi}{\partial z}\boldsymbol{k}$ 叫作 φ 的梯度，记作：

$$\text{grad}\varphi = \nabla\varphi = \frac{\partial\varphi}{\partial x}\boldsymbol{i} + \frac{\partial\varphi}{\partial y}\boldsymbol{j} + \frac{\partial\varphi}{\partial z}\boldsymbol{k}$$

其中矢量算符 $\boldsymbol{\Delta} = \frac{\partial}{\partial x}\boldsymbol{i} + \frac{\partial}{\partial y}\boldsymbol{j} + \frac{\partial}{\partial z}\boldsymbol{k}$ ，所以有

$$\boldsymbol{E} = -\text{grad}\varphi = -\boldsymbol{\Delta}\varphi \tag{4-28}$$

上式表示电场中任一点的场强等于电势梯度在该点的负值。

需要指出的是，场强与电势的微分关系说明，电场中某点的场强取决于电势在该点的空间变化。而与该点电势本身无直接关系。由于电势是标量，与场强矢量相比，电势更易于计算。因此，计算时往往先求电场的电势分布，再利用场强与电势的微分关系求场强较为方便，下面举例说明。

例题 4－7　一均匀带电圆盘，半径为 R，电荷面密度为 σ。试求：(1) 盘轴线上任一点电势；(2) 由场强与电势关系求轴线上任一点的场强。

解　(1) 如图 4－36 所示，取 $r\to\infty$处为电势零点。在圆盘上选取半径为 r、宽度为 dr、电量为 $dq=2\pi r dr\sigma$ 的细圆环为电荷元，其在 P 点产生的电势为

$$d\varphi = \frac{dq}{4\pi\varepsilon_0\sqrt{x^2+r^2}} = \frac{\sigma\cdot 2\pi r dr}{4\pi\varepsilon_0\sqrt{x^2+r^2}} = \frac{\sigma r dr}{2\varepsilon_0\sqrt{x^2+r^2}}$$

整个盘在 P 点产生的电势为

$$\varphi_P = \int d\varphi_P = \int_0^R \frac{\sigma r\,dr}{2\varepsilon_0\sqrt{x^2+r^2}} = \frac{\sigma}{4\varepsilon_0}\int_0^R \frac{dr^2}{\sqrt{x^2+r^2}} \Rightarrow \varphi = \frac{\sigma}{2\varepsilon_0}(\sqrt{x^2+R^2}-x)$$

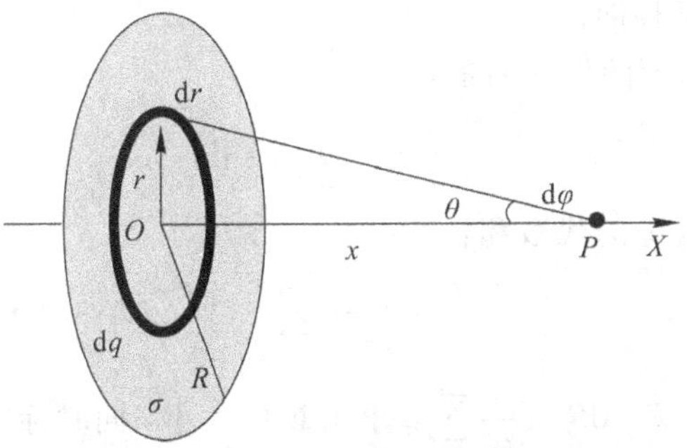

图 4-36　均匀带电圆盘轴线上的电势

(2) 场强与电势的关系为

$$\boldsymbol{E} = -\left(\frac{\partial\varphi}{\partial x}\boldsymbol{i} + \frac{\partial\varphi}{\partial y}\boldsymbol{j} + \frac{\partial\varphi}{\partial z}\boldsymbol{k}\right)$$

其中：

$$E_x = -\frac{\partial\varphi}{\partial x} = -\frac{\sigma}{2\varepsilon_0}\left(\frac{2x}{2\sqrt{x^2+R^2}} - 1\right) = \frac{\sigma}{2\varepsilon_0}\left(1 - \frac{x}{\sqrt{x^2+R^2}}\right)$$

$$E_y = E_z = 0$$

因此，轴线上任一点的电场强度为

$$\boldsymbol{E} = \frac{\sigma}{2\varepsilon_0}\left(1 - \frac{x}{\sqrt{x^2+R^2}}\right)\boldsymbol{i}$$

4.2.4　静电场高斯定理的应用

当电荷分布满足某些特殊对称性时，可利用高斯定理简便地求出场强的空间分布，其方法如下：

(1) 分析电荷分布的对称性。

分析给定问题中电荷分布的对称性，要求满足某些特殊对称性：球对称性(点电荷、电荷均匀分布的球面、均匀带电球体)；轴对称性(无限长均匀带电棒、无限长均匀带电圆柱面、圆柱体等)；面对称性(无限大带电平面、平板等)。

(2) 分析电场强度分布的对称性。

由电荷的对称性分析电场空间分布的对称性。具有球对称性分布的电荷产生的电场强度方向沿半径方向，具有轴对称性分布的电荷产生的电场强度方向沿垂直于轴线的方向，具有面对称性分布的电荷产生的电场强度方向沿垂直于面的方向。

(3) 选取适当的高斯面。

根据电场分布的对称性，过场点作适当的闭合曲面即高斯面，为了使穿过该面的电通量的积分易于计算，高斯面的选取如下：

① 面上任一点的场强为常矢量；

② 面上一部分场强大小为常数，其他部分为零；

③ 面上一部分场强大小为常数，其他部分为已知；

④ 面上任一点的面元法线与电场强度方向一致。

一般由具有球对称性分布的电场作的高斯面是球面，由具有轴对称性或面对称性分布的电场作的高斯面是圆柱面。

(4) 计算通过高斯面的场强通量：

$$\Phi_e = \oint_S \boldsymbol{E} \cdot d\boldsymbol{S}$$

及高斯面内所包围的电荷的代数和：

$$\frac{1}{\varepsilon_0}\sum_{S_内} q$$

(5) 由高斯定理 $\oint_S \boldsymbol{E} \cdot d\boldsymbol{S} = \frac{1}{\varepsilon_0}\sum_{S_内} q$ 求出 $\boldsymbol{E}$ 的大小，同时标明 $\boldsymbol{E}$ 的方向。下面介绍几种典型的用高斯定理求场强的例子。

例题 4-8 一均匀带电球面，半径为 R，电荷为 $+q$，求球面内外任一点的场强。

解 由题意知，电荷分布是球对称的，产生的电场是球对称的，场强方向沿半径向外，以 O 点为球心任意球面上的各点 $\boldsymbol{E}$ 值相等。球面将整个空间分成球内和球外两部分，应分别选取球内一点和球外一点作为研究对象。

(1) 球面内任一点 P 的场强。

以 O 点为圆心，$r(r<R)$ 为半径作过 P 点的球面为高斯面，如图 4-37 所示。

根据高斯定理：

$$\Phi_e = \oint_S \boldsymbol{E} \cdot d\boldsymbol{S} = \frac{1}{\varepsilon_0}\sum_{S_内} q_i$$

$\boldsymbol{E}$ 与 $d\boldsymbol{S}$ 同向，且 S 上 $\boldsymbol{E}$ 值不变：

$$\oint_S \boldsymbol{E} \cdot d\boldsymbol{S} = \oint_S E \cdot dS = E\oint_S dS = E \cdot 4\pi r^2$$

$$\frac{1}{\varepsilon_0}\sum_{S_内} q_i = 0 \Rightarrow E = 0$$

即球面内电场强度处处为零。

注意 不是每个面元上电荷在球面内产生的场强为零，而是所有面元上电荷在球面内产生场强的矢量和为零。

(2) 球面外任一点 P 的场强。

以 O 点为圆心，$r(r>R)$ 为半径作过 P 点的球面为高斯面，如图 4-38 所示。

根据高斯定理：

$$\oint_S E dS = E \cdot 4\pi r^2 = \frac{q}{\varepsilon_0} \Rightarrow E = \frac{q}{4\pi\varepsilon_0 r^2}$$

即均匀带电球面外任一点的场强与电荷全部集中在球心处的点电荷在该点产生的场强一样。

均匀带电球面场强在空间中的分布，如图 4-39 所示，且有

$$E = 0 (r < R)$$

$$E = \frac{q}{4\pi\varepsilon_0 r^2} (r > R)$$

均匀带电球体、球壳及密度随 r 变化的非均匀带电球体等场强分布可仿此法求得，或

利用带电球面场强在空间中的分布的结论，用叠加原理也可求得它们的场强分布。

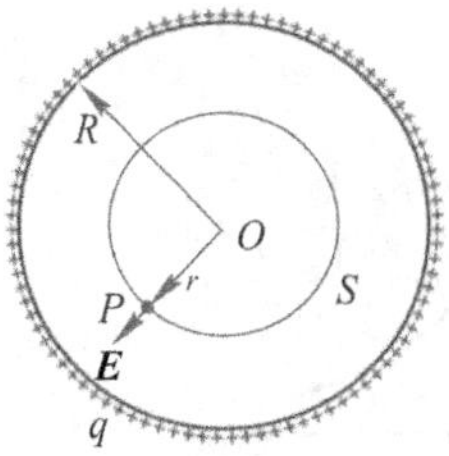

图 4-37　$r<R$ 的同心球面

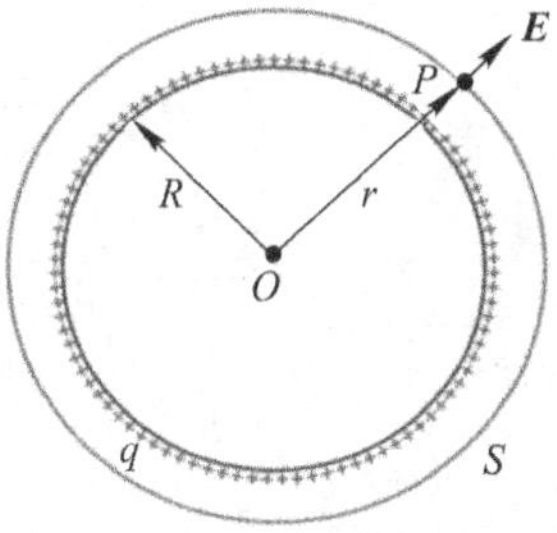

图 4-38　$r>R$ 的同心球面

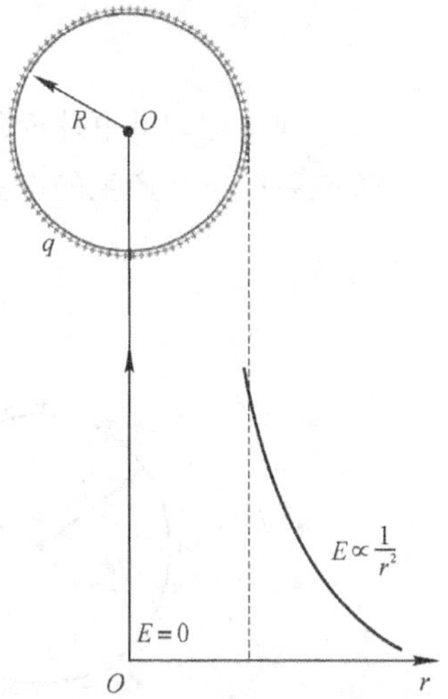

图 4-39 均匀带电球面电场分布

例题 4-9　一均匀带电球面，半径为 R，电荷为 q，求其电势分布，设无穷远处电势为零。

解　由题意可知，电荷分布具有球对称性，电场强度的方向沿球的半径方向。如图 4-40所示，已知均匀带电球面的电场分布如下：

$$E_1 = 0, \qquad r < R$$

$$E_2 = \frac{q}{4\pi\varepsilon_0 r^2}, \quad r > R$$

选取无穷远处为电势零点，取径向为积分路线。

$r>R$ 的空间：

$$\varphi = \int_r^\infty \boldsymbol{E}_2 \cdot \mathrm{d}\boldsymbol{r} = \int_r^\infty \frac{q}{4\pi\varepsilon_0} \frac{1}{r^2} \boldsymbol{r}^0 \cdot \mathrm{d}\boldsymbol{r} = \int_r^\infty \frac{q}{4\pi\varepsilon_0} \frac{1}{r^2} \mathrm{d}r$$

$$\varphi = \frac{1}{4\pi\varepsilon_0} \frac{q}{r}$$

上式表明，均匀带电球面外任一点的电势，同全部电荷都集中在球心的点电荷的电势一样。

$r<R$ 的空间：

$$\varphi = \int_r^R \boldsymbol{E}_1 \cdot \mathrm{d}\boldsymbol{r} + \int_R^\infty \boldsymbol{E}_2 \cdot \mathrm{d}\boldsymbol{r} = \int_R^\infty \boldsymbol{E}_2 \cdot \mathrm{d}\boldsymbol{r}$$

$$\varphi = \frac{1}{4\pi\varepsilon_0} \frac{q}{R}$$

$r=R$ 球面上：

$$\varphi = \frac{1}{4\pi\varepsilon_0} \frac{q}{R}$$

可见，球面内任一点的电势与球面上的电势相等，为等势空间。均匀带电球面的空间电势分布可用图 4-41 表示，且有

$$\varphi=\frac{1}{4\pi\varepsilon_0}\frac{q}{R},\quad r<R$$

$$\varphi=\frac{1}{4\pi\varepsilon_0}\frac{q}{r},\quad r>R$$

利用均匀带电球面的空间电势分布结果和电势叠加法，可求两个均匀带电同心球面等带电系在空间产生的电势分布。

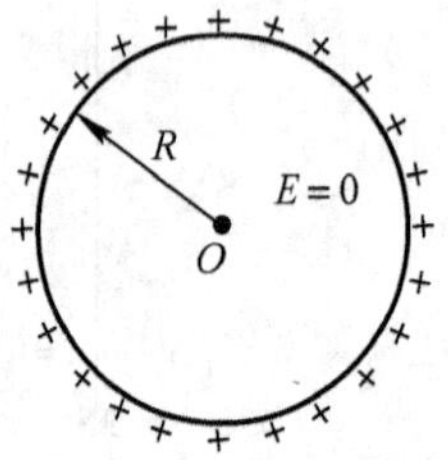

图 4-40 均匀带电球面

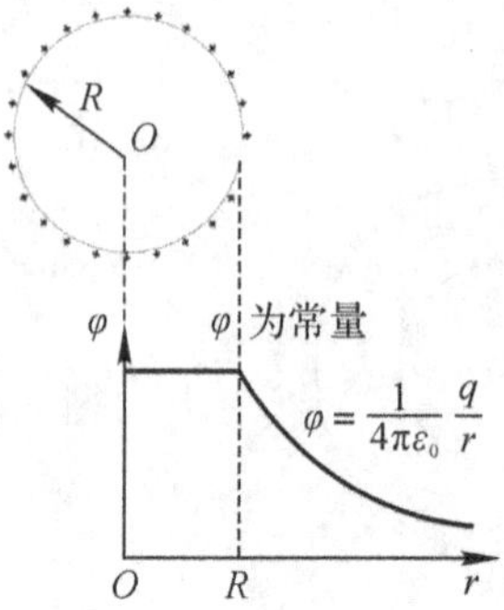

图 4-41 均匀带电球面电势分布

例题 4-10 一无限长均匀带电直线，设电荷线密度为$+\lambda$，求直线外任一点的场强。

解 如图 4-42 所示，电场的分布具有轴对称性，$\boldsymbol{E}$ 的方向垂直于直线。在以直线为轴的任一圆柱面上的各点场强大小是等值的。以直线为轴线，过考察点 P 作半径为 r、高度为 l 的圆柱面为高斯面，上底面为 S_1，下底面为 S_2，侧面为 S_3。

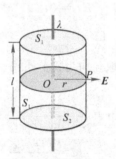

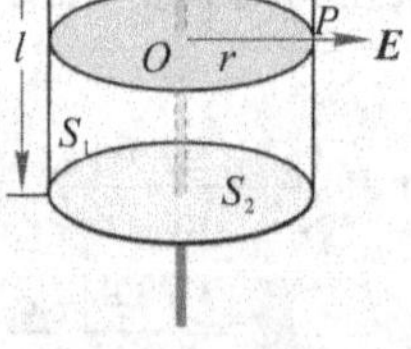

图 4-42 无限长均匀带电直线外电场计算图

高斯定理为

$$\oint_S \boldsymbol{E}\cdot\mathrm{d}\boldsymbol{S}=\frac{1}{\varepsilon_0}\sum_{S_{内}}q$$

其中：

$$\oint_S \boldsymbol{E}\cdot\mathrm{d}\boldsymbol{S}=\int_{S_1}\boldsymbol{E}\cdot\mathrm{d}\boldsymbol{S}+\int_{S_2}\boldsymbol{E}\cdot\mathrm{d}\boldsymbol{S}+\int_{S_3}\boldsymbol{E}\cdot\mathrm{d}\boldsymbol{S}$$

由于在 S_1、S_2上各面元 $\mathrm{d}\boldsymbol{S}\perp\boldsymbol{E}$，故前两项积分为零。又在 S_3上 $\boldsymbol{E}$ 与 $\mathrm{d}\boldsymbol{S}$ 方向一致，且$|\boldsymbol{E}|$为常数，所以有

$$\oint_S \boldsymbol{E}\cdot\mathrm{d}\boldsymbol{S}=\int_{S_3}E\mathrm{d}S=E\int_{S_3}\mathrm{d}S=E\cdot 2\pi rl$$

进一步，有

$$\frac{1}{\varepsilon_0}\sum_{S_{内}}q = \frac{1}{\varepsilon_0}\lambda l \Rightarrow E \cdot 2\pi r l = \frac{1}{\varepsilon_0}\lambda l \Rightarrow E = \frac{\lambda}{2\pi\varepsilon_0 r}$$

即 $\boldsymbol{E}$ 由带电直线指向考察点(若 $\lambda<0$，则 $\boldsymbol{E}$ 由考察点指向带电直线)。上述结果与例 4-3 的结果一致，比用叠加原理求解更简单。仿此法可求解无限长均匀带电圆柱体、圆筒等场强分布。

例题 4-11　一无限大均匀带电平面，电荷面密度为 $+\sigma$，求平面外任一点的场强。

解　由题意知，平面产生的电场是关于平面两侧对称的，场强方向垂直于平面，距平面相同的任意两点处的 E 值相等。如图 4-43 所示，设 P 为考察点，过 P 点作一闭合的圆柱面为高斯面，使其侧面垂直于带电平面，两底面与带电平面平行且相对于平面对称。右端底面为 S_1，左端底面为 S_2，侧面为 S_3，高斯定理为

$$\oint_S \boldsymbol{E} \cdot \mathrm{d}\boldsymbol{S} = \frac{1}{\varepsilon_0}\sum_{S_{内}} q$$

其中：

$$\oint_S \boldsymbol{E} \cdot \mathrm{d}\boldsymbol{S} = \int_{S_1} \boldsymbol{E} \cdot \mathrm{d}\boldsymbol{S} + \int_{S_2} \boldsymbol{E} \cdot \mathrm{d}\boldsymbol{S} + \int_{S_3} \boldsymbol{E} \cdot \mathrm{d}\boldsymbol{S}$$

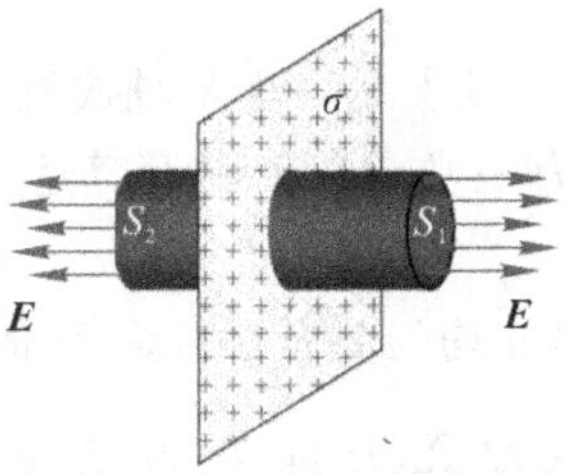

图 4-43　无限大均匀带电平面面外电场计算图

由于在 S_3 上各面元 $\mathrm{d}\boldsymbol{S} \perp \boldsymbol{E}$，故第三项积分等于零，又因在 S_1、S_2 上各面元 $\mathrm{d}\boldsymbol{S}$ 与 $\boldsymbol{E}$ 同向，且在 S_1、S_2 上，$|\boldsymbol{E}|$＝常数，则

$$\oint_S \boldsymbol{E} \cdot \mathrm{d}\boldsymbol{S} = \int_{S_1} E\mathrm{d}S + \int_{S_2} E\mathrm{d}S = E\int_{S_1}\mathrm{d}S + E\int_{S_2}\mathrm{d}S = ES_1 + ES_2 = 2ES_1$$

进一步，有

$$\frac{1}{\varepsilon_0}\sum_{S_{内}} q = \frac{1}{\varepsilon_0} \cdot \sigma S_1 \Rightarrow E \cdot 2S_1 = \frac{1}{\varepsilon_0} \cdot \sigma S_1 \Rightarrow E = \frac{\sigma}{2\varepsilon_0}$$

上述结果表明，无限大均匀带电平面外一点场强的大小和方向与它到带电平面的距离无关，其电场是均匀电场，场强的方向垂直于平面指向考察点(若 $\sigma<0$，则场强的方向由考察点指向平面)。无限大均匀带电厚板等场强分布可类比此法求解。

综上，我们应用高斯定理求出了几种带电体产生的场强。从这几个例子可以看出，用高斯定理求场强比用叠加原理求场强更简单。虽然高斯定理是普遍成立的，但是任何带电体产生的场强并不是都能由它计算出。因为这样的计算是有条件的，它要求电场分布具有一定的对称性，在具有某种对称性时，才能选取适当的高斯面，从而很方便地计算出电场的值。

思考题 4-10　试远距离观察周围电力传输线，看看有无违规建筑，并利用所学的物理知识构建一个计算模型来分析高压线周围的电场分布。

思考题 4-11　一厚度 $d=0.5\ \text{cm}$ 的无限大平板，均匀带电，电荷体密度为 $\rho=1.0\times10^{-4}\ \text{C/m}^3$。求：

(1) 此薄层中央的电场强度；

(2) 薄层内与其表面相距 0.1 cm 处的电场强度；

(3) 薄层外的电场强度。

思考题 4-12　设电势沿 X 轴的变化曲线如图 4-44 所示。试对所示各区间(忽略区间端点的情况)确定电场强度的 X 分量，并作出 E_x 对 X 轴的关系图线。

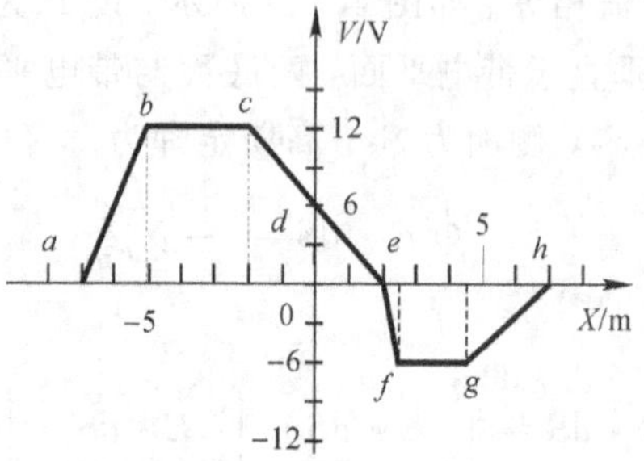

图 4-44　某带电体的电势沿 X 轴的变化曲线

思考题 4-13　(1) 如图 4-45 所示，沿 X 轴放置一根长度为 l 的不均匀带电细棒，电荷线密度为 $\rho=\lambda_0(x-a)$，λ_0 为一常量。若取无穷远处为电势零点，求坐标原点 O 处的电势。

(2) 如图 4-46 所示，电荷 q 均匀分布在长为 $2l$ 的细杆上。求杆的中垂线上与杆中心距离为 a 的 P 点的电势(设无穷远处为电势零点，积分公式：$\dfrac{\mathrm{d}x}{\sqrt{x^2+a^2}}=\dfrac{\mathrm{d}(x+\sqrt{x^2+a^2})}{x+\sqrt{x^2+a^2}}$)。

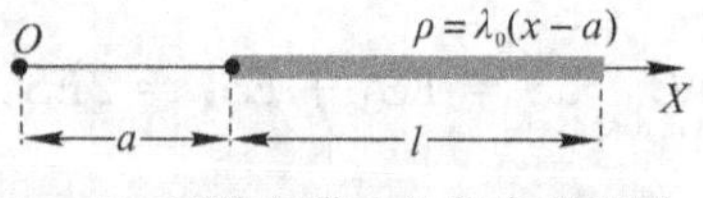

图 4-45　不均匀带电细棒参考用图

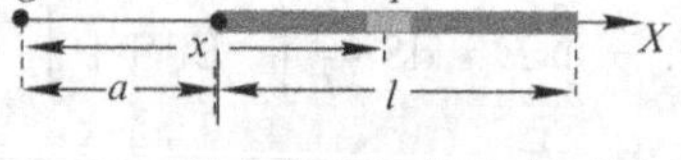

图 4-46　均匀带电细棒参考用图

思考题 4-14　如图 4-47 所示，电荷面密度分别为 $+\sigma$、$-\sigma$ 的两块“无限大”均匀带电平行平面，分别与 X 轴垂直相交于 $x_1=a$，$x_2=-a$ 两点。设坐标原点 O 处的电势为零，试求空间的电势分布表示式并画出曲线(请参考图 4-48)。

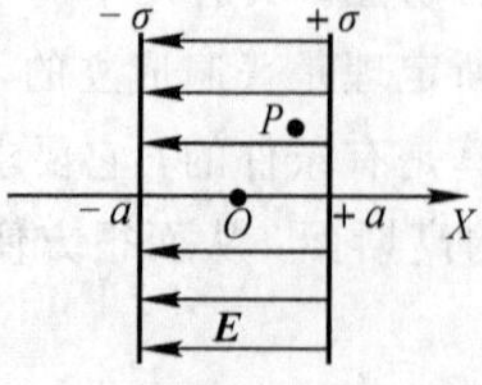

图 4-47　两无限大均匀带电平行平面电场分布示意图

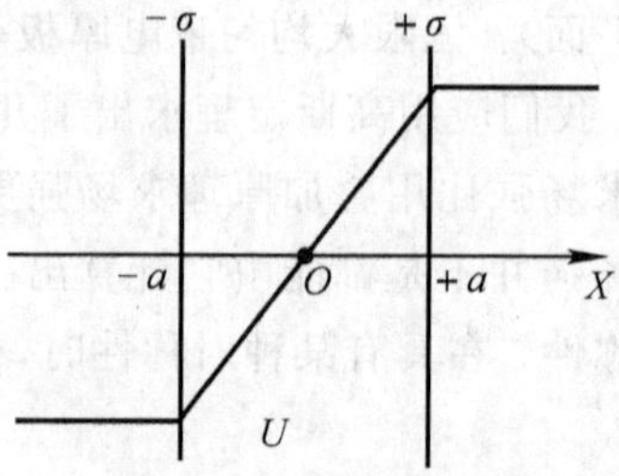

图 4-48　两无限大均匀带电平行平面电势分布示意图

思考题4-15　如图4-49所示，两个电量分别为$q_1=20\times10^{-9}$C和$q_2=-12\times10^{-9}$C的点电荷，相距5 m。在它们的连线上距q_2为1 m的A点从静止释放一电子，则该电子沿连线运动到距q_1为1 m处的B点时，其速度为多大？（电子质量$m_e=9.11\times10^{-31}$kg，基本电荷$e=-1.6\times10^{-19}$C，$\frac{1}{4\pi\varepsilon_0}=9.00\times10^9\,\mathrm{N\cdot m^2/C^2}$）

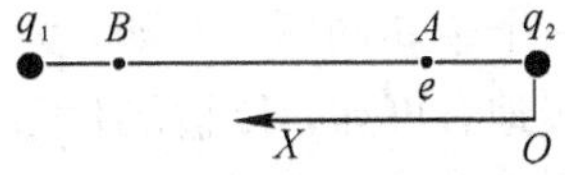

图4-49　两点电荷位置示意图

4.3　静电屏蔽

拓展阅读材料

武当山金殿俗称“金顶”（如图4-50所示），在武当山主峰天柱峰的顶端，始建于明永乐十四年（1416年），是中国现存最大的铜铸建筑物。武当山金殿最为奇特的地方就是它本身是良导体，每逢电闪雷鸣的时候，光球在金殿四周滚动，但霹雳却击不到金殿。金殿经受多次雷击后，不仅毫无损伤，无痕无迹，反而其上的烟尘锈垢被烧去，雨水一洗，辉煌如初。这一奇观被称为“雷火炼殿”。金殿虽经历了六七百年，但还是完好如初，仍然光彩夺目。

如图4-51所示，法拉第笼（Faraday Cage）是一个由金属或者良导体形成的笼子，是以电磁学的奠基人、英国物理学家迈克尔·法拉第的姓氏命名的一种用于演示等电势、静电屏蔽和高压带电作业原理的设备。它是由笼体、高压电源、电压显示器和控制部分组成的，其笼体与大地连通，高压电源通过限流电阻将10万伏直流高压输送给放电杆，当放电杆尖端距笼体10 cm时，出现放电火花，根据接地导体静电平衡的条件，笼体是一个等位体，内部电势差为零，电场为零，电荷分布在接近放电杆的外表面上。

图4-50　武当山金殿

图4-51　法拉第笼

4.3.1　静电屏蔽现象

家用电器和仪器设备，如冰箱、微波炉、计算机、示波器、变压器等都有金属外壳，导体的外壳对它的内部起到保护的作用，使它的内部不受外部电场的影响，同时其内部的电场也不会泄露出来，这种现象称为静电屏蔽。在交联高分子材料或蛋白质等大分子凝胶中，将材料放入高盐浓度溶液中，材料溶胀度降低的现象也称为静电屏蔽。

静电屏蔽有广泛的应用。例如，为了使精密电磁仪器不受到外界电场的干扰，常在仪器外面加上一个金属网罩；若电话线从高压线下经过，为了防止高压线对电话线产生影响，在高压线与电话线之间装一个金属网等。又如，为了不让高压设备影响其他仪器的正常工作，常将高压设备的外壳接地；再如，传输弱信号的信号线，往往在其外围包上一层金属网，以防外界电磁场对弱信号产生影响等。

为了避免外界电场对仪器设备的影响，或者为了避免电器设备的电场对外界产生影响，用一个空腔导体把外电场遮住，使其内部不受影响，也不使电器设备对外界产生影响，这就叫作静电屏蔽。空腔导体不接地的屏蔽为外屏蔽，空腔导体接地的屏蔽为内屏蔽。

在静电平衡状态下，不论是空心导体还是实心导体，也不论导体本身带电多少，或者导体是否处于外电场中，必定为等势体，其内部场强为零，这是静电屏蔽的理论基础。

高斯定理可由库仑定律推导出来，但如果库仑定律中的平方反比指数不等于 2，就得不出高斯定理。反之，如果证明了高斯定理，就证明了库仑定律的正确性。根据高斯定理，绝缘金属球壳内部的场强应为零，这也是静电屏蔽的结论。若用仪器对屏蔽壳内带电与否进行检测，根据测量结果进行分析就可判定高斯定理的正确性，也就验证了库仑定律的正确性。最近的实验结果是威廉斯等人于 1971 年完成的，指出：

$$f = \frac{1}{4\pi\varepsilon_0}\frac{q_1 q_2}{r^{2\pm\delta}}$$

式中：

$$\delta < (2.7 \pm 3.1) \times 10^{-16}$$

可见，在现阶段所能达到的实验精度内，库仑定律的平方反比关系是严格成立的。从实际应用的观点看，我们可以认为它是正确的。

需要注意，如果外部的电场是交变电场，则静电屏蔽的条件不再成立。静电屏蔽有两方面的意义，其一是实际意义：屏蔽使金属导体壳内的仪器或工作环境不受外部电场影响，也不对外部电场产生影响。有些电子器件或测量设备为了免除干扰，都要实行静电屏蔽，如室内高压设备罩上接地的金属罩或较密的金属网罩，电子管用金属管壳。又如，作全波整流或桥式整流的电源变压器，在初级绕组和次级绕组之间包上金属薄片或绕上一层漆包线并使之接地，达到屏蔽作用。在高压带电作业中，工人穿上用金属丝或导电纤维织成的均压服，可以对人体起到屏蔽保护的作用。其二是实验意义：由于地球附近存在着大约 100 V/m 的竖直电场，因此要排除这个电场对电子的作用，研究电子只在重力作用下的运动，就必须使空间的电场小于 10^{-10} V/m，这是一个几乎没有静电场的“静电真空”，只有对抽成真空的空腔进行静电屏蔽才能实现。事实上，由一个封闭导体空腔实现的静电屏蔽是非常有效的。

4.3.2 静电场中的导体

1. 导体的静电平衡条件

导体的种类很多，这里只讨论金属导体。金属导体是由大量带负电的自由电子和带正电的结晶点阵构成的。当导体不带电也不受外电场影响时，自由电子做无规则的热运动并在导体内均匀分布，因此整个导体不显电性。

如果将金属导体置于外电场 $\boldsymbol{E}_0$ 中，如图 4－52 所示，则导体中的自由电子将在电场力的作用下做定向运动，从而使导体中的电荷重新分布，结果使原来电中性的导体的两端面出现带正电、带负电的情况，这就是静电感应现象。导体由于静电感应而带的电荷称为感应电荷，同时这些感应电荷会产生一个附加电场 $\boldsymbol{E}'$，这时导体内部的场强 $\boldsymbol{E}=\boldsymbol{E}_0+\boldsymbol{E}'$。导体中的自由电子在外电场中的运动方向与 $\boldsymbol{E}_0$ 的方向相反，亦即 $\boldsymbol{E}'$ 与 $\boldsymbol{E}_0$ 的方向相反，所以导体内部的场强不断减弱。当导体内部的场强 $E=E_0+E'=0$ 时，导体内自由电子的定向运动才会停止，此时导体上的电荷分布稳定，空间电场不再随时间变化，这种状态称为导体的静电平衡状态。

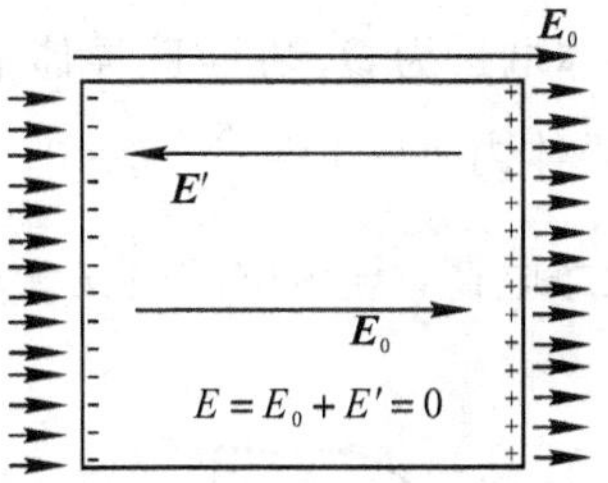

图 4－52　导体内部场强为零示意图

从场强的角度看，导体达到静电平衡时应满足的条件如下：

(1) 导体内部的场强处处为零；

(2) 导体表面附近的场强处处与导体表面垂直。

若导体内部的场强某处不为零，则该处的自由电子将在电场的作用下定向运动，导体就没有达到静电平衡。也只有导体表面附近的场强处处与导体表面垂直时，场强在导体表面上的投影分量才处处为零，导体表面才不会有电荷移动。

从电势的角度看，导体的静电平衡条件相应地表述如下：

(1) 导体是等势体；

(2) 导体表面是等势面。

在导体内部或表面上任取两点 a、b，其电势差为

$$U_{ab}=\varphi_a-\varphi_b=\int_a^b \boldsymbol{E}\cdot \mathrm{d}\boldsymbol{l}$$

积分沿任意路径从 a 点到 b 点，由于导体内部 $E=0$，因此

$$U_{ab}=\varphi_a-\varphi_b=\int_a^b \boldsymbol{E}\cdot \mathrm{d}\boldsymbol{l}=0$$

故 $\varphi_a=\varphi_b$，由于 a、b 两点是任取的，因此导体是等势体，表面是等势面。

2. 静电平衡时导体上的电荷分布

静电平衡时，导体上的净电荷只能分布在导体的表面上，导体内部无净电荷分布。下面分三种情况加以证明。

1) 实心导体

在处于静电平衡电荷为 Q 的实心导体内任取一闭合曲面作一高斯面 S，如图 4－53 所

示。根据高斯定理，导体静电平衡时其内有

$$E=0\Rightarrow \oiint_S \boldsymbol{E}\cdot \mathrm{d}\boldsymbol{S}=0\Rightarrow \sum_S q=0$$

由于 S 面是任意的，导体内无净电荷存在，因此导体所带电荷只能分布在导体外表面上。

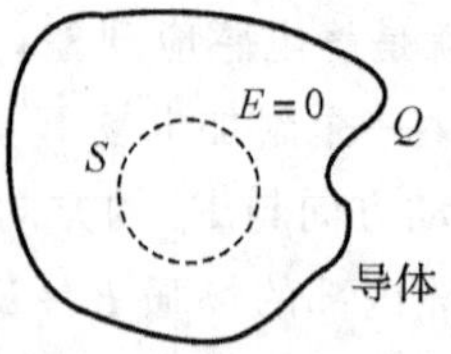

图 4-53　实心导体内部场强为零示意图

2）空腔内无电荷的导体空腔

如图 4-54 所示，空腔导体电量为 Q，在空腔导体上任取一闭合曲面作一高斯面 S，根据高斯定理，当静电平衡时，导体内 $E=0\Rightarrow \sum\limits_{S_{内}} q=0$，即 S 内无净电荷。由于高斯面 S 是任意的，静电平衡时导体内无净电荷，导体空腔内又无其他电荷，因此净电荷 Q 只能分布于导体外表面。

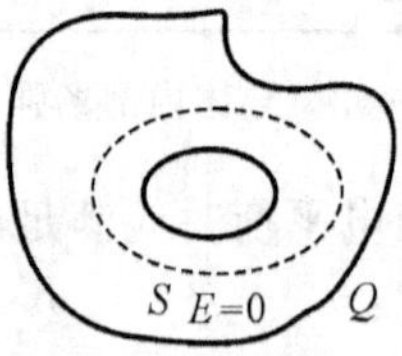

图 4-54　空腔内无电荷的导体空腔

但是在空腔内表面上能否出现符号相反、等量的正负电荷？我们设想，假如存在这种可能，如图 4-55 所示，在 A 点附近出现 $+q$，B 点附近出现 $-q$，这样在腔内就有始于正电荷终于负电荷的电场线，由此可知，$\varphi_A>\varphi_B$。但当静电平衡时，导体为等势体，即 $\varphi_A=\varphi_B$，因此，假设不成立。

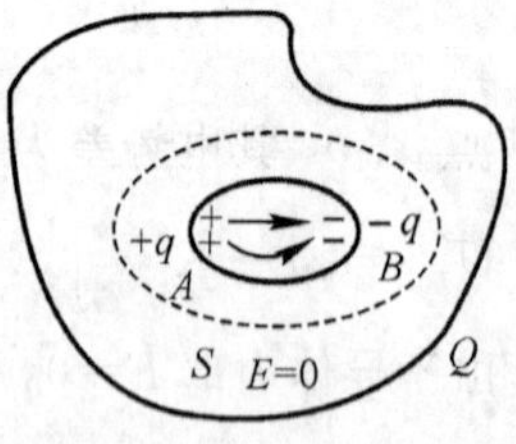

图 4-55　空腔内无电荷的导体空腔电荷分布分析图

3）空腔内有电荷的导体空腔

如图 4-56 所示，导体电量为 Q，其内腔中有点电荷 $+q$，在导体内作一高斯面 S，当静电平衡时，有

$$E=0\Rightarrow \sum_{S_{内}} q=0$$

又因为此时导体内部无净电荷，而空腔内有电荷 $+q$，故空腔内表面必有感应电荷 $-q$。这样导体内部仍然无净电荷，净电荷 $+q$ 和 Q 只能分布于外表面。由静电平衡的条件知，内

表面上的电场一定与内表面垂直，由此可推知空腔内表面电荷的分布，至于外表面的净电荷如何分布，则与周围的带电及导体表面的曲率有关。

综上所述，处于静电平衡下的带电实心导体与空腔内无电荷的带电导体空腔，其电荷只能分布于外表面上；处于静电平衡下的空腔内有电荷的带电导体空腔，其电荷分布于内外表面上。

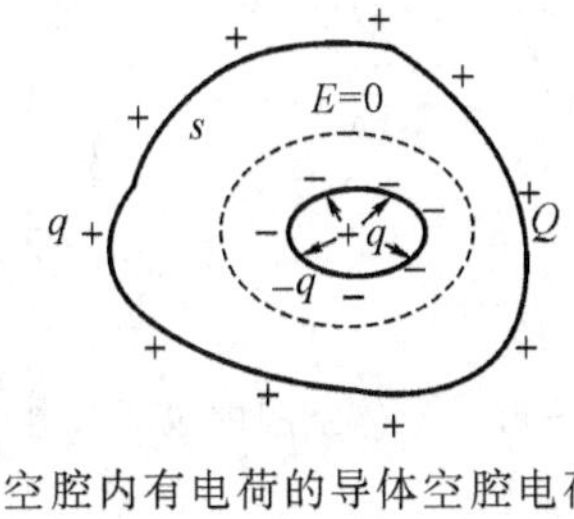

图 4－56　空腔内有电荷的导体空腔电荷分布分析图

3. 静电平衡的导体表面附近的场强

前面提到，当导体处于静电平衡状态时，其表面附近的场强与表面垂直。现在我们进一步讨论导体表面场强的大小。

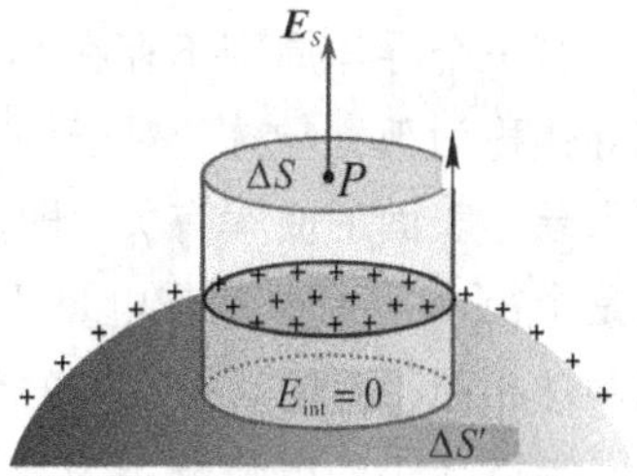

图 4－57　导体表面电场计算用图

如图 4－57 所示，P 点为靠近导体表面的任一点，过 P 点作直圆柱形高斯面，使其轴线与导体表面垂直。P 点在圆柱面的一个底面上，另一个底面在导体内部，圆柱的两底面与导体表面平行。

设底面面积为 ΔS，由于 ΔS 很小，可以认为上底面各点场强均匀，导体内部的下底面上各点场强均为零。又因圆柱侧面与场强平行，所以场强通过下底面和侧面的电通量均为零，因此通过整个圆柱形高斯面的电通量就等于圆柱上底面的电通量，根据高斯定理有

$$\oiint_S \boldsymbol{E}_S \cdot \mathrm{d}\boldsymbol{S} = E_S \Delta S = \frac{1}{\varepsilon_0}\sum_{S_{内}} q$$

设导体表面被圆柱面包围的电荷面密度为 σ_S，则

$$\frac{1}{\varepsilon_0}\sum_S q = \frac{1}{\varepsilon_0}\sigma_S \Delta S \Rightarrow E_S \Delta S = \frac{1}{\varepsilon_0}\sigma_S \Delta S \Rightarrow E_S = \frac{\sigma_S}{\varepsilon_0} \tag{4-29}$$

上述结果表明，导体表面附近 $E_S \propto \sigma_S$。应当指出：上式中 E_S 是由空间所有电荷共同产生的，不仅仅是由 P 点附近导体表面上的电荷产生的；而电荷面密度则是当导体静电平衡时，该处导体表面上的电荷面密度。

4. 静电屏蔽现象物理解释

如图 4－58 所示，一个空心的导体壳放在外电场中，由于静电感应，导体壳外表面出现感应电荷，从而使外场电场线全部终止在导体壳外表面上，没有电场线能穿过壳体进入腔内，即腔内区域 V 不会受到外场的影响。

如果导体空腔内包围有电荷，如图 4－59 所示，则由于静电感应而在空腔导体的内外表面产生等量异号感应电荷。当腔内电荷变化时，在空心导体的外电场也要随之变化。为

了消除这种影响，将导体壳接地，导体壳外的电场为零，如图 4 - 60 所示，外表面电荷将全部导入地下，外表面上没有电场线发出。这样接地的导体外壳能屏蔽区域 V 内电荷对外部空间电场的影响，实现静电屏蔽。

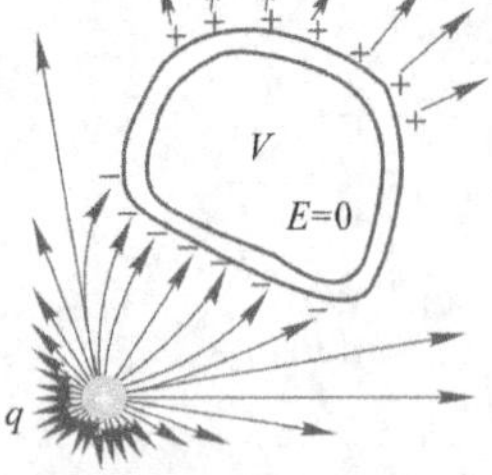

图 4 - 58　空心导体壳

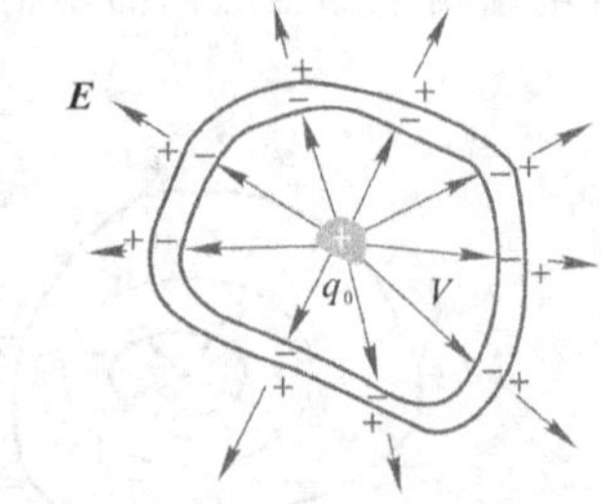

图 4 - 59　导体空腔内包围有电荷

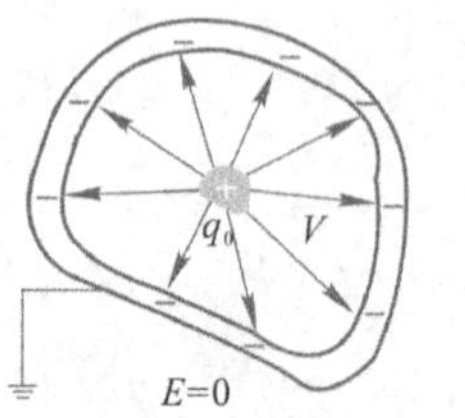

图 4 - 60　导体空腔接地屏蔽

5. 导体表面曲率对电荷分布的影响

当一个导体周围不存在其他导体，或其他导体与带电体的影响可以忽略不计时，这样的导体称为孤立导体。对于一个形状不规则的孤立带电导体，导体面上各点电荷面密度与该点导体表面的曲率有关，即静电平衡时导体表面曲率对电荷的分布有影响。图 4 - 61 所示是半径为 r_1 和 r_2、带电量为 Q_1 和 Q_2 的两个导体球，现用一根长导线将两导体球连接，当两球相距很远时，相互场的作用可忽略，每个球面上的电荷均匀分布，即

导体球 1 的电势分布为

$$\begin{cases} Q_1 = \sigma_1 \cdot 4\pi r_1^2 \\ \varphi_1 = \dfrac{1}{4\pi\varepsilon_0}\dfrac{Q_1}{r_1} \end{cases}$$

导体球 2 的电势分布为

$$\begin{cases} Q_2 = \sigma_2 \cdot 4\pi r_2^2 \\ \varphi_2 = \dfrac{1}{4\pi\varepsilon_0}\dfrac{Q_2}{r_2} \end{cases}$$

由于两球用导线连接，电势相等，则

$$\varphi_1 = \varphi_2 \Rightarrow \quad \frac{\sigma_1}{\sigma_2} = \frac{r_2}{r_1} \tag{4-30}$$

式(4 - 30)表明，球面电荷面密度与曲率半径成反比，即球面的半径越小，曲率越大，球面电荷面密度越大。

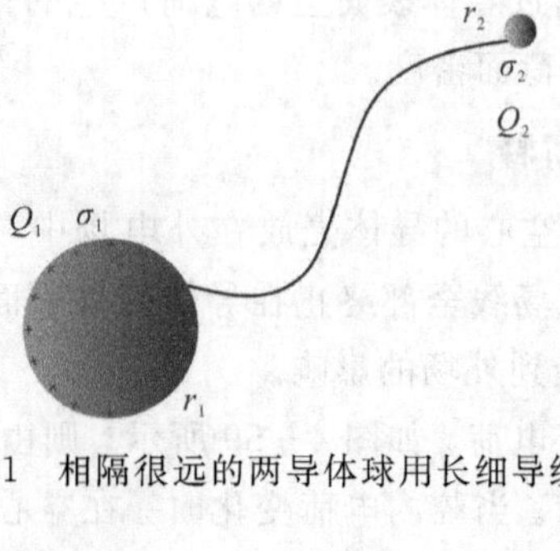

图 4 - 61　相隔很远的两导体球用长细导线连接

6. 尖端放电现象

由前面的分析可知，由于导体表面附近的场强又与表面电荷面密度成正比，因此，对于一个有尖端的带电导体来说(见图4-62)，它的尖端处电荷面密度就很大，因而附近的场强就特别强。空气中的一些带电粒子在强电的作用下获得足够的能量，和空气分子发生碰撞，使分子电离产生新的带电粒子。这些粒子在强电场的作用下，负粒子飞向尖端与正电荷中和，正离子从尖端处飞离，产生尖端放电现象。

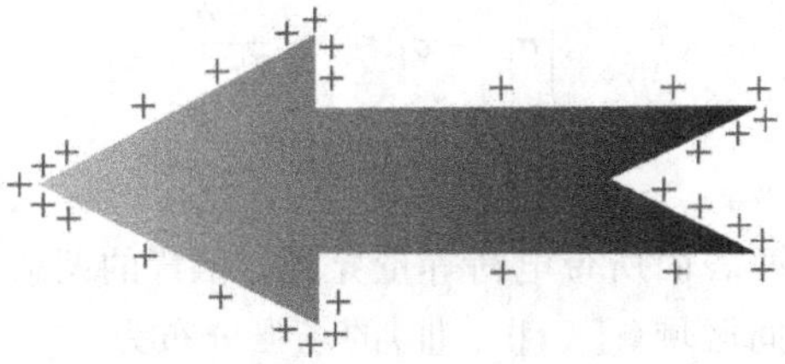

图4-62　尖端导体电荷分布示意图

输电线路中的尖端放电现象会损失电能，应尽可能避免。高压输电线表面光滑，一些高压设备中的电极为光滑球面，就是为了避免尖端放电。尖端放电也有可以利用的一面，如避雷针和静电加速器等。

7. 有导体存在时静电场的分析与计算

静电场中的导体不论带电与否，都会产生感应电荷并使电荷和电场重新分布。当导体达到静电平衡时，其电荷与电场分布同时被确定。具体计算时，通常是先根据电荷守恒定律和静电平衡条件确定导体上新的电荷分布，再根据高斯定理或场强叠加原理求空间电场分布。下面举例说明。

例题4-12　两块带电分别为q_A和q_B的平行导体板A和B，两导体板的面积为S，相距为d。假设$S \gg d^2$，试求：

(1) 静电平衡时两板各表面上电荷的面密度和空间场强分布；

(2) 如果$q_B=0$，两板各表面上电荷的面密度和空间场强分布；

(3) 如果$q_B=0$，B板接地，两板各表面上电荷的面密度和空间场强分布。

解　(1) 如图4-63所示，静电平衡时电荷只能分布在板的表面上。设A板和B板表面上电荷的面密度为σ_1、σ_2、σ_3、σ_4，根据电荷守恒定律，有

$$\sigma_1 S+\sigma_2 S=q_A \quad ①$$

$$\sigma_3 S+\sigma_4 S=q_B \quad ②$$

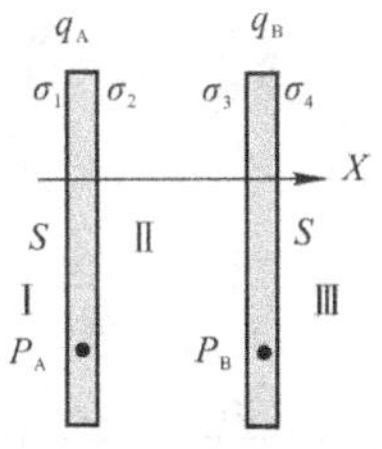

图4-63　两带电导体板平行放置时的电场分布

因为$S \gg d^2$，所以每一个带电面可看成无限大，在空间产生的场强为$\sigma/(2\varepsilon_0)$。静电平

衡时导体内部的场强为零，取坐标轴的正向为水平向右，则 A 板内任一点 P_A 和 B 板内任一点 P_B 的电场强度为

$$\begin{cases} E_{P_A} = \dfrac{\sigma_1}{2\varepsilon_0} - \dfrac{\sigma_2}{2\varepsilon_0} - \dfrac{\sigma_3}{2\varepsilon_0} - \dfrac{\sigma_4}{2\varepsilon_0} = 0 & ③ \\ E_{P_B} = \dfrac{\sigma_1}{2\varepsilon_0} + \dfrac{\sigma_2}{2\varepsilon_0} + \dfrac{\sigma_3}{2\varepsilon_0} - \dfrac{\sigma_4}{2\varepsilon_0} = 0 & ④ \end{cases}$$

联解上述①②③④四个方程得

$$\begin{cases} \sigma_1 = \sigma_4 = \dfrac{q_A + q_B}{2S} \\ \sigma_2 = -\sigma_3 = \dfrac{q_A - q_B}{2S} \end{cases}$$

可见，A 和 B 板相对的两表面所带电荷等量异号，相背的两表面所带电荷等量同号。由场强的叠加原理得三个空间区域(Ⅰ、Ⅱ、Ⅲ)的场强分布为

$$\begin{cases} E_1 = -\dfrac{\sigma_1}{2\varepsilon_0} - \dfrac{\sigma_4}{2\varepsilon_0} = -\dfrac{q_A + q_B}{2\varepsilon_0 S} \\ E_2 = \dfrac{\sigma_2}{2\varepsilon_0} + \dfrac{|\sigma_3|}{2\varepsilon_0} = \dfrac{q_A - q_B}{2\varepsilon_0 S} \\ E_3 = \dfrac{\sigma_1}{2\varepsilon_0} + \dfrac{\sigma_4}{2\varepsilon_0} = \dfrac{q_A + q_B}{2\varepsilon_0 S} \end{cases}$$

其中，负号表示场强与规定的方向相反。

(2) 已知 $q_B=0$，将 $q_B=0$ 代入

$$\begin{cases} \sigma_1 = \sigma_4 = \dfrac{q_A + q_B}{2S} \\ \sigma_2 = -\sigma_3 = \dfrac{q_A - q_B}{2S} \end{cases} \Rightarrow \begin{cases} \sigma_1 = \sigma_4 = \dfrac{q_A}{2S} \\ \sigma_2 = -\sigma_3 = \dfrac{q_A}{2S} \end{cases}$$

因此，三个空间区域的电场分布为

$$\begin{cases} E_1 = -\dfrac{\sigma_1}{2\varepsilon_0} - \dfrac{\sigma_4}{2\varepsilon_0} = -\dfrac{q_A}{2\varepsilon_0 S} \\ E_2 = \dfrac{\sigma_2}{2\varepsilon_0} + \dfrac{|\sigma_3|}{2\varepsilon_0} = \dfrac{q_A}{2\varepsilon_0 S} \\ E_3 = \dfrac{\sigma_1}{2\varepsilon_0} + \dfrac{\sigma_4}{2\varepsilon_0} = \dfrac{q_A}{2\varepsilon_0 S} \end{cases}$$

(3) 已知 $q_B=0$，B 板接地，即 B 板与地球等电势，因此 $\sigma_4=0$，表明 B 板右侧面上的电荷为零。由电荷守恒定律，有

$$\sigma_1 + \sigma_2 = \frac{q_A}{S}$$

由静电平衡条件，有

$$\begin{cases} E_{P_A} = \dfrac{\sigma_1}{2\varepsilon_0} - \dfrac{\sigma_2}{2\varepsilon_0} - \dfrac{\sigma_3}{2\varepsilon_0} = 0 \\ E_{P_B} = \dfrac{\sigma_1}{2\varepsilon_0} + \dfrac{\sigma_2}{2\varepsilon_0} + \dfrac{\sigma_3}{2\varepsilon_0} = 0 \end{cases}$$

$$\Rightarrow \sigma_1 = 0, \sigma_2 = -\sigma_3 = \frac{q_A}{S}$$

由场强的叠加原理得空间电场分布为

$$\begin{cases} E_1 = 0 \\ E_2 = \dfrac{\sigma_2}{2\varepsilon_0} + \dfrac{|\sigma_3|}{2\varepsilon_0} = \dfrac{q_A}{\varepsilon_0 S} \\ E_3 = 0 \end{cases}$$

例题 4-13　一个半径为 R_1 的金属球 A，带电量为 q_1，在其外同心地罩一个内、外半径分别为 R_2 和 R_3 的金属球壳 B，金属球壳 B 的带电量为 q_2，如图 4-64 所示。试求此带电系统的电荷分布、电场分布和电势分布。

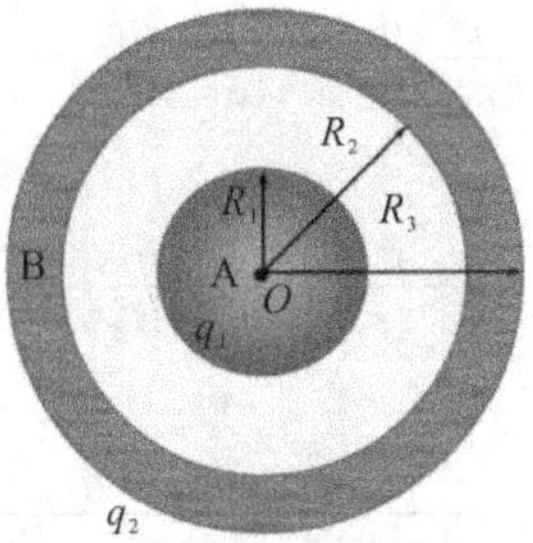

图 4-64　金属球与同心的金属球壳的结构示意图

解　(1) 根据导体静电平衡条件，金属球带电量 q_1 分布在 A 表面上，球壳内表面带有感应电荷 $-q_1$，由电荷守恒定律可知，球壳外表面带电量为 q_1+q_2，由于导体球及球壳表面的曲率处处相等，故 q_1 均匀分布在内球表面上，$-q_1$ 和 q_1+q_2 分别均匀地分布在其球壳的内外表面上。

(2) 利用均匀带电球面的电场分布和电场叠加原理，可求得此带电系统的电场分布。将带电系统视为三个孤立的带电球面，它们在空间单独存在时在空间产生的电场 E_1、E_2、E_3 分别如下：

$$\begin{cases} E_1 = 0, & r \leqslant R_1 \\ E_1 = \dfrac{1}{4\pi\varepsilon_0}\dfrac{q_1}{r^2}, & r > R_1 \end{cases}$$

$$\begin{cases} E_2 = 0, & r \leqslant R_2 \\ E_2 = \dfrac{1}{4\pi\varepsilon_0}\dfrac{-q_2}{r^2}, & r > R_2 \end{cases}$$

$$\begin{cases} E_3 = 0, & r \leqslant R_3 \\ E_3 = \dfrac{1}{4\pi\varepsilon_0}\dfrac{q_1+q_2}{r^2}, & r > R_3 \end{cases}$$

应用电场叠加原理得空间电场分布如下：

$$\begin{cases} E = 0, & r < R_1 \\ E = \dfrac{1}{4\pi\varepsilon_0}\dfrac{q_1}{r^2}, & R_1 < r < R_2 \\ E = 0, & R_2 < r < R_3 \\ E = \dfrac{1}{4\pi\varepsilon_0}\dfrac{q_1+q_2}{r^2}, & r > R_3 \end{cases}$$

方向沿径向。

(3) 利用均匀带电球面的电势分布:

$$\varphi=\frac{1}{4\pi\varepsilon_0}\frac{q}{R},\ r<R$$

$$\varphi=\frac{1}{4\pi\varepsilon_0}\frac{q}{r},\ r>R$$

和电势叠加原理求此带电系统的电势分布。将带电系统视为三个孤立的带电球面，它们把空间分为四个区域，电势分别如下:

$r<R_1$:

$$\varphi=\frac{1}{4\pi\varepsilon_0}\frac{q_1}{R_1}-\frac{1}{4\pi\varepsilon_0}\frac{q_1}{R_2}+\frac{1}{4\pi\varepsilon_0}\frac{q_1+q_2}{R_3}$$

$R_1<r<R_2$:

$$\varphi=\frac{1}{4\pi\varepsilon_0}\frac{q_1}{r}-\frac{1}{4\pi\varepsilon_0}\frac{q_1}{R_2}+\frac{1}{4\pi\varepsilon_0}\frac{q_1+q_2}{R_3}$$

$R_2<r<R_3$:

$$\varphi=\frac{1}{4\pi\varepsilon_0}\frac{q_1}{r}-\frac{1}{4\pi\varepsilon_0}\frac{q_1}{r}+\frac{1}{4\pi\varepsilon_0}\frac{q_1+q_2}{R_3}=\frac{1}{4\pi\varepsilon_0}\frac{q_1+q_2}{R_3}$$

$r>R_3$:

$$\varphi=\frac{1}{4\pi\varepsilon_0}\frac{q_1}{r}-\frac{1}{4\pi\varepsilon_0}\frac{q_1}{r}+\frac{1}{4\pi\varepsilon_0}\frac{q_1+q_2}{r}=\frac{1}{4\pi\varepsilon_0}\frac{q_1+q_2}{r}$$

由于电场分布具有球对称性，也可利用高斯定理求电场分布，利用电势定义求电势分布，得到的结果与上述结果完全一样。

4.4 高压绝缘子与电介质

4.4.1 高压绝缘子

图 4-65 是常见的高压电线塔，图 4-66 是高压绝缘子。绝缘子是起绝缘作用和机械固定的电气器件。绝缘问题是高电压技术所面对的首要问题。

图 4-65　高压电线塔

图 4-66　高压绝缘子

高压绝缘子的种类很多：按使用的主绝缘材料分，有瓷、玻璃和树脂绝缘子等单一绝缘材料绝缘子，以及聚合物复合绝缘子、混合材料绝缘子等复合绝缘子；按电压高低分，有高压绝缘子($U_r>1$ kV)和低压绝缘子($U_r\leqslant 1$ kV)；按电压种类分，有交流绝缘子和直流绝缘子；按击穿可能性分，有可击穿绝缘子和不可击穿绝缘子(经由固体绝缘材料内的最短击穿距离至少为经由绝缘体外部空气的最短闪络距离一半的绝缘子称为 A 型绝缘子，经由固体绝缘材料内的最短击穿距离小于经由绝缘体外部空气的最短闪络距离一半的绝缘子称为 B 型绝缘子)；按结构分，有针式、柱式、盘形悬式、棒式、蝶式、针式支柱等。

为了减少输电过程中电能的损失，必须采用高电压技术输送电力。电力输送的距离越远，输送的容量越大，所需的输电电压就越高。我国输电线路采用的电压等级有 110 kV、220 kV，330 kV，500 kV，750 kV。超过 1000 V 的电压称为高压，330 kV～750 kV 的电压称为超高压，1000 kV 及以上的电压称为特高压。就我国而言，交流高压电网指的是 110 kV和 220 kV 电网；超高压电网指的是 330 kV、500 kV 和 750 kV 电网；特高压电网指的是 1000 kV 电网。我国自主设计建设的±1100 kV 昌吉—古泉特高压直流输电工程，是目前世界上电压等级最高、输送容量最大、输电距离最远、技术水平最先进的输电工程。

4.4.2　静电场中的电介质

1. 电介质极化

电介质通常是指不导电的绝缘物质，如云母、塑料、陶瓷、橡胶等。电介质分子中的电子被原子核所束缚，在外电场的作用下，不能像在导体中那样自由移动，但电介质的正、负电荷仍能在分子范围内做微小的相对运动，导致电介质的极化形成。

按照电介质分子内部结构的不同，可将电介质分为无极分子和有极分子两类。无外电场作用时，分子的正、负电荷中心重合，对外不显电性的电介质称为无极分子电介质，如氢、甲烷和石蜡等均为无极分子电介质，图 4-67 为甲烷的分子结构。无外电场作用时，分子的正、负电荷中心不重合，对外显电性的电介质称为有极分子电介质，如水、氯化氢和聚氯乙烯等均为有极分子电介质，图 4-68 为水分子的结构。有极分子电介质分子的正负电荷中心不重合时相当于一个电偶极子，其电矩为 $\boldsymbol{p}=q\boldsymbol{l}$，其中 q 是分子正、负电荷中心的电量，l 是正负电荷中心之间的距离，$\boldsymbol{l}$ 和 $\boldsymbol{p}$ 的方向是由负电荷的中心指向正电荷的中心。

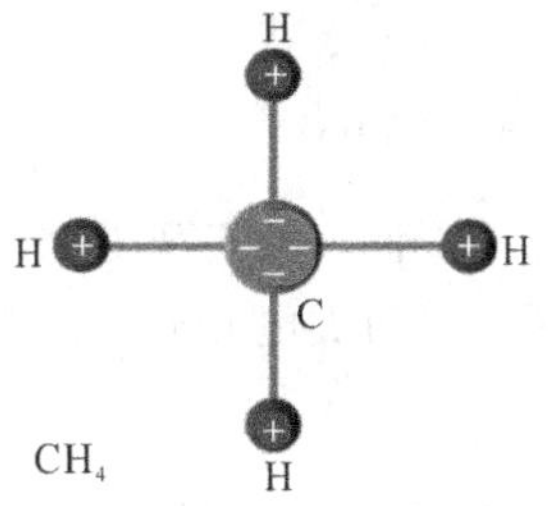

图 4-67　甲烷分子结构示意图

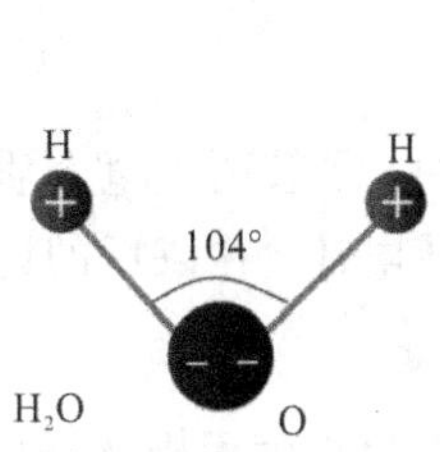

图 4-68　水分子结构示意图

1）无极分子电介质的极化

无外电场作用时，无极分子电介质的分子电矩为零，整块无极电介质对外不显电性。当有外电场 $\boldsymbol{E}_0$ 作用时，由于正、负电荷受到的电场力方向相反，分子中的正负电荷中心发生相对位移，形成一个电偶极子，其电矩方向沿该处电场 $\boldsymbol{E}_0$ 的方向。从电介质整体来看，每个分子的电偶极矩都将沿外场方向整齐排列，如图 4-69 所示。在电介质内部，相邻电偶极子正、负电荷相互抵消，因此电介质内部呈电中性。但在整块电介质与外电场垂直的两个端面上，仍存在没有被抵消的负电荷和正电荷，这种电荷称为极化电荷。由于这些电荷不能在电介质内部自由移动，更不可能脱离电介质而转移到其他带电体上，因而又称为束缚电荷。无极分子电介质的极化是由正、负电荷中心发生相对位移产生的，故称为位移极化。

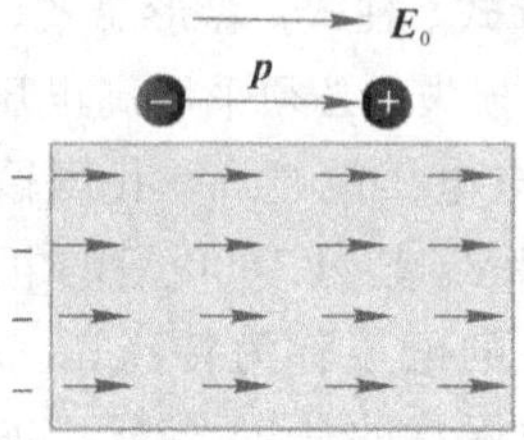

图 4-69 无机分子位移极化示意图

2）有极分子电介质的极化

有极分子本身就相当于一个电偶极子，在没有外电场时，由于分子做不规则热运动，这些分子偶极子的排列是杂乱无章的，因而电介质内部呈电中性。当有外电场 $\boldsymbol{E}_0$ 作用时，每个分子都受到一个电力矩的作用，这个力矩使分子偶极子转向外电场 $\boldsymbol{E}_0$ 的方向，如图 4-70所示。由于分子做热运动，各分子偶极子不能完全转到外电场的方向，只是部分地转到外电场的方向，但随着外电场 $\boldsymbol{E}_0$ 的增强，排列整齐的程度要增大。无论排列整齐的程度如何，有极分子与无极分子电介质的极化相同，有极分子的电介质在外电场存在时，其内部呈电中性，在垂直外电场的两个端面上都产生了束缚电荷。有极分子的电极化是分子偶极子在外电场的作用下发生转向的结果，因此这种电极化称为取向极化。

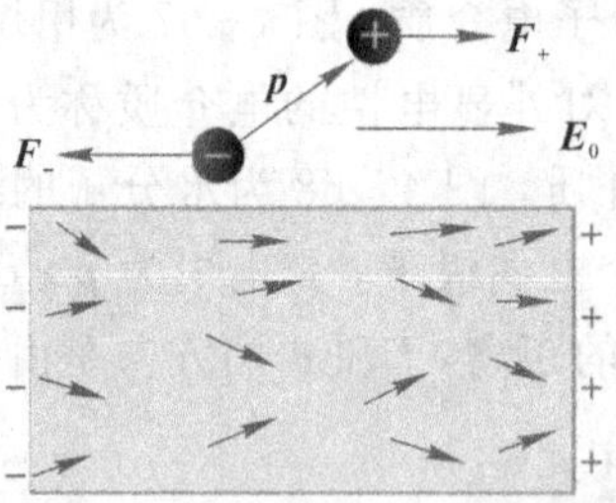

图 4-70 有机分子转动极化示意图

在静电场中，尽管两类电介质极化的微观机理不同，但宏观上都表现为在电介质的端面上都出现束缚电荷，在以后的讨论中将不再区分这两类电介质。

2. 极化强度

电介质的极化程度用极化强度矢量表示。电介质中某点附近单位体积内分子电偶极矩的矢量和称为该点的极化强度，用 $\boldsymbol{P}$ 表示，则有

$$\boldsymbol{P}=\frac{\sum \boldsymbol{p}_i}{\Delta V} \tag{4-31}$$

极化强度的单位是 $\mathrm{C/m^2}$，与面电荷密度的单位相同。

实验表明，对于各向同性的线性电介质，极化强度与场强成正比。即

$$\boldsymbol{P}=\chi_e\varepsilon_0\boldsymbol{E}=\varepsilon_0(\varepsilon_r-1)\boldsymbol{E} \tag{4-32}$$

其中：ε_r 称为介质的相对介电常量或相对电容率，它取决于介质的种类和状态；$\chi_e=\varepsilon_r-1$ 称为介质的电极化率。均匀的电介质被均匀地极化时，只在电介质表面产生极化电荷，内部任一点附近的ΔV 中呈电中性。若电介质不均匀，不仅电介质表面有极化电荷，内部也产生极化电荷体密度。理论上可以证明 $\boldsymbol{P}$ 与极化电荷的面密度 σ' 有关：

$$\sigma'=\boldsymbol{P}\cdot\boldsymbol{n}=P\cos\theta$$

$$P_n=\sigma' \tag{4-33}$$

式中：$\boldsymbol{n}$ 为介质表面外法线方向单位矢量，θ 为 $\boldsymbol{P}$ 与 $\boldsymbol{n}$ 的夹角，如图 4－71 所示，电介质极化时，产生的极化电荷面密度等于电极化强度沿表面的外法线方向的分量 P_n。

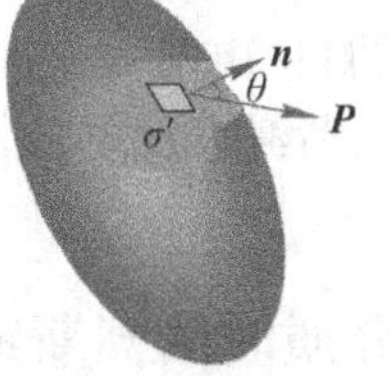

图 4－71　束缚电荷与极化强度关系示意图

3. 电介质中的电场强度

当电介质受外电场 $\boldsymbol{E}_0$ 作用而极化时，电介质出现极化电荷，极化电荷也要产生电场，所以电介质中的电场是外电场 $\boldsymbol{E}_0$ 与极化电荷产生的电场 $\boldsymbol{E}'$ 的叠加，即介质中的电场强度为

$$\boldsymbol{E}=\boldsymbol{E}_0+\boldsymbol{E}'$$

一般来说，外电场中电介质内部的电场强度的计算比较复杂。为简单起见，现以无限大平行金属板间充满均匀且各向同性的电介质为例，讨论电介质内部的场强计算。如图 4－72所示，设两金属板上自由电荷面密度分别为 $+\sigma$ 和 $-\sigma$，极化电荷均匀分布在上下两个与金属板接触的介质面上，极化电荷面密度分别为 $+\sigma'$ 和 $-\sigma'$。由于电介质是均匀且各向同性的，因此极化电荷的产生不会影响电容器金属板上自由电荷面密度的均匀分布和金属板间电场的均匀性。

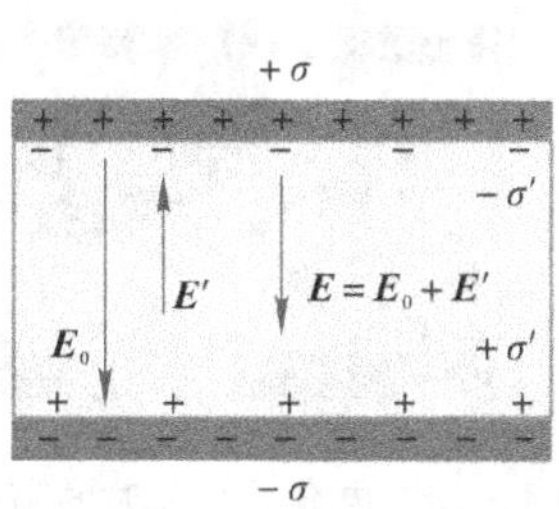

图 4－72　电介质中的电场强度分析用图

自由电荷产生的场强为 $E_0=\sigma_0/\varepsilon_0$，极化电荷产生的场强为 $E'=\sigma'/\varepsilon_0$。由于 $\boldsymbol{E}_0$ 与 $\boldsymbol{E}'$ 的方向相反，因此电介质内部中任一点的场强为

$$E=\frac{\sigma_0}{\varepsilon_0}-\frac{\sigma'}{\varepsilon_0} \tag{4-34}$$

由极化电荷面密度 $\sigma'=P$ 及式(4－32)得

$$E = \frac{E_0}{\varepsilon_r} \tag{4-35}$$

式(4-35)表明，充满电场空间的各向同性的均匀电介质内部的场强大小等于真空中场强的 $1/\varepsilon_r$。这一结论虽然是由无限大平行金属板特例得出的，但是在各向同性的均匀电介质中普遍适用，可推广到其他形状的带电体的情形。例如，点电荷或无限长均匀带电线等电荷在各向同性的均匀电介质中的场强就等于它们在真空中场强的 $1/\varepsilon_r$。

由式(4-34)和式(4-35)可得到极化电荷面密度 σ' 与自由电荷面密度 σ_0 之间的定量关系：

$$\varepsilon_r = \frac{E_0}{E} = \frac{\left(\frac{\sigma_0}{\varepsilon_0}\right)}{\frac{\sigma_0}{\varepsilon_0} - \frac{\sigma'}{\varepsilon_0}} \Rightarrow \sigma' = \left(1 - \frac{1}{\varepsilon_r}\right)\sigma_0$$

上式表明极化电荷小于金属板上的自由电荷。由极化电荷激发的场强 $\boldsymbol{E}'$ 总比自由电荷产生的场强 $\boldsymbol{E}_0$ 小，只能部分削弱自由电荷激发的电场。所以在电介质内部，$\boldsymbol{E}$ 总是小于 $\boldsymbol{E}_0$，并且 $\boldsymbol{E}$ 与 $\boldsymbol{E}_0$ 的方向相同。

4.4.3 电位移矢量及其有电介质时的高斯定理

描述电场性质的两个基本方程是高斯定理和环路定理。在电介质中的电场比在真空中的电场增加了极化电荷所激发的场。极化电荷的场也是有势场，所以当有电介质存在时，电场的环路定理仍然成立，即

$$\oint_L \boldsymbol{E} \cdot \mathrm{d}\boldsymbol{l} = 0$$

极化电荷对电通量有影响，真空中的高斯定理在介质中不适用，下面在无限大各向同性的均匀电介质中，将真空中的高斯定理推广到有电介质存在的情况。

如图 4-73 所示，取一任意的闭合曲面作高斯面 S，由式(4-35)可知通过 S 面的 $\boldsymbol{E}$ 通量为

$$\oiint_S \boldsymbol{E} \cdot \mathrm{d}\boldsymbol{S} = \oiint_S \frac{\boldsymbol{E}_0}{\varepsilon_r} \cdot \mathrm{d}\boldsymbol{S} = \frac{1}{\varepsilon_r}\oiint_S \boldsymbol{E}_0 \cdot \mathrm{d}\boldsymbol{S} \tag{4-36}$$

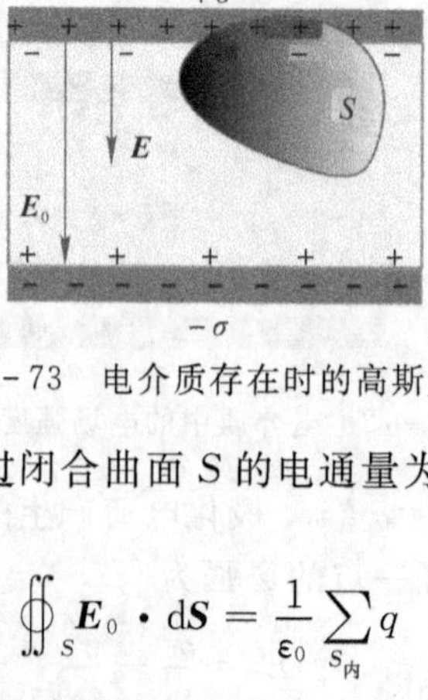

图 4-73　电介质存在时的高斯定理

根据真空中的高斯定理，通过闭合曲面 S 的电通量为高斯面所包围的电荷代数和除以 ε_0，即

$$\oiint_S \boldsymbol{E}_0 \cdot \mathrm{d}\boldsymbol{S} = \frac{1}{\varepsilon_0}\sum_{S_内} q \tag{4-37}$$

此处，$\sum\limits_{S_内} q$ 为闭合面内自由电荷的代数和，把式(4-36)代入式(4-37)得

$$\oint\!\!\!\oint_S \boldsymbol{E} \cdot \mathrm{d}\boldsymbol{S} = \frac{1}{\varepsilon_r}\oint\!\!\!\oint_S \boldsymbol{E}_0 \cdot \mathrm{d}\boldsymbol{S} = \frac{1}{\varepsilon_0 \varepsilon_r}\sum_{S_{内}} q$$

$$\Rightarrow \oint\!\!\!\oint_S \varepsilon_0 \varepsilon_r \boldsymbol{E} \cdot \mathrm{d}\boldsymbol{S} = \sum_{S_{内}} q$$

定义 $\boldsymbol{D}=\varepsilon_0\varepsilon_r\boldsymbol{E}=\varepsilon\boldsymbol{E}$，其中，$\boldsymbol{D}$ 称为电位移矢量，其单位为 $\mathrm{C/m^2}$，ε 为电容率，上式可写为

$$\oint\!\!\!\oint_S \boldsymbol{D} \cdot \mathrm{d}\boldsymbol{S} = \sum_{S_{内}} q \tag{4-38}$$

式(4-38)称为电介质中的高斯定理，即在有介质的电场中，通过任意闭合曲面的电位移矢量通量等于该闭合曲面包围的自由电荷的代数和，进一步说明如下：

(1) 电介质中的高斯定理是在无限大各向同性的均匀电介质条件下得出的，但它是普遍成立的。

(2) $\boldsymbol{D}$ 是辅助量，无真正的物理意义。由式(4-38)可以先算出 $\boldsymbol{D}$，再利用场强与电位移矢量的关系$\boldsymbol{E}=\dfrac{\boldsymbol{D}}{\varepsilon_0\varepsilon_r}$，可求得 $\boldsymbol{E}$。

(3) 与描述电场强度一样，也可以引入电位移线来描述空间电位移的分布，电位移线与电场线有区别，从 $\oint\!\!\!\oint_S \boldsymbol{D} \cdot \mathrm{d}\boldsymbol{S} = \sum_{S_{内}} q$ 可以得出电位移线始于自由正电荷，止于自由负电荷，与束缚电荷无关。而电力线可始于一切正电荷，止于一切负电荷(包括极化电荷)。

例题 4-14　带电量为 q 的金属球浸入各向同性的均匀介质油中，计算空间的电位移矢量和场强分布。

解　自由电荷和电介质分布具有球对称性，因此，电介质中的 $\boldsymbol{D}$ 具有球对称性，选取半径为 r 的球面为高斯面，如图 4-74 所示，S 上各点 $\boldsymbol{D}$ 的大小相等，$\boldsymbol{D}$ 的方向沿径向，与球面 S 的外法线相同。根据高斯定理可知

$$\oint\!\!\!\oint_S \boldsymbol{D} \cdot \mathrm{d}\boldsymbol{S} = \sum_{S_{内}} q_0 \Rightarrow D \cdot 4\pi r^2 = q \Rightarrow D = \frac{q}{4\pi r^2}$$

金属球外任一点的电位移矢量为

$$\boldsymbol{D} = \frac{q}{4\pi r^2}\boldsymbol{r}^0$$

应用 $\boldsymbol{D}=\varepsilon_0\varepsilon_r\boldsymbol{E}$ 可求得金属球外任一点的电场强度为

$$\boldsymbol{E} = \frac{q}{4\pi\varepsilon_0\varepsilon_r r^2}\boldsymbol{r}^0$$

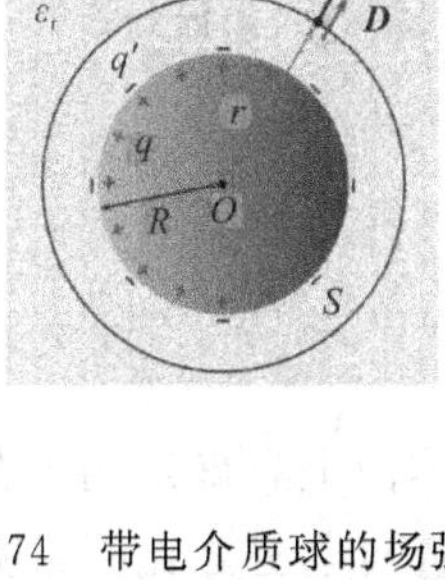

图 4-74　带电介质球的场强计算

例题 4-15 两条平行的“无限长”直导线 A、B，半径为 r，相距为 $d(d\gg r)$，放在介电常数为 ε 的无限大均匀电介质中，计算两极导线之间的电势差。

解 假设直导线 A、B 上单位长度分别带电 $+\lambda$、$-\lambda$，导线表面的电荷可以看作是均匀分布的，选取如图 4-75 所示的坐标系。两轴线平面内任意一点 P 的电位移矢量大小为

$$D = D_1 + D_2$$

其中

$$D_1 = \frac{\lambda}{2\pi x}$$

方向沿 X 轴正方向

$$D_2 = \frac{\lambda}{2\pi(d-x)}$$

方向沿 X 轴正方向，所以

$$D = \frac{\lambda}{2\pi x} + \frac{\lambda}{2\pi(d-x)}$$

电场强度为

$$E = \frac{D}{\varepsilon},\quad E = \frac{\lambda}{2\pi\varepsilon}\left(\frac{1}{x} + \frac{1}{d-x}\right)$$

其中绝对介电常数 $\varepsilon = \varepsilon_0\varepsilon_r$。导线 A、B 之间的电势差为

$$U_{AB} = \int_A^B \boldsymbol{E}\cdot d\boldsymbol{r} = \int_r^{d-r} \frac{\lambda}{2\pi\varepsilon}\left(\frac{1}{x} + \frac{1}{d-x}\right)dx = \frac{\lambda}{\pi\varepsilon}\ln\frac{d-r}{r}$$

考虑到 $d\gg r$，可以得到

$$U_{AB} \approx \frac{\lambda}{\pi\varepsilon}\ln\frac{d}{r}$$

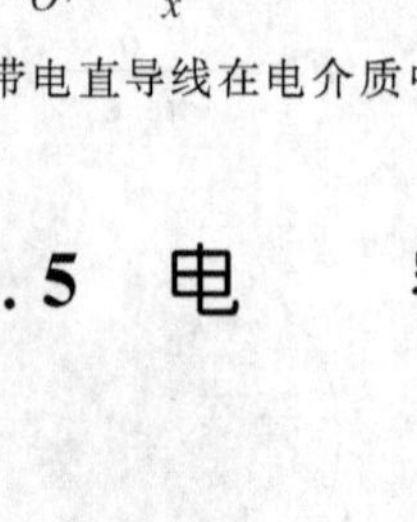

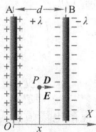

图 4-75 两平行带电直导线在电介质中的电势差计算用图

4.5 电 容

4.5.1 电容器

1. 孤立导体的电容

导体静电平衡特性之一是导体面上有确定的电荷分布，并且有一定的电势值。从理论及实验可知，孤立带电导体的电量与电势之比为常数。前面我们讨论了孤立导体表面曲率对电荷分布的影响。对于在真空中半径为 R 的孤立球形导体，假设它的电量为 q，取无限

远处电势为零，那么它的电势为

$$\varphi = \frac{q}{4\pi\varepsilon_0 R}$$

上式表明，对于给定的球形导体，即 R 一定，它的电势 φ 随其所带电量 q 的不同发生变化，而电量与电势的比值是一定的。我们将孤立导体的电量 q 与其电势 φ 之比定义为孤立导体的电容，用 C 表示，记作：

$$C = \frac{q}{\varphi} \tag{4-39}$$

对于孤立导体球，其电容为

$$C = \frac{q}{\varphi} = \frac{q}{\dfrac{q}{4\pi\varepsilon_0 R}} = 4\pi\varepsilon_0 R$$

C 的单位为 F(法)，1 F=1 C/V。在实际应用中因 F 太大，常用 μF 或 pF，它们之间的换算关系为

$$1\ \text{F} = 10^6\ \mu\text{F} = 10^{12}\ \text{pF}$$

应当指出，对于一给定的导体，电容是一定的，它仅与导体的大小和形状等有关，与电量的存在与否无关。此结论虽然是对球形孤立导体而言的，但一定形状的其他导体也是如此。

2. 电容器

在电子电路和电力工程中，孤立的导体是不存在的，大多是由若干导体组成的系统。两个带有等值而异号电荷的导体所组成的带电系统称为电容器，组成电容器的两导体称为电容器的极板。电容器是一种常见的电子元器件，既可以储存电荷，也可以储存能量。

如果维持电容器两极板的大小、形状及相对位置不变，当极板上所带电量改变时，两极板之间的电势差也随之变化。可以证明，两极板上所带电量增加 k 倍，两极板(假设为 A 和 B)间的电势差 U 也增加 k 倍。因此，电容器的极板所带电量与两极板间的电势差之比是一个与极板上所带电量无关的量，这个量称为电容器的电容，用 C 表示：

$$C = \frac{q}{U} = \frac{q}{\varphi_A - \varphi_B} \tag{4-40}$$

由上式可知，如将 B 移至无限远处，即 $\varphi_B=0$，上式就是孤立导体的电容。所以孤立导体的电势相当于孤立导体与无限远处导体之间的电势差，孤立导体电容是 B 放在无限远处时的特例。

3. 电容器电容的计算

1）平行板电容器的电容

如图 4-76 所示，平行板电容器由两块靠得很近、平行放置的导体板构成。两板的面积为 S，相距为 d，且满足 $S \gg d^2$。设两极板的带电量分别为 $+q$ 和 $-q$，电荷均匀分布在相对的两个表面上，面密度为 $+\sigma$ 和 $-\sigma$，由高斯定理和场强叠加原理可得两极板间的电场强度：

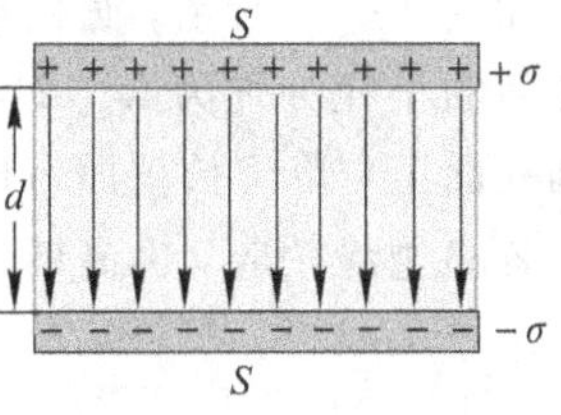

图 4-76　平行板电容器电容计算用图

$$E = \frac{\sigma}{\varepsilon_0}$$

两极板间的电势差为

$$U = Ed = \frac{qd}{\varepsilon_0 S}$$

平行板电容器的电容为

$$C = \frac{q}{U} = \frac{\varepsilon_0 S}{d} \tag{4-41}$$

2) 球形电容器的电容

如图 4-77 所示，球形电容器由两个同心导体球壳构成。设两球面半径为 R_1、R_2，电荷为 $+Q$、$-Q$，由高斯定理可知两球壳间的电场强度为

$$E = \frac{1}{4\pi\varepsilon_0}\frac{Q}{r^2}$$

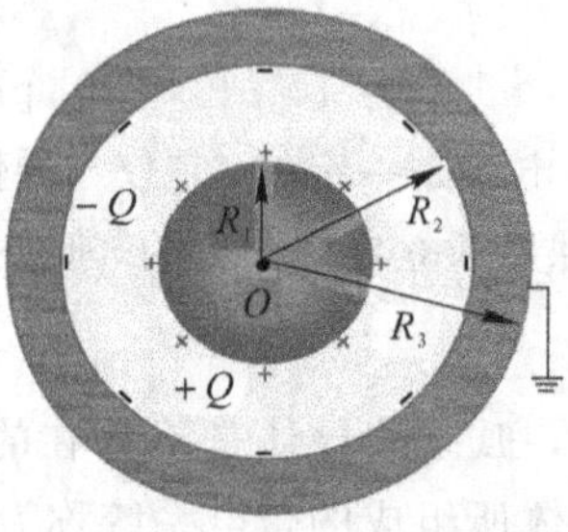

图 4-77　球形电容器电容计算用图

两极板间的电势差为

$$U = \int \boldsymbol{E}\cdot \mathrm{d}\boldsymbol{r} = \frac{Q}{4\pi\varepsilon_0}\frac{R_2 - R_1}{R_1 R_2}$$

球形电容器的电容为

$$C = \frac{Q}{U} = \frac{4\pi\varepsilon_0 R_1 R_2}{R_2 - R_1}$$

当 $R_2 - R_1 \ll R_1$ 时，有 $R_2 \approx R_1$，令 $R_2 - R_1 = d$，则

$$C = \frac{Q}{U} = \frac{4\pi\varepsilon_0 R_1^2}{d} = \frac{\varepsilon_0 S_1}{d} \tag{4-42}$$

当 $R_2 \to \infty$时，有 $C = 4\pi\varepsilon_0 R_1$，这正是半径为 R_1 的孤立导体球的电容。

3) 圆柱形电容器的电容

如图 4-78 所示，圆柱形电容器由两个同轴且等长的导体圆柱面(A、B)构成。设内外圆柱面的半径分别为 R_1、R_2，所带电量分别为 $+Q$、$-Q$。除边缘外，电荷均匀分布在内外两圆柱面上，单位长柱面带电量 $\lambda = Q/L$，L 是柱高。

忽略边缘效应，由高斯定理知两极板(两圆柱面)间任一点处电场强度的大小为

$$E = \frac{\lambda}{2\pi\varepsilon_0 r}$$

两极板间的电势差为

$$U = \int \boldsymbol{E}\cdot \mathrm{d}\boldsymbol{r} = \frac{q}{2\pi\varepsilon_0 L}\ln\frac{R_2}{R_1}$$

圆柱形电容器的电容为

$$C = \frac{q}{U} = \frac{2\pi\varepsilon_0 L}{\ln(R_2/R_1)} \tag{4-43}$$

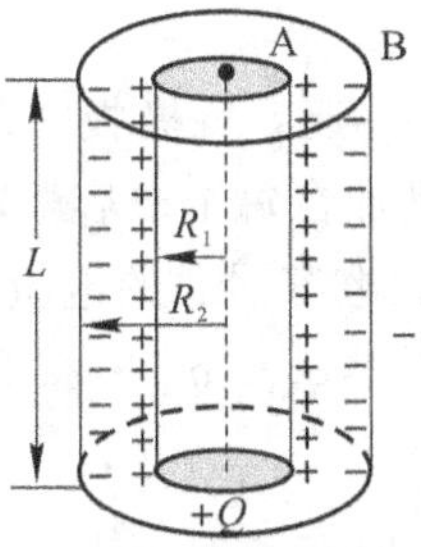

图 4-78　圆柱形电容器电容计算用图

4）介质中的电容

以上假设两导体间是真空，当两导体间充满相对介电常量为均匀的线性各向同性的电介质时，由于介质极化产生的极化电荷激发附加电场削弱了原来的电场，则有

$$E' = \frac{E}{\varepsilon_r} \Rightarrow U' = \frac{U}{\varepsilon_r}$$

极板间充满电介质的电容器的电容为

$$C' = \frac{Q}{U'} = \varepsilon_r \frac{Q}{U} = \varepsilon_r C \Rightarrow C' = \varepsilon_r C \tag{4-44}$$

此时电容比真空情况下增大 ε_r 倍。

4. 电容器的串联与并联

表示电容器性能的指标除去电容量外，还有耐电压高低。现成的电容器不一定能适合实际的要求，如电容大小不合适，或者电容器的耐压程度不合要求等，这些都有可能使电容被击穿。因此，在使用中常用多个不同的电容器，采用不同的连接方式，以满足所需要的电容量和耐电压。电容器最基本的连接方式是并联和串联。

1）电容器串联

依次把每个电容器的负极板接到下一个电容器的正极板上，这种连接方式叫作串联，如图 4-79 所示，其特点是各电容的电量相同，总电压等于电容器上电势差之和。

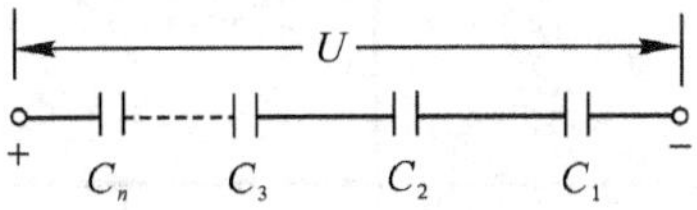

图 4-79　电容器串联

设两面极间的电压为 U，两端极板电荷分别为 $+q$，$-q$，由于静电感应，各极板电量相等，总电压为

$$U = \frac{q}{C_1} + \frac{q}{C_2} + \cdots + \frac{q}{C_n}$$

由电容定义有

$$C = \frac{q}{U} = \frac{1}{\dfrac{1}{C_1} + \dfrac{1}{C_2} + \cdots + \dfrac{1}{C_n}}$$

因此，串联总电容为

$$\frac{1}{C}=\frac{1}{C_1}+\frac{1}{C_2}+\cdots+\frac{1}{C_n} \tag{4-45}$$

2）电容器并联

每个电容器的正极板一端接在一起，负极板一端也接在一起，这种连接方式叫作并联，如图 4-80 所示，并联的特点是加在每个电容器两端的电压相同，均为U，各电容器由于电容不同，所带电荷量不同，并联电容器总的电量为

$$q=q_1+q_2+\cdots+q_n$$

由电容定义有

$$C=\frac{q}{U}=\frac{q_1+q_2+\cdots+q_n}{U}=C_1+C_2+\cdots+C_n \tag{4-46}$$

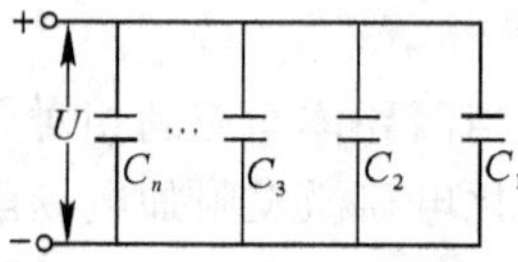

图 4-80　电容器并联

5. 电容器的结构与分类

1）电容器的结构

纸质圆柱形电容器的结构如图 4-81 所示。电容器主要由阳极片、阴极片、绝缘介质、导线、外壳等构成。

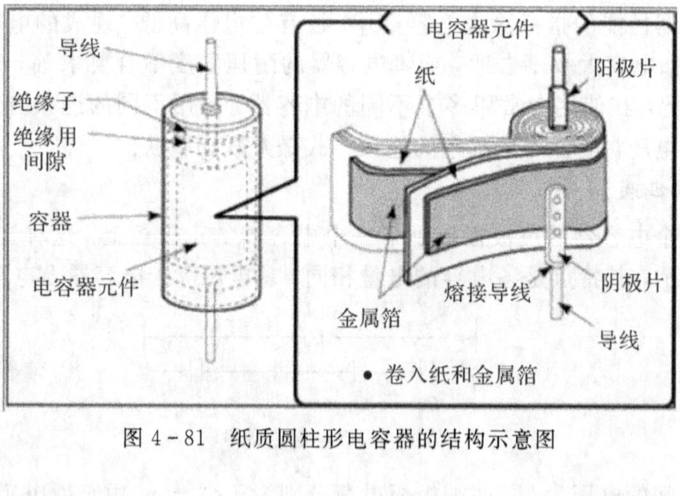

图 4-81　纸质圆柱形电容器的结构示意图

2）电容器的分类

电容器按电容量在使用中能否改变，分为可变电容器(包括微调)和固定电容器两类：可变电容器包括空气可变电容器、塑料薄膜可变电容器、微调电容器等；固定电容器包括云母电容器、玻璃电容器、瓷介电容器、塑料薄膜电容器、电解电容器等。

例题 4-16　两只电容器，$C_1=8\ \mu F$，$C_2=2\ \mu F$，分别把它们充电到 1000 V，如图 4-82所示，然后将它们反接，计算此时两极板间的电势差。

解　设反接前和反接后两个电容器极板上的电荷分别为 Q_1、Q_2 和 Q'_1、Q'_2，反接前和反接后两个电容器极板间的电压分别为 U 和 U'，则两只电容器反接之前各自带电量如下：

$$\begin{cases} Q_1 = UC_1 \\ Q_2 = UC_2 \end{cases} \tag{1}$$

两电容器反接后，如图 4-83 所示，两个电容器极板上的电荷重新分布，达到新的平衡，两个电容器的极板电压相同，极板电压为

$$U' = \frac{Q'_1}{C_1} = \frac{Q'_2}{C_2} \Rightarrow \begin{cases} Q'_1 = C_1 U' \\ Q'_2 = C_2 U' \end{cases} \tag{2}$$

由电荷守恒得

$$Q'_1 + Q'_2 = Q_1 - Q_2$$

将(1)和(2)代入得

$$C_1 U' + C_2 U' = C_1 U - C_2 U$$

两极板间的电势差为

$$U' = \frac{C_1 - C_2}{C_1 + C_2} U \Rightarrow U' = 600\ \text{V}$$

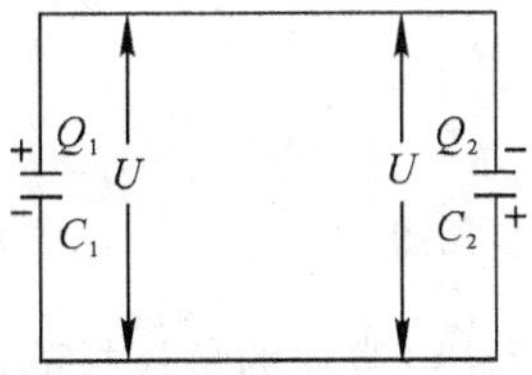

图 4-82　两电容器反接前

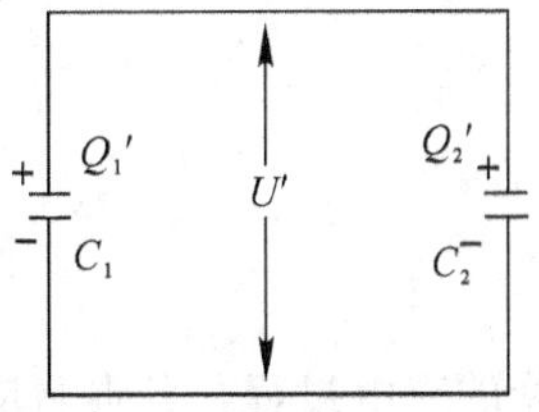

图 4-83　两电容器反接后

*4.5.2　电容式传感器的基本工作原理

电容式传感器实际上就是一个具有可变参数的电容器，它将待测的物理量转换为电容量的变化。电容式传感器广泛用于位移、角度、振动、速度、压力、成分分析、介质特性等方面的测量。最常见的电容式传感器的结构是平板型的。

金属平行板电容器两极板之间充满了绝缘介质，忽略边缘效应，其电容量为

$$C = \frac{\varepsilon S}{d}$$

式中：ε 为电容极板间介质的介电常数，$\varepsilon = \varepsilon_0 \varepsilon_r$，其中 ε_0 为真空介电常数，ε_r 为极板间介质相对介电常数；S 为两平行板所覆盖的面积；d 为两平行板之间的距离，如图 4-84 所示。

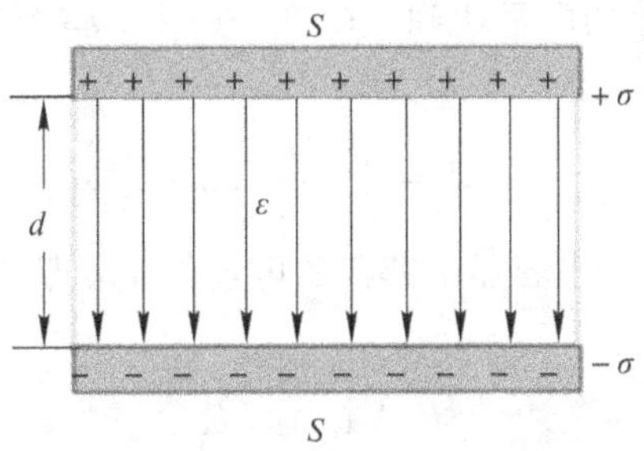

图 4-84　平行板电容器电容计算用图

当被测参数变化使得上式中的 S、d 或 ε 发生变化时，电容量 C 也随之变化。如果保持其中两个参数不变，而仅改变其中一个参数，就可把该参数的变化转换为电容量的变化，通过测量电路就可转换为电量输出；再通过对传感器进行定标、校准，就可测出待测的物理量。

4.5.3 电容器的能量

电场是物质，它具有能量。本节先以平行板电容器为例讨论电场能量的建立过程及电场能量密度的表示式，再介绍计算电场能量的方法。

电场可以从外界获得能量而储存下来，也可以向外界放出能量。用电容器 C、电源和灯泡 L 连接成如图 4-85 所示的电路。当开关 S 接通 a 时，外电源对电容器充电；当开关 S 接通 b 时，电容器和灯泡构成闭合回路，灯泡发光，同时放出热量。可见，光能和热能是由充了电的电容器释放出来的，即充电后的电容器储存了能量。

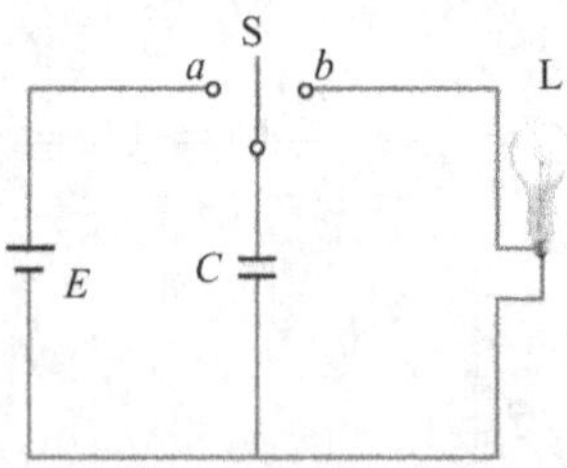

图 4-85 电场能量分析用图

电容器的充电过程，实质上是电源把正电荷逐渐从电容器的负极板移动到正极板的过程。由于正、负极板间有电势差，因此电源要克服电场力做功，电容器两个极板电荷累积的过程，也就是电容器中电场能量的建立过程，这部分电场能量是由电源做功完成的。电容器在放电过程中，这部分能量又释放出来了。

现在以平行板电容器为例，通过计算电源在充电过程中所做的功，来推导电容器的储能公式。如图 4-86 所示，设 t 时刻，两极板(A、B)上的电荷分别为 $+q(t)$ 和 $-q(t)$，两极板间的电势差为

$$U(t)=\frac{q(t)}{C}$$

将电量 $\mathrm{d}q$ 从 B 移到 A，外力做的功为电源克服电场力做的功，即

$$\mathrm{d}A=\mathrm{d}qU(t)=\frac{q(t)}{C}\mathrm{d}q$$

充电结束后，A、B 极板上的电量达到 $+Q$ 和 $-Q$ 时，整个过程中电源克服电场力做的总功为

$$A=\int_0^Q\frac{q(t)}{C}\mathrm{d}q=\frac{Q^2}{2C}$$

电源克服电场力做的功等于电容器中储存的电场能量，即 $A=W$，因此，平行板电容器的电场能量为

$$W=\frac{Q^2}{2C} \tag{4-47}$$

利用 $Q=CU$，上式可写成

$$W=\frac{1}{2}QU \text{ 或 } W=\frac{1}{2}CU^2 \tag{4-48}$$

可以证明，由平行板电容器得出的储存电场能量的式(4-47)和式(4-48)，适用于任何电容器。

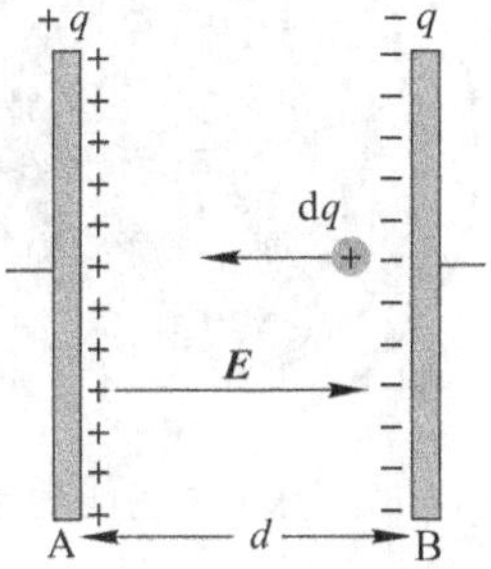

图 4-86　电场能量计算用图

4.5.4　电场能量

我们以平行板电容器为例，将电容器中储存的电场能量用电场性质的物理量 E 来表征。设平行板电容器两极板的面积为 S，极板间距为 d，极板间充以相对电容率为 ε_r 的电介质。当电容器两极板间的电势差为 U 时，电容器的储能为

$$W=\frac{1}{2}CU^2$$

将电容器电容 $C=\frac{\varepsilon_0\varepsilon_r S}{d}=\frac{\varepsilon S}{d}$，$U=Ed$ 代入上式得

$$W=\frac{1}{2}\varepsilon E^2 Sd=\frac{1}{2}DEV$$

式中：$Sd=V$ 是电容器两极板间空间的体积。我们将单位体积内的电场能量称为静电场的能量密度，用 w_e 表示，则有

$$w_e=\frac{W}{V}=\frac{1}{2}DE \tag{4-49}$$

在国际单位制中，电场能量密度的单位为焦耳每立方米(J/m^3)。可以证明，由平行板电容器这一特例得出的式(4-49)是普遍成立的。

对于不均匀电场，则有

$$W=\int_V w_e \mathrm{d}V=\int_V \frac{1}{2}DE\mathrm{d}V \tag{4-50}$$

式中：V 是电场分布的体积。

由式(4-47)知，能量存在是由于电荷的存在，电荷是能量的携带者。但式(4-49)表明，能量存在于电场中，电场是能量的携带者。在静电场中，能量究竟是电荷携带的还是电场携带的，是无法判断的。因为在静电场中，电场和电荷是不可分割地联系在一起的，有电场必有电荷，有电荷必有电场，而且电场与电荷之间有一一对应关系，因而无法判断能量是属于电场还是属于电荷。但是在电磁波情形下就不同了，电磁波是由变化的电磁场产生的，变化的电场可以离开电荷而独立存在。没有电荷也可以有电场，而且场的能量能

够以电磁波的形式传播，这一事实证实了能量是属于电场的，而不是属于电荷的。

例题 4-17　如图 4-87 所示，一个球形电容器，内外球的半径为 R_1 和 R_2，两球之间充满相对介电常数为 ε_r 的介质。求此电容器带电量为 Q 时所存储的电场能量。

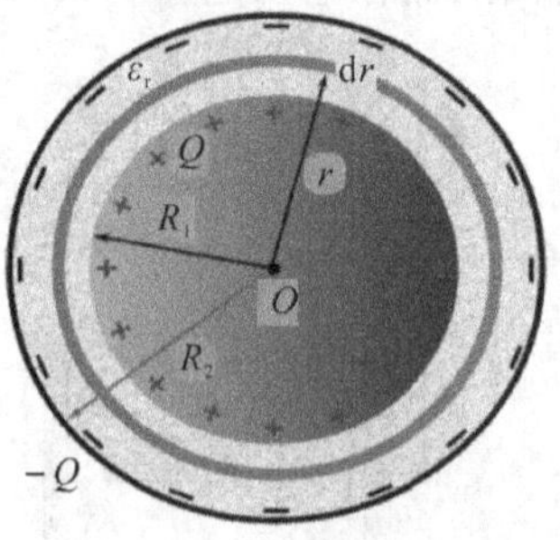

图 4-87　球形电场能量计算用图

解　应用介质中的高斯定理可以得到空间电位移矢量分布为

$$\begin{cases} D=0, & r<R_1 \\ D=\dfrac{Q}{4\pi r^2}, & R_1<r<R_2 \\ D=0, & r>R_2 \end{cases}$$

空间电场强度的分布为

$$\begin{cases} E=0, & r<R_1 \\ E=\dfrac{Q}{4\pi\varepsilon_0\varepsilon_r r^2}, & R_1<r<R_2 \\ E=0, & r>R_2 \end{cases}$$

空间静电能量密度分布为

$$\begin{cases} w_e=0, & r<R_1 \\ w_e=\dfrac{1}{2}\dfrac{1}{\varepsilon_0\varepsilon_r}\left(\dfrac{Q}{4\pi r^2}\right)^2, & R_1<r<R_2 \\ w_e=0, & r>R_2 \end{cases}$$

电容器带电为 Q 时所存储的电能为

$$W=\int_V w_e \mathrm{d}V$$

取半径为 r、厚度为 $\mathrm{d}r$ 的球壳，其体积为 $\mathrm{d}V=4\pi r^2\mathrm{d}r$，则

$$W=\int_{R_1}^{R_2}\frac{1}{2}\frac{1}{\varepsilon_0\varepsilon_r}\left(\frac{Q}{4\pi r^2}\right)^2(4\pi r^2\mathrm{d}r)=\frac{Q^2}{8\pi\varepsilon_0\varepsilon_r}\left(\frac{1}{R_1}-\frac{1}{R_2}\right)$$

与电容器的电能公式 $W=\dfrac{1}{2}\dfrac{Q^2}{C}$ 比较得到电容器的电容为

$$C=4\pi\varepsilon_0\varepsilon_r\frac{R_1R_2}{R_2-R_1}$$

上述结果和根据电容定义得到的结果一致，说明利用电容器静电能量的结果可以计算电容，这也是计算电容器电容的一种方法。

⋆4.6　静电应用技术研讨

静电应用(Electrostatic Application)是指利用静电感应、高压静电场的气体放电等效应和原理，实现多种加工工艺和加工设备。在电力、机械、轻工、纺织、航空航天以及高技术领域有着广泛的应用。

4.6.1　静电防护技术

在生产、科研、实验的各种操作过程中，会不可避免地产生静电。但产生静电并非危险所在，静电的危害在于静电积累以及由此产生的静电放电。因此，要消除静电危害，就要限制静电的积累，并采取措施使静电泄漏(耗散)掉。

静电防护主要有以下几个措施。

1. 静电耗散与接地

将各种操作运行过程中产生的静电迅速耗散掉是防止静掉电危险行之有效的方法。静电耗散是通过将电子生产过程中接触到的各类绝缘物制备的用具替换成防静电材料并使之接地来完成的。

2. 静电中和

静电中和是消除静电的重要措施之一。在某些场合中，当不便使用静电防护材料时，或必须将某些高绝缘易产生静电的用品存放在工作台或工艺线上时，为了保证产品质量就必须对操作环境采取静电中和措施。静电中和是借助离子静电消除器或感应式静电刷来实现的。

静电中和原理：将正负离子与静电源上的正负电荷中和，从而消除静电源上积累的静电。

在某些特殊情况下，还可采用防静电剂(喷剂等)来实现静电中和。这类喷剂通常是阳离子或阴离子表面活性剂，如图 4-88 所示。

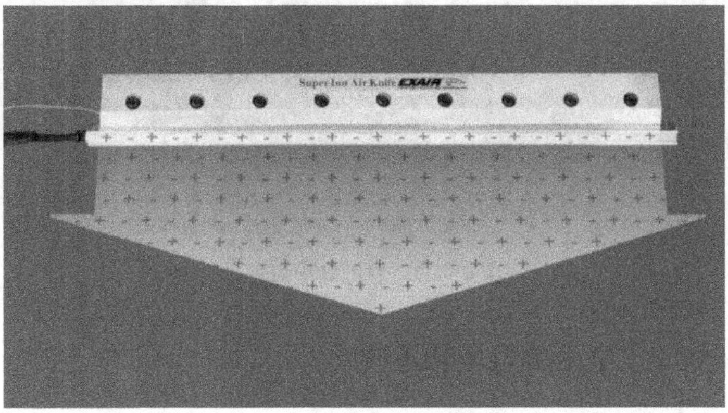

图 4-88　防静电喷剂

3. 静电屏蔽与接地

将受保护的器件用接地金属罩(壳)包裹起来，由于静电屏蔽效应，金属罩里面的器件将不会受到外界电磁场的干扰。静电屏蔽效果的优与劣不仅和屏蔽材料的性能有关，也和屏蔽体与静电源距离，以及壳体上可能存在的各种不连续的孔洞和数量有关。

静电屏蔽的效果与接地有很大关系，只有将屏蔽体接地，才能保证屏蔽体上感应的静电荷泄漏，使屏蔽体内的电路不受静电场的干扰。

静电屏蔽及接地是很多种仪表电路上防静电干扰的重要措施之一，同时也用于防止静电源对外界的干扰。

4. 增湿

若湿度增加，则非导体材料的表面电导率增加，可使物体积蓄的静电荷更快泄漏。在静电危险场所，若工艺条件许可，可以安装空调设备、喷雾器以提高空气的相对湿度来清除静电。一般情况下，用增湿法消除静电的效果很明显。但要指出的是，对于表面容易形成水膜，即容易被水润湿的绝缘体(如橡胶等)，增湿是有效的。

4.6.2 静电除尘技术

静电除尘是气体除尘方法的一种。含尘气体经过高压静电场时被电分离，尘粒与负离子结合带上负电后，趋向阳极表面放电而沉积，静电除尘原理如图 4-89 所示。在冶金、化学、燃烧发电等工业生产领域中，使用静电除尘可以净化气体或回收有用尘粒。在家用空气净化器中，使用静电除尘技术不仅可以净化室内空气，还可以杀菌。

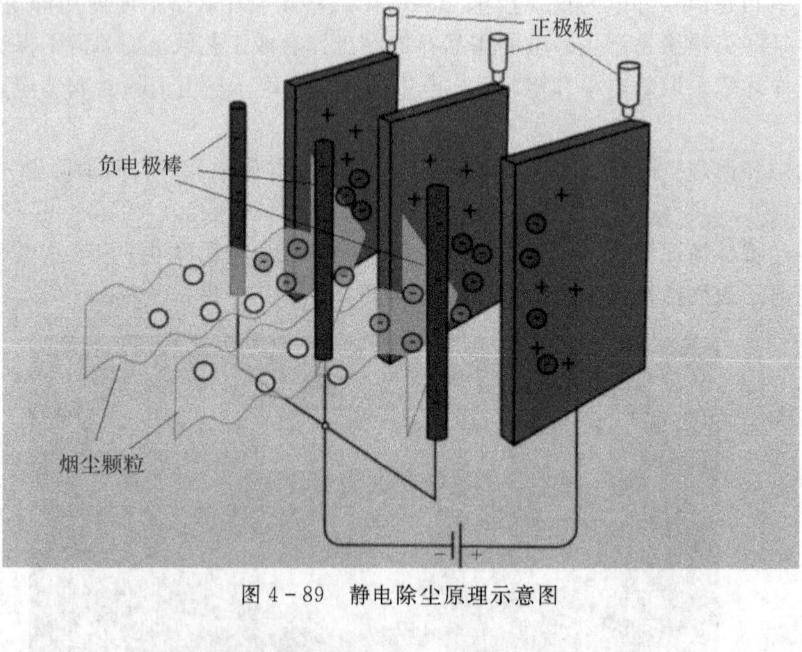

图 4-89 静电除尘原理示意图

4.6.3 二极管 PN 结中的电场和电容

采用不同的掺杂工艺，通过扩散作用，将 P 型半导体与 N 型半导体制作在同一块半导体(通常是硅或锗)基片上，在它们的交界面形成的空间电荷区称为 PN 结(PN junction)，如图 4-90 所示。PN 结具有的单向导电性是电子技术中许多器件(如半导体二极管、双极性晶体管等)电学特性的物理基础。

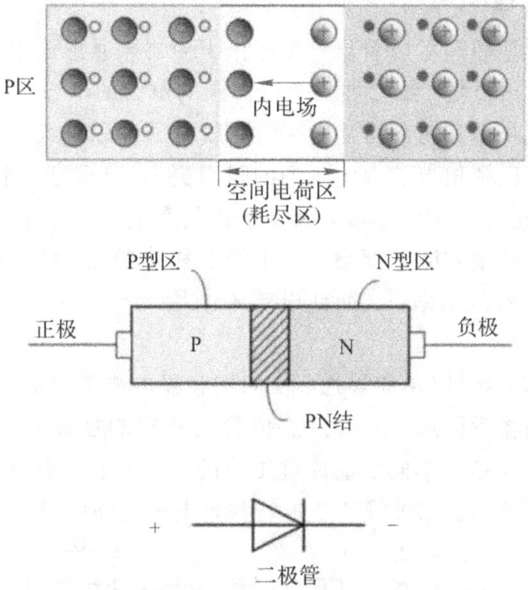

图 4-90 二极管内部电场、结构、符号示意图

1. PN 结的形成

在一块完整的硅片上，用不同的掺杂工艺使其一边形成 N 型半导体，另一边形成 P 型半导体，我们称两种半导体的交界面附近的区域为 PN 结。

在 P 型半导体和 N 型半导体结合后，N 型区内自由电子数量巨大，称为多子；空穴数量几乎为零，称为少子；但是 P 型区内正好相反，即空穴为多子，自由电子为少子，于是在它们的交界处就出现了自由电子和空穴的浓度差。由于自由电子和空穴浓度差的原因，有一些电子从 N 型区向 P 型区扩散，也有一些电子要从 P 型区向 N 型区漂移。它们扩散的结果就使 P 区一边失去空穴，留下了带负电的杂质离子，N 区一边失去电子，留下了带正电的杂质离子。开路中半导体中的离子不能任意移动，因此不参与导电。这些不能移动的带电粒子在 P 区和 N 区交界面附近，形成了一个空间电荷区，空间电荷区的薄厚和掺杂物的浓度有关。

在空间电荷区形成后，由于正负电荷之间的相互作用，在空间电荷区形成了内电场，其方向是从带正电的 N 区指向带负电的 P 区。显然，这个电场的方向与载流子扩散运动的方向相反，阻止扩散。

另一方面，这个电场将使 N 区的少数载流子空穴向 P 区漂移，使 P 区的少数载流子电子向 N 区漂移，漂移运动的方向正好与扩散运动的方向相反。从 N 区漂移到 P 区的空穴补充了原来交界面上 P 区所失去的空穴，从 P 区漂移到 N 区的电子补充了原来交界面上 N 区所失去的电子，这就使空间电荷减少，内电场减弱。因此，漂移运动的结果是使空间电荷区变窄，扩散运动加强。

最后，多子的扩散和少子的漂移达到动态平衡。在 P 型半导体和 N 型半导体的结合面两侧，留下离子薄层，这个离子薄层形成的空间电荷区称为 PN 结。PN 结的内电场方向由 N 区指向 P 区。在空间电荷区，由于缺少多子，也称为耗尽层。

2. PN 结的特性

从 PN 结的形成原理可以看出，要想让 PN 结导通形成电流，必须消除其空间电荷区内部电场的阻力。很显然，给它加一个反方向的更大的电场，即 P 区接外加电源的正极，N 区接负极，就可以抵消其内部自建电场，使载流子可以继续运动，从而形成线性的正向电流。而外加反向电压则相当于内建电场的阻力更大，PN 结不能导通，仅有极微弱的反向电流(由少数载流子的漂移运动形成，因少子数量有限，电流饱和)。当反向电压增大至某一数值时，因少子的数量和能量都增大，少子会相互碰撞，破坏内部的共价键，使原来被束缚的电子和空穴被释放出来，从而使电流不断增大，最终 PN 结将被击穿(变为导体)，反向电流急剧增大。

这就是 PN 结的特性(单向导通、反向饱和漏电或击穿导体)，也是晶体管和集成电路最基础、最重要的物理原理，所有以晶体管为基础的复杂电路的分析都离不开它。比如，二极管就是基于 PN 结的单向导通原理工作的；而一个 PNP 结构则可以形成一个三极管，里面包含了两个 PN 结。二极管和三极管都是电子电路中最基本的元件。

*4.7 压电体、铁电体与驻极体

1. 压电体

1880 年法国 P. 居里和 J. 居里兄弟发现，当石英晶体受到压力时，它的某些表面上会产生电荷，电荷量与压力成正比，这种现象称为压电效应。具有压电效应的物体称为压电体。居里兄弟还证实了压电体具有逆压电效应，即在外电场作用下压电体会产生形变，所以逆压电效应又称电致伸缩效应。

各种压电晶体都是各向异性电介质，压电晶体的对称性较低，当受外力作用产生形变时，晶体单胞中正负离子的相对位移使得正负电荷中心出现不相等的移动，导致晶体发生宏观极化，而晶体表面电荷密度等于极化强度在表面法向上的投影，故晶体受到压力产生形变时表面出现电荷。

天然压电材料有石英、电气石等。人工合成材料有酒石酸钾钠、磷酸二氢铵、人工石英、压电陶瓷、碘酸锂、铌酸锂、氧化锌和高分子压电薄膜等，它们在压力的作用下发生极化而在两端表面间出现电位差。利用压电材料的这种特性可实现机械振动(声波)和交流电的互相转换，在电、磁、声、光、热、湿、气、力等功能转换器件中发挥着重要的作用，具有广泛的应用。例如，利用压电晶体的机械谐振性与压电效应相耦合可制成压电谐振器，其振动频率极其稳定，可广泛用于计算机等需要精确频率的设备。由压电体制成的电声换能器可用来有效地产生和接收声波，大量用于声呐、超声无损检测和功率超声技术。惯性力作用于压电体可以产生电信号，可用来测量加速度和导航。甚至汽车点火装置中也有压电晶体，按一下点火按钮就会导致压电晶体产生撞击，从而产生足够的电压来引起火花并点燃汽油。

2. 铁电体

有一些特殊的电介质，如酒石酸钾钠($NaKC_4H_4O_6 \cdot 4H_2O$)，钛酸钡($BaTiO_3$)等，极化强度与电场强度并不呈简单的线性关系，即电介质的介电常量不为常数。当撤消外电场后，极化也并不消失，而是具有所谓的“剩余极化”，犹如铁磁质磁化后撤去外磁场还具有剩磁一样，这类电介质叫做铁电性电介质，简称为铁电体。

1921 年法国瓦拉塞克首先发现了铁电体。铁电体是一类特殊的电介质，当温度超过某一温度时，铁电性消失，这一温度叫作居里(Pierre Curie)温度。在周期性变化的电场作用下，铁电体出现电滞回线，具有剩余极化强度，如图 4－91 所示。铁电体内存在自发极化小区，这种小区叫作电畴。正是因为存在电畴，铁电体才具有以上独特的性质。

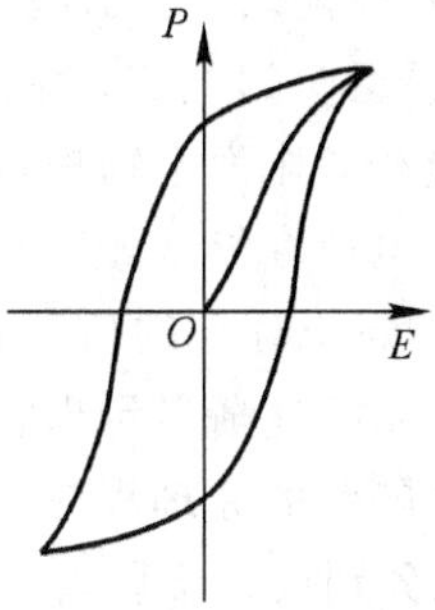

图 4－91　铁电体电滞回线

铁电体是一种应用广泛的电介质，利用它的电、力、光、声等效应可制成各种不同功能的器件。例如，铁电陶瓷的相对介电常量很大，可用来制成容量大、体积小的电容器。当温度高于某一限度时，铁电体的铁电性消失而变成一般的各向同性的电介质，利用这一性质可以制成热敏电阻。有的铁电体还具有奇特的光学性质，把它同偏振光技术结合起来可以制成电光开关和电光调制器等。铁电体在强光作用下能够产生非线性效应，可用来制成倍频、混频器件和光参量放大器元件。所有铁电体都可以通过人工极化使其具有压电性，但具有压电性的并不一定都是铁电体。

3. 驻极体

许多电介质的极化是与外电场同时存在同时消失的。也有一些电介质，受强外电场作用后其极化现象不随外电场去除而完全消失，出现极化电荷“永久”存在于电介质表面和体内的现象。这种在强外电场等因素作用下极化并能“永久”保持极化状态的电介质称为驻极体。驻极体具有体电荷特性，即它的电荷不同于摩擦起电，既出现在驻极体表面，也存在于其内部。若把驻极体表面去掉一层，新表面仍有电荷存在；若把它切成两半，就成为两块驻极体。这一点可与永久磁体相类比，因此驻极体又称永电体。驻极体可以在周围空间产生电场，因此是可以类比于永磁体的一种带电体。

一般认为，产生驻极体这种特性的微观机制是在驻极体中存在着大量微观的电偶极子，它们通常混乱取向而显不出宏观的极化。这些偶极子可以在高温及外电场作用下取向，冷却后再去掉电场，取向被冻结下来而能保留某个方向上占优势的宏观极化。驻极体的极化强度远小于其中所有偶极子都排列一致时所产生的饱和强度，但是在一些驻极体中还能得到大约 $10^{-20}\mathrm{C/m^2}$ 的极化强度。

1922 年日本物理学家江口元太郎用蜡和松香的混合物制成了世界上第一个驻极体。随着科学技术的发展，许多无机材料(如钛酸钡、钛酸钙等)以及许多高分子聚合物(如 K－1 聚碳酸酯、聚四氟乙烯、聚全氟乙烯丙烯、聚丙烯、聚乙烯、聚酯)等都可用来制备驻极体。制备驻极体的方法有热驻极法、电驻极法、光照法和辐射法等。

驻极体不能像电池那样从中取出电流，然而却可以提供一个稳定的电压，因此是一个很好的直流电压源。这在制造电子器件和电工测量仪表等方面是大有用处的。高分子聚合物驻极体的发现和使用是电声换能材料一次巨大的变革，利用它可以制成质量很高、具有很多优点的电声器件。另外，还可利用驻极体制成电机、高压发生器、引爆装置、空气过滤器，以及电话拨号盘、逻辑电路中的寻址选择开关、声全息照相用换能器等。尤其是近年来在生物材料和生物聚合物中的驻极体效应，引起了人们特别的注意。如已经发现驻极体能用于抗血栓及促进骨骼和人工膜组织的生长；在很重要的生物聚合物如蛋白质、多糖及某些多核中发现了驻极体效应；此外，作为生物根本的大生物分子(如血红蛋白、脱氧核糖核酸(DNA))等可能有各种极化及电荷存储区域(偶极子和离子束缚于生物分子)。

尽管驻极体的发现比较早，但至今对它的研究仍不够深入，它的生成理论也不完善，应用也只是开始。虽然如此，驻极体已逐渐显示出它作为一种电子材料的潜力。

思考题 4-16 举例分析静电屏蔽的原理和应用。
建议：把手机分别放在金属盒、塑料盒、书堆中，观察手机信号。

思考题 4-17 观察燃气灶、燃气热水器、汽车火花塞等，分析其打火原理，它们涉及哪些静电知识和技术。

思考题 4-18 什么是静电放电危害？如何避免静电放电造成的损失？

思考题 4-19 电容器的串并联有何特点和应用？如何连接太阳能电池板，使其达到家用的电器要求。

思考题 4-20 试分析二极管 PN 结电场分布。

思考题 4-21 试分析电容式触摸屏工作原理。

第 5 章　稳 恒 磁 场

电和磁经常联系在一起并相互转化，凡是用到电的地方，几乎都有磁的过程参与其中。磁性是许多科技领域的基础，在现代化生产和生活中，磁现象也无处不在：计算机中的信息以磁的形式存储在硬盘中；受控热核反应中利用磁场实现对带电粒子的约束；利用磁共振成像可以获取人体软组织的详细信息辅助诊断……

本章我们将讨论不随时间变化的磁场（稳恒磁场）的性质和规律，并介绍几个利用稳恒磁场的物理性质发展的科学技术和工程应用实例。

5.1　磁场的描述

5.1.1　磁感应强度

磁感应强度是矢量，是描述磁场某点特性的基本物理量，用 $\boldsymbol{B}$ 表示。那么它的大小和方向是如何定义的呢？

磁感应强度 $\boldsymbol{B}$ 的方向可由放入磁场某点可自由转动的小磁针来确定。小磁针因两极受到方向相反的磁场力的作用而旋转。当小磁针达到平衡时，小磁针 N 极①的稳定指向就是该点磁感应强度 $\boldsymbol{B}$ 的方向。如图 5－1 所示，小磁针的 N 极指向地球磁场的方向。在地球内部，炽热的地核中流动的液态铁形成电流并产生磁场，由于支配地球磁场的物质是不断流动的，因此地球磁场也在时刻变化。地质学研究表明，地球磁极曾出现多次逆转，间隔时间不等，约为 $10^4 \sim 10^6$ 年。

磁场和电场一样，也是物质存在的一种形式。无论是磁体之间，或磁体和电流之间，或电流之间，或运动电荷之间，相互作用的磁场力都是通过磁场来实现的。

一切磁现象起源于电荷的运动。运动电荷在其周围不仅激发电场，还激发磁场。在电场中，静止的电荷只会受到电场力的作用，而运动电荷除受到电场力的作用外，还受到磁场力的作用。

与电场强度的定义方法类似，我们可以通过研究运动电荷在磁场中的受力来定义磁感应强度 $\boldsymbol{B}$。一个运动试探电荷在磁场中运动到某处，可以通过该处运动试探电荷所受到磁力的大小和方向来描述该处磁场的强弱和方向。

实验发现，当运动电荷 q 以速度 $\boldsymbol{v}$ 处于磁场中某位置时，所受磁场力的作用 $\boldsymbol{F}_{\mathrm{m}}$ 的大小和方向与 q、$\boldsymbol{v}$ 及运动方向有关。

---

① 在地面上自由放置的磁针，指北的一极称为指北极，简称北极，用 N 表示；指南的一极称为指南极，简称南极，用 S 表示。

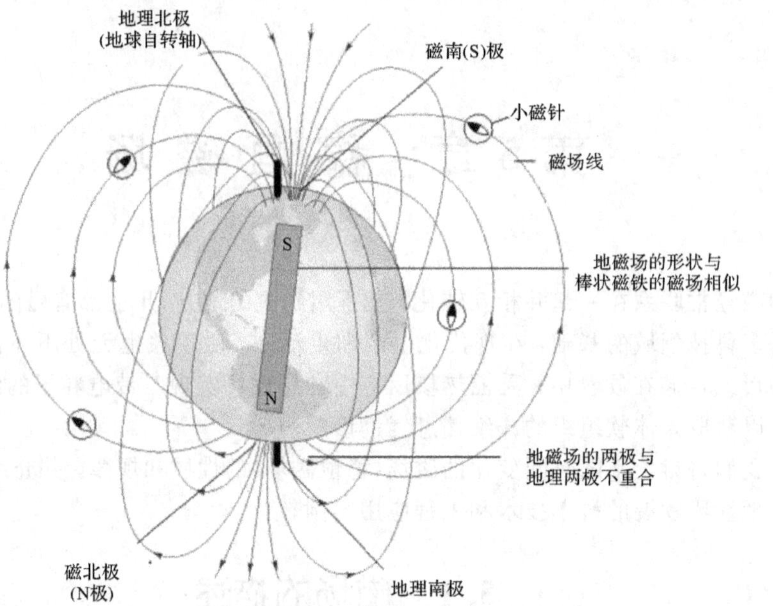

图 5-1　地球磁场示意图

实验表明：

(1) 当运动试探电荷 q 以同一速率沿不同的方向通过磁场中某点时，运动电荷所受的磁场力的大小变化，且存在一个特定的方向。当运动电荷沿该特定方向(或其反方向)运动时，所受的磁场力为零。因此这个特定方向与运动的试探电荷无关，这个特定方向所在的直线方向可反映出磁场的性质，记为 $\boldsymbol{B}$ 的方向。

(2) 当运动试探电荷 q 沿与前述特定方向垂直的方向运动时，其所受的磁力最大，记为 $\boldsymbol{F}_{\max}$，且比值 $F_{\max}/(qv)$ 在某点具有确定值，与运动试探电荷的 qv 值的大小无关。因此，比值 $F_{\max}/(qv)$ 反映该点磁场强弱的性质，记为 $\boldsymbol{B}$ 的大小。

(3) 磁场力 $\boldsymbol{F}_{\mathrm{m}}$ 总是垂直于磁场 $\boldsymbol{B}$ 和 $\boldsymbol{v}$ 所组成的平面。

综上所述，以正电荷为例，$\boldsymbol{F}_{\mathrm{m}}$、$\boldsymbol{B}$ 和 $\boldsymbol{v}$ 的关系如图 5-2 所示，三者满足如下关系：

$$\boldsymbol{F}_{\mathrm{m}} = q\boldsymbol{v} \times \boldsymbol{B} \tag{5-1}$$

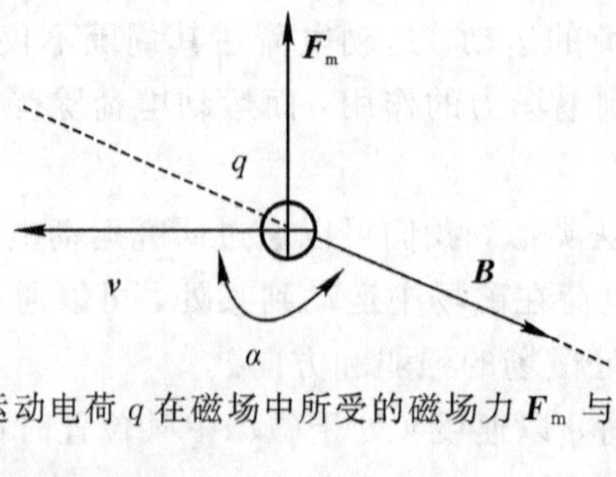

图 5-2　运动电荷 q 在磁场中所受的磁场力 $\boldsymbol{F}_{\mathrm{m}}$ 与 $\boldsymbol{B}$、$\boldsymbol{v}$ 的关系

由此定义磁感应强度 $\boldsymbol{B}$ 矢量，其大小 $B = F_{\mathrm{m}}/(qv\sin\alpha)$，$\alpha$ 是电荷 q 的速度 $\boldsymbol{v}$ 和磁场 $\boldsymbol{B}$ 之间的夹角，方向是由 $\boldsymbol{F}_{\mathrm{m}} = q\boldsymbol{v} \times \boldsymbol{B}$ 所决定的方向，磁场力 $\boldsymbol{F}_{\mathrm{m}}$、$\boldsymbol{B}$ 和 $\boldsymbol{v}$ 三者构成右手螺旋关系。也就是说，$\boldsymbol{B}$ 的方向是由右手螺旋法则按 $\boldsymbol{F}_{\mathrm{m}} \times \boldsymbol{v}$ 所决定的方向。显然磁感应强度 $\boldsymbol{B}$ 是磁场点位置的函数，因此，磁感应强度 $\boldsymbol{B}$ 是描述磁场某点特性的基本物理量。

在国际单位制中，磁感应强度的单位名称为特斯拉(Tesla)，符号为 T，且 N · s/(C · m) = N/(A · m)。磁感应强度另一个常见的单位名称为高斯(Gauss)，符号为 Gs，它是一种非国际单位制，它们的换算关系为 1 T=10^4 Gs。几种典型的磁感应强度的大小如下：超导磁体能激发的磁场为 25 T；大型电磁铁能激发大于 2 T 的磁场；地球磁场大约为 5×10^{-5} T；人体表面，如头部可激发的磁场约为 3×10^{-10} T。

在实际应用中，磁场由大量带电粒子定向移动形成的电流激发而成，图 5-3 中巨大的圆柱体其实是一个载流线圈(或者说是一个螺线管)，它是欧洲核子研究组织(European Organisation for Nuclear Research，CERN)实验装置的一部分，在它的内部可产生匀强磁场。下面我们将从一个单独的运动的点电荷在其周围空间激发的磁场开始研究，进而研究电流的磁场，并以载流导线、载流线圈为例做具体的分析。

图 5-3　大型强子对撞机(Large Hadron Collider，LHC)

5.1.2　运动电荷的磁场

考虑一个以速度 $\boldsymbol{v}$ 运动的点电荷，在距它为 r 处的 P 点的磁场。在静电场的学习中，我们知道由电荷激发的电场 $\boldsymbol{E}$ 与电荷的带电量 $|q|$ 成正比，与 r^2 成反比。匀速运动的点电荷 q 激发的磁场的磁感应强度 $\boldsymbol{B}$ 也存在类似的关系，同时也有差别。

通过实验研究，我们发现磁感应强度 $\boldsymbol{B}$ 也与电荷的带电量 $|q|$ 成正比，与 r^2 成反比。但是 $\boldsymbol{B}$ 的方向不是沿着电荷和场点的连线，而是与由这条线和电荷速度矢量构成的平面垂直，如图 5-4 所示。而且磁场 $\boldsymbol{B}$ 也和电荷的运动速度以及夹角 φ 的正弦值成正比。因此，P 点的磁感应强度 $\boldsymbol{B}$ 可以表示为

$$B=\frac{\mu_0}{4\pi}\frac{|q|v\sin\varphi}{r^2} \tag{5-2}$$

式中：$\frac{\mu_0}{4\pi}$为比例系数，$\mu_0=4\pi\times10^{-7}$ T · m/A，称为真空磁导率。令 $\boldsymbol{r}$ 为运动电荷所在点指向场点的单位矢量，由运动电荷所激发的磁感应强度 $\boldsymbol{B}$ 为

$$\boldsymbol{B}=\frac{\mu_0}{4\pi}\frac{q\boldsymbol{v}\times\boldsymbol{r}}{r^2} \tag{5-3}$$

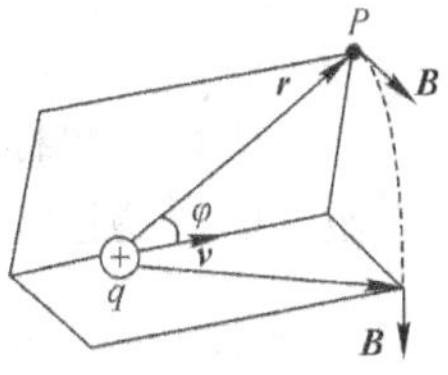

图 5-4　运动的点电荷 q 激发的磁场

方向垂直于 $\boldsymbol{v}$ 和 $\boldsymbol{r}$ 所组成的平面。如果运动电荷是正电荷，那么 $\boldsymbol{B}$ 的指向满足右手螺旋定则；如果运动电荷带负电，那么 $\boldsymbol{B}$ 的指向与

之相反(见图 5-5)。从式(5-3)中可看出这样一个事实:两个等量异号的电荷做方向相反的运动时,其磁场相同。因此,金属导体中假设正电荷运动的方向作为电流的流向所激发的磁场,与金属中实际上是电子做反向运动所激发的磁场是相同的。

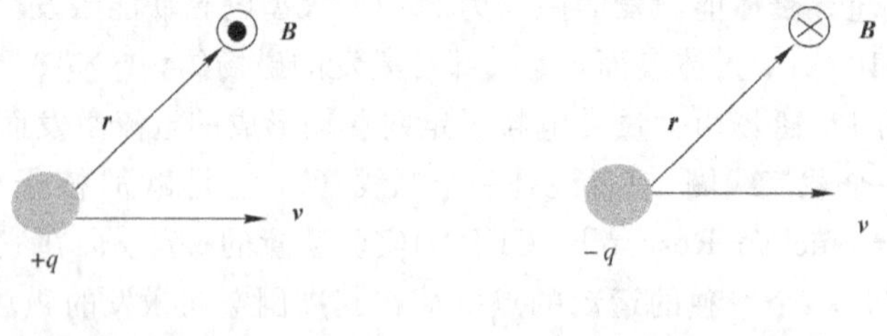

(a) B垂直于纸面向外 (b) B垂直于纸面向外

图 5-5 运动的正电荷和负电荷分别激发的磁场

5.1.3 电流的磁场

按照经典电子理论,导体中的电流就是大量带电粒子的定向运动,且运动速度 $v \ll c$(光速)。电流产生的磁场,本质上是运动电荷产生的磁场。由多个运动电荷激发的总的磁场等于由单个电荷激发的磁场的矢量和。电流可以看作是无穷多小段电流的集合。各小段电流称为电流元,可用矢量 $I\mathrm{d}\boldsymbol{l}$ 来表示,其中 $\mathrm{d}l$ 表示在载流导线上(沿电流方向)所取的线元,I 为导线中的电流,电流元的方向规定为电流沿线元的流向。据此,我们来计算一下由载流导体的一段很短的电流元 $I\mathrm{d}\boldsymbol{l}$ 激发的磁场,如图 5-6 所示。

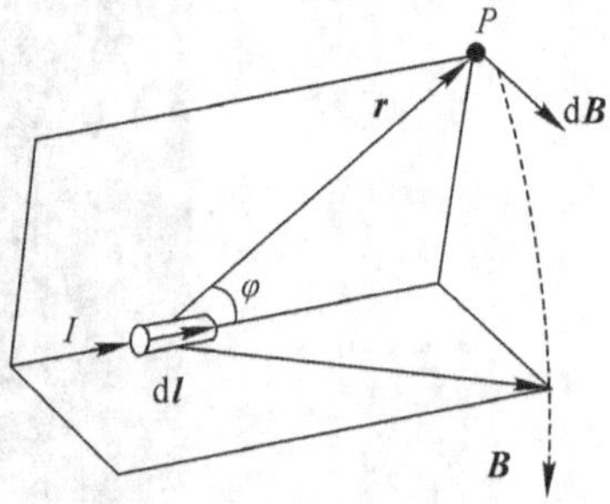

图 5-6 电流元 $I\mathrm{d}\boldsymbol{l}$ 激发的磁场

设在导体的单位体积内有 n 个可以自由运动的带电粒子,每个粒子带有的电荷量为 q,以速度 $\boldsymbol{v}$ 沿电流元 $I\mathrm{d}\boldsymbol{l}$ 的方向做匀速运动而形成电流。如果电流元的截面积为 S,则电流元的体积为 $S\mathrm{d}l$,电流元 $I\mathrm{d}\boldsymbol{l}$ 的总的运动电荷 $\mathrm{d}Q=nqS\,\mathrm{d}l$,代入式(5-2),则 P 点的磁感应强度 $\boldsymbol{B}$ 可以表示为

$$\mathrm{d}B=\frac{\mu_0}{4\pi}\frac{|\mathrm{d}Q|\,v\sin\varphi}{r^2}=\frac{\mu_0}{4\pi}\frac{n|q|\,vS\,\mathrm{d}l\sin\varphi}{r^2}$$

又因为 $I=n|q|vS$,所以

$$\mathrm{d}B=\frac{\mu_0}{4\pi}\frac{I\mathrm{d}l\ \sin\varphi}{r^2}$$

写成矢量的形式为

$$\mathrm{d}\boldsymbol{B}=\frac{\mu_0}{4\pi}\frac{I\mathrm{d}\boldsymbol{l}\times\boldsymbol{r}}{r^2} \tag{5-4}$$

式(5-4)称为毕奥-萨伐尔定律,其中 $\boldsymbol{r}$ 为电流元指向场点的单位矢量。任意线电流所激发的总磁感应强度为

$$\boldsymbol{B}=\int_L \mathrm{d}\boldsymbol{B}=\frac{\mu_0}{4\pi}\int_L\frac{I\mathrm{d}\boldsymbol{l}\times\boldsymbol{r}}{r^2} \tag{5-5}$$

1. 载流直导线的磁场

例题 5-1 求长度为 L、通有电流 I 的直导线在距离导线为 d 处一点 P 的磁感应强

度。如图 5-7(a)所示，已知 α_1、α_2、I。

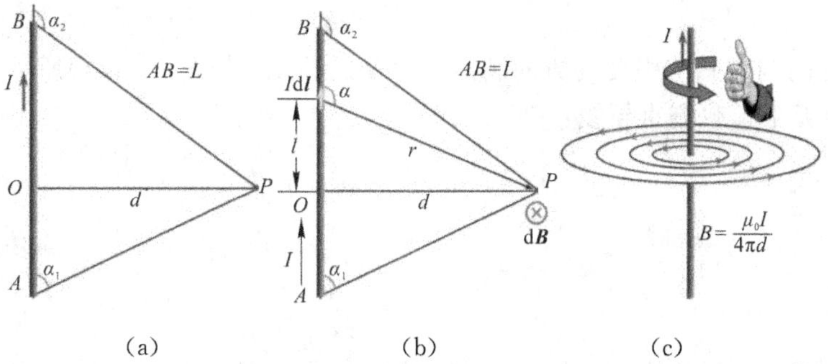

图 5-7　通电直导线激发的磁场的计算

解　如图 5-7 (b)所示，任取电流元 $I\mathrm{d}\boldsymbol{l}$，由毕奥-萨伐尔定律可知，该电流元在 P 点激发的磁场 $\mathrm{d}\boldsymbol{B}$ 的大小是

$$\mathrm{d}B=\frac{\mu_0}{4\pi}\frac{I\mathrm{d}l\ \sin\alpha}{r^2}$$

$\mathrm{d}\boldsymbol{B}$ 的方向是 $I\mathrm{d}\boldsymbol{l}\times\boldsymbol{r}$ 所决定的方向，即垂直于纸面向里(⊗)。

由于各电流元 $\mathrm{d}\boldsymbol{B}$ 的方向都相同，直接积分得

$$B=\int\mathrm{d}B=\int\frac{\mu_0}{4\pi}\frac{I\mathrm{d}l\ \sin\alpha}{r^2}$$

考虑几何关系：

$$l=d\cot(\pi-\alpha)=-d\cot\alpha$$

即

$$\mathrm{d}l=(-d)(-\csc^2\alpha)\mathrm{d}\alpha=\frac{d}{\sin^2\alpha}\mathrm{d}\alpha$$

$$r=\frac{d}{\sin\alpha}$$

可统一积分变量得

$$\begin{aligned}B&=\int\frac{\mu_0}{4\pi}\frac{1}{r^2}I\sin\alpha\mathrm{d}l\\&=\int\frac{\mu_0}{4\pi}\frac{\sin^2\alpha}{d^2}I\sin\alpha\frac{d}{\sin^2\alpha}\mathrm{d}\alpha\\&=\int_{\alpha_1}^{\alpha_2}\frac{\mu_0}{4\pi d}I\sin\alpha\mathrm{d}\alpha\\&=\frac{\mu_0 I}{4\pi d}(\cos\alpha_1-\cos\alpha_2)\end{aligned}$$

方向垂直于纸面向里⊗。

结果讨论：

(1) 无限长载流直导线：

$$\alpha_1=0,\ \alpha_2=\pi$$

所以

$$B=\frac{\mu_0 I}{2\pi d}$$

电流方向与磁感应强度的方向满足右手螺旋关系，如图 5-7(c)所示。

(2) 半无限长载流直导线：

$$\alpha_1=\frac{\pi}{2}，\alpha_2=\pi$$

所以

$$B=\frac{\mu_0 I}{4\pi d}$$

(3) 在直导线延长线上，由 $\alpha=0$ 得 $\mathrm{d}B=0$，所以 $B=0$。

2. 载流圆线圈轴线上的磁场

例题 5-2　如图 5-8 (a)所示，已知载流圆线圈的电流 I 和半径 R，计算载流圆线圈在轴线一点 P 的磁感应强度。

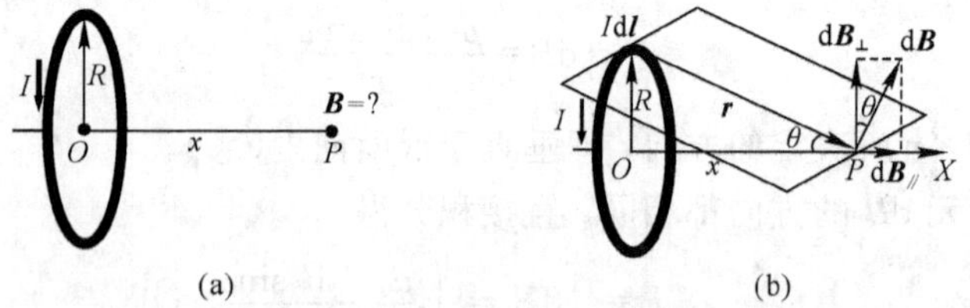

图 5-8　载流圆线圈轴线上磁场的计算

解　建立如图 5-8(b)所示的坐标系。任取电流元 $I\mathrm{d}\boldsymbol{l}$，根据毕奥-萨伐尔定律，载流圆线圈上任一电流元 $I\mathrm{d}\boldsymbol{l}$ 在 P 点产生的磁感应强度大小为

$$\mathrm{d}B=\frac{\mu_0}{4\pi}\frac{I\mathrm{d}l}{r^2}\sin\frac{\pi}{2}=\frac{u_0}{4\pi}\frac{I\mathrm{d}l}{r^2}$$

方向垂直于 $I\mathrm{d}\boldsymbol{l}$ 和 $\boldsymbol{r}$ 构成的平面，如图 5-8(b)所示。

$$\mathrm{d}\boldsymbol{B}=\mathrm{d}\boldsymbol{B}_{/\!/}+\mathrm{d}\boldsymbol{B}_{\perp}$$

P 点的磁感应强度为

$$\boldsymbol{B}=\int\mathrm{d}\boldsymbol{B}=\int\mathrm{d}\boldsymbol{B}_{/\!/}+\int\mathrm{d}\boldsymbol{B}_{\perp}$$

由电流分布的对称性可知，环形电流在垂直于轴线方向的磁场为零，即 $\int\mathrm{d}\boldsymbol{B}_{\perp}=0$，所以 P 点的磁感应强度 $\boldsymbol{B}=\int\mathrm{d}\boldsymbol{B}_{/\!/}$，方向沿 X 轴的正方向，且

$$\mathrm{d}B_{/\!/}=\frac{\mu_0}{4\pi}\frac{I\mathrm{d}l}{r^2}\sin\theta$$

由几何关系

$$r^2=x^2+R^2，\sin\theta=\frac{R}{\sqrt{x^2+R^2}}$$

可知载流圆线圈在 P 点产生的磁感应强度为

$$B=\int_0^{2\pi R}\frac{\mu_0}{4\pi}\frac{I\mathrm{d}l}{r^2}\sin\theta=\int_0^{2\pi R}\frac{\mu_0}{4\pi}\frac{RI\mathrm{d}l}{(x^2+R^2)^{3/2}}=\frac{\mu_0}{2}\frac{IR^2}{(x^2+R^2)^{3/2}}$$

对于一匝载流线圈引入磁矩 $\boldsymbol{p}_\mathrm{m}$ 的定义式 $\boldsymbol{p}_\mathrm{m}=IS\boldsymbol{e}_\mathrm{n}$，其中 $\boldsymbol{e}_\mathrm{n}$ 为线圈的正法线方向的单位矢量。显然 $\boldsymbol{p}_\mathrm{m}$ 的大小为 $p_\mathrm{m}=IS$，方向是线圈正法线的方向。如果线圈有 N 匝，则总的线圈磁矩 $\boldsymbol{p}_\mathrm{m}=NIS\boldsymbol{e}_n$，大小为 1 匝线圈的 N 倍。

结果讨论：

(1) 载流圆线圈圆心处的磁感应强度为

$$B=\frac{\mu_0 I}{2R}\ (x=0)$$

(2) 远离圆线圈处

$$x\gg R,\ r\approx x$$

所以

$$B=\frac{\mu_0}{2}\frac{IR^2}{(x^2+R^2)^{3/2}}\Rightarrow B=\frac{\mu_0}{2}\frac{IR^2}{x^3}=\frac{\mu_0}{2\pi}\frac{IS}{x^3}\Rightarrow B=\frac{\mu_0}{2\pi}\frac{p_\mathrm{m}}{x^3}\Rightarrow \boldsymbol{B}=\frac{\mu_0}{2\pi}\frac{\boldsymbol{p}_\mathrm{m}}{x^3}$$

即线圈轴线上磁感应强度的方向与线圈磁矩的方向一致。

(3) 一段所对圆心角为 θ 的载流圆弧在圆心处的磁感应强度 $B=\frac{\theta}{2\pi}\frac{\mu_0 I}{2R}$。

例题 5-3　如图 5-9(a)所示，长度为 b 的细杆均匀带电 q，绕距离一端为 a 的 O 点以角速度 ω 在竖直面内转动，计算带电细杆在 O 点产生的磁感应强度。

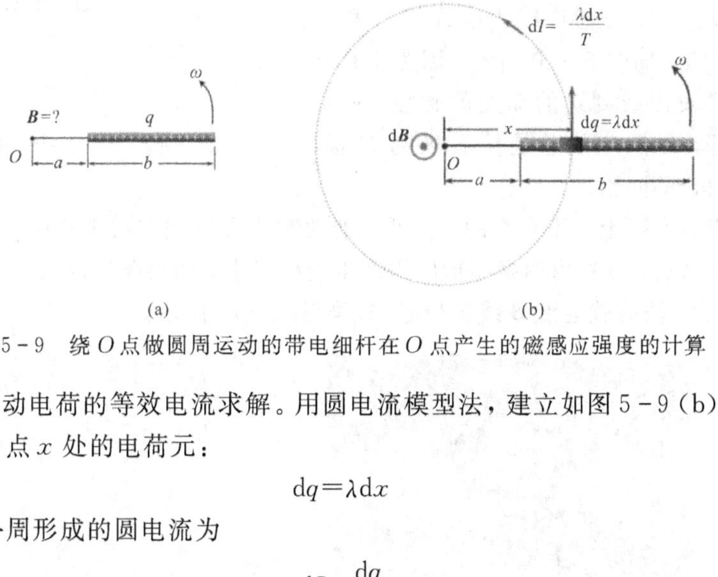

图 5-9　绕 O 点做圆周运动的带电细杆在 O 点产生的磁感应强度的计算

解　利用运动电荷的等效电流求解。用圆电流模型法，建立如图 5-9(b)所示坐标系。任取距离圆心 O 点 x 处的电荷元：

$$\mathrm{d}q=\lambda\mathrm{d}x$$

其绕 O 点转过一周形成的圆电流为

$$\mathrm{d}I=\frac{\mathrm{d}q}{T}$$

因为带电细棒转动的周期 $T=\frac{2\pi}{\omega}$，所以

$$\mathrm{d}I=\frac{\omega\lambda}{2\pi}\mathrm{d}x$$

该圆电流在 O 点产生的磁感应强度的大小为

$$\mathrm{d}B=\frac{\mu_0\mathrm{d}I}{2x}=\frac{\mu_0}{4\pi x}\omega\lambda\,\mathrm{d}x$$

方向垂直于纸面向外。各线电流元 $\mathrm{d}\boldsymbol{B}$ 的方向都相同，直接积分得细杆在 O 点产生的磁感

应强度的大小为

$$B=\int_{a}^{a+b}\frac{\mu_0}{4\pi}\frac{\lambda\omega}{x}\mathrm{d}x=\frac{\mu_0}{4\pi}\lambda\omega\ln\frac{a+b}{a}$$

方向垂直于纸面向外。

5.2 稳恒磁场的高斯定理和安培环路定理

5.2.1 稳恒磁场的高斯定理

为了直观地描述磁场的分布，理解磁感应强度沿曲面的积分，仿照电场中的电力线和电通量，引入磁感应线和磁通量。

磁感应线——在磁场中画出的一系列曲线，也称磁力线或 $\boldsymbol{B}$ 线。

规定：磁感应线上任一点的切线方向为该点的磁感应强度 $\boldsymbol{B}$ 的方向，该点垂直于磁感应强度 $\boldsymbol{B}$ 的单位面积上的磁感应线的条数等于该点 $\boldsymbol{B}$ 的数值。磁感应线的疏密程度反映该处磁感应强度的大小。

在磁铁外部，磁感应线由磁铁的 N 极穿出，进入 S 极，如图 5-10 所示。因为不存在磁感应线可发出或到达的孤立的磁极，所以在磁铁内部，磁感应线总是从 S 极到 N 极，从而形成闭合的回路。

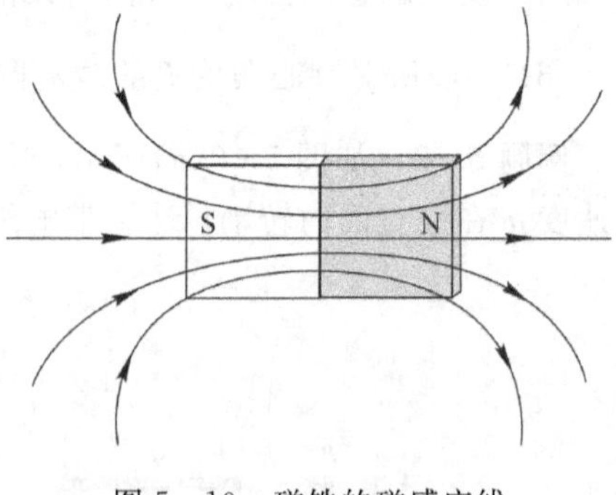

图 5-10　磁铁的磁感应线

磁感应线实际上是不存在的，但可以借助实验方法把它模拟出来。例如，在水平玻璃板上撒些细铁屑，放在由两根条形磁铁产生的磁场中，两根条形磁铁的异性磁极(N 极和 S 极)相互靠近，铁屑就会沿 $\boldsymbol{B}$ 线排列起来，如图 5-11 所示。

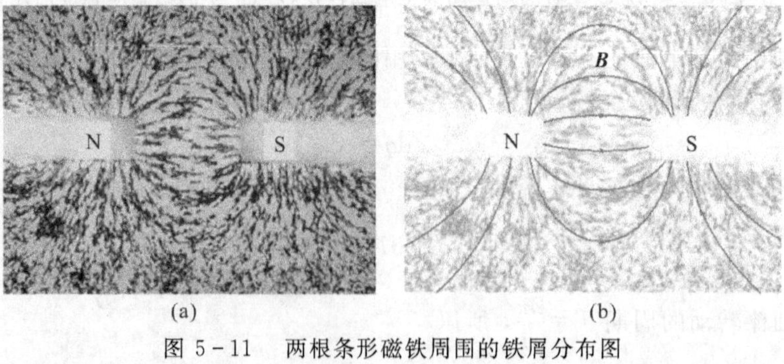

图 5-11　两根条形磁铁周围的铁屑分布图

从铁屑的分布可以看出，两个异性磁极间的磁感应线从一个磁极到达另一个磁极。图 5-12 所示的是几种不同形状的电流所激发的磁场的磁感应线。显然，磁感应线具有以下性质：

(1) 磁感应线是闭合曲线，没有起点也没有终点。

(2) 任意两条磁感应线不相交。

(3) 磁感线与其源电流相互套连，且构成右手螺旋关系。

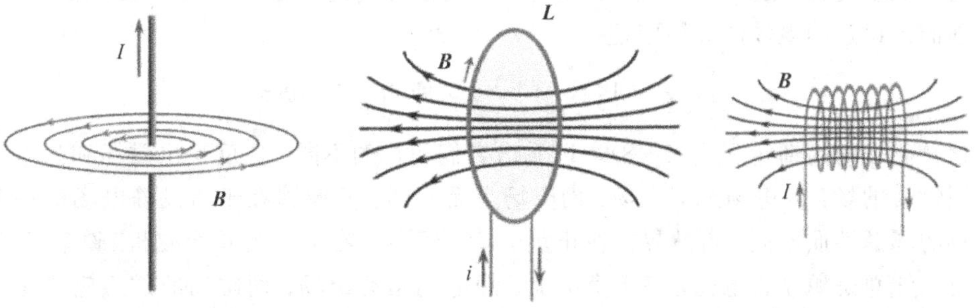

(a) 直线电流　(b) 圆电流　(c) 通电螺线管

图 5-12　几种不同形状电流磁场的磁感应线

磁通量——通过一个给定曲面的总磁感应线的条数，用 Φ_m 表示。

磁通量是代数量，其正负的规定与电通量相同。

若在曲面上取面积元 d$\boldsymbol{S}$，如图 5-13，可以求在磁场中穿过任意面积元 d$\boldsymbol{S}$ 的磁通量：

$$d\Phi_m = \boldsymbol{B}\cdot d\boldsymbol{S} = B\cos\theta dS = B_n dS = B dS_{\perp} \tag{5-6}$$

式中：θ 是面积元 d$\boldsymbol{S}$ 的法线 $\boldsymbol{n}$ 和磁感应强度 $\boldsymbol{B}$ 之间的夹角，B_n 是 $\boldsymbol{B}$ 在该面积元处法线方向的分量，$dS_{\perp}$ 是面积元 d$\boldsymbol{S}$ 在垂直于 $\boldsymbol{B}$ 方向上的投影，所以通过整个有限曲面 S 的磁通量 Φ_m 为

$$\Phi_m = \iint_S \boldsymbol{B}\cdot d\boldsymbol{S} \tag{5-7}$$

法线正向有两个方向：对于平面，该法线正向可以任意选取；对于曲面，通常取垂直于曲面指向外侧的方向为正法线的方向；对于闭合曲面，一般规定由内向外的方向为各面积元的法线 $\boldsymbol{n}$ 的正方向，如图 5-14 所示。

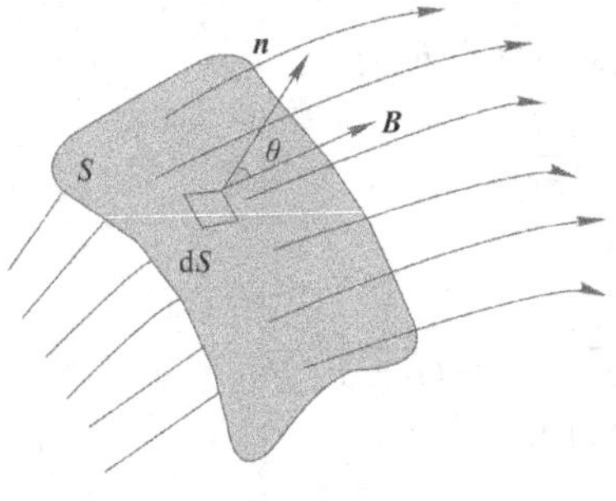

图 5-13　磁通量

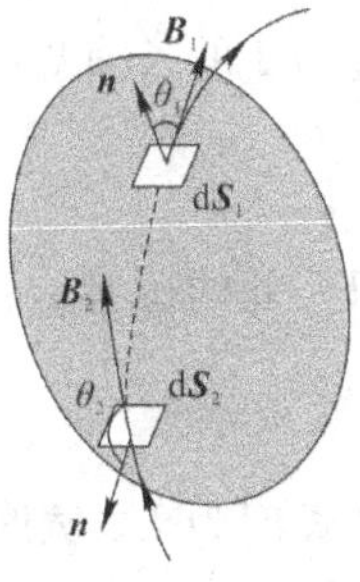

图 5-14　闭合曲面中各面积元的法线 $\boldsymbol{n}$

因此，当磁感应线由闭合曲面内部穿出时，$d\Phi_m$ 为正。反之，当磁感应线由闭合曲面内部穿入时，$d\Phi_m$ 为负。因此，与静电场的电通量类似，也有“穿出为正，穿入为负”。

在国际单位制中，磁通量的单位名称是韦伯，符号为 Wb(Weber)，$1\ \mathrm{Wb}=1\ \mathrm{T\cdot m^2}$。因此磁感应强度的单位 T 也可用 $\mathrm{Wb/m^2}$ 来表示。

由于磁感应线是闭合线，因此，对于一个闭合曲面 S，穿入的磁感应线的总数必然等于穿出的磁感应线总数，即通过任一闭合曲面的磁通量总是零，即

$$\oiint_S \boldsymbol{B}\cdot d\boldsymbol{S} = 0 \tag{5-8}$$

上式称为稳恒磁场的高斯定理，它是电磁场理论的基本方程之一。讨论静电场时已经知道矢量场的性质包括“通量”和“环流”。式(5-8)所描述的就是磁场“通量”的性质。

前面已讲过静电场的高斯定理：

$$\oiint_S \boldsymbol{E}\cdot \mathrm{d}\boldsymbol{S}=\frac{1}{\varepsilon_0}\sum_i q_i\text{，即}\oiint_S \boldsymbol{E}\cdot \mathrm{d}\boldsymbol{S}\neq 0$$

比较磁场的高斯定理式(5-8)可以看出它们明显的不同，这反映出磁场和静电场是两类不同性质的场：静电场是有源场，而磁场是无源场。其原因在于激发静电场的场源与激发磁场的场源性质不同。自然界存在正负电荷，但不存在分立的单个磁极(磁单极子)。静电场电场线总是源于正电荷，终于负电荷，静电场是有源场；而磁场的磁感应线是环绕电流的、无头无尾的闭合曲线，磁场是无源场。

例题 5-4　两平行直导线相距为 d，导线分别载有电流 I_1、I_2，如图 5-15 所示，求通过图中长度为 L、宽度为 r_2 面积的磁通量，已知参数 r_1、r_2、L。

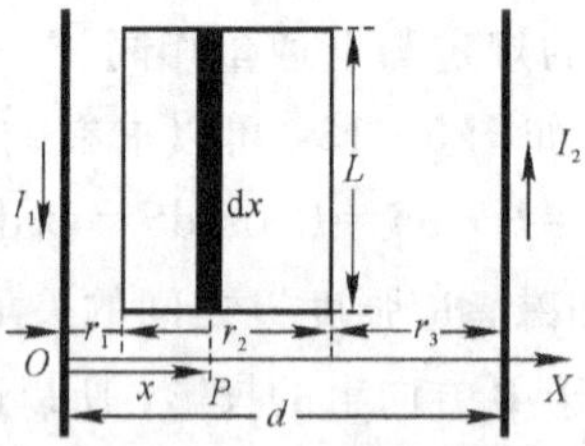

图 5-15　两平行载流直导线中穿过矩形面积的磁通量的计算

分析　此题中磁通量的计算首先需要求出磁感应强度。计算两个载流长直导线间的磁感应强度可以用叠加法。

解　选取如图 5-15 所示的坐标系，取面积元

$$\mathrm{d}S=L\mathrm{d}x$$

电流为 I 的长直导线在空间产生的磁感应强度大小为

$$B=\frac{\mu_0 I}{2\pi r}$$

面积元处的磁感应强度大小为

$$B=B_1+B_2=\frac{\mu_0 I_1}{2\pi x}+\frac{\mu_0 I_2}{2\pi(d-x)}$$

穿过长度为 L、宽度为 $\mathrm{d}x$ 面积元的磁通量为

$$\mathrm{d}\Phi_\mathrm{m}=\boldsymbol{B}\cdot \mathrm{d}\boldsymbol{S}=\frac{\mu_0}{2\pi}\left(\frac{I_1}{x}+\frac{I_2}{d-x}\right)L\,\mathrm{d}x$$

穿过长度为 L、宽度为 r_2 面积的磁通量为

$$\Phi_\mathrm{m}=\int_S \boldsymbol{B}\cdot \mathrm{d}\boldsymbol{S}=\int_{r_1}^{r_1+r_2}\frac{\mu_0}{2\pi}\left(\frac{I_1}{x}+\frac{I_2}{d-x}\right)L\,\mathrm{d}x=\frac{\mu_0 I_1 L}{2\pi}\ln\frac{r_1+r_2}{r_1}-\frac{\mu_0 I_2 L}{2\pi}\ln\frac{d-(r_1+r_2)}{d-r_1}$$

5.2.2　安培环路定理

安培环路定理描述的是在由恒定电流激发的磁场中，磁感应强度 $\boldsymbol{B}$ 沿任何闭合路径 L 的线积分($\boldsymbol{B}$ 的环流)等于路径 L 所包围的电流强度的代数和的 μ_0 倍。

其数学表达式为

$$\oint_L \boldsymbol{B} \cdot \mathrm{d}\boldsymbol{l} = \mu_0 \sum_i I_i \tag{5-9}$$

其中：$\sum_i I_i$ 是闭合环路所包围电流的代数和。

下面我们将从一特例开始求解 $\boldsymbol{B}$ 的环流，继而讨论闭合路径的形状、电流的方向和位置对环流的影响，以此验证安培环路定理的正确性。

1）垂直于长直载流导线平面内同心圆形闭合路径上 $\boldsymbol{B}$ 的环流

考虑载有恒定电流 I 的无限长直导线的磁场，磁感应线为在垂直于导线的平面内围绕该导线的同心圆，其绕行方向与电流方向服从右手螺旋定则。如图 5-16（a）所示，取在该平面内包围导线、以 O 点为圆心，r 为半径的圆为闭合路径 L，绕行方向与电流方向服从右手螺旋定则，即此回路与载流长直导线产生的一条磁感应线重合，且闭合回路上 $\boldsymbol{B}$ 与 $\mathrm{d}\boldsymbol{l}$ 的方向相同。下面沿闭合路径 L 计算 $\boldsymbol{B}$ 的环路积分的值。

由例题 5-1 可知，该路径上任一点处的磁感应强度 $\boldsymbol{B}$ 的大小为 $B=\mu_0 I/(2\pi r)$，方向为沿同心圆的切线方向，所以有

$$\oint_L \boldsymbol{B} \cdot \mathrm{d}\boldsymbol{l} = \oint_L \frac{\mu_0 I}{2\pi r}\mathrm{d}l = \frac{\mu_0 I}{2\pi r}\oint_L \mathrm{d}l = \frac{\mu_0 I}{2\pi r} \cdot 2\pi r = \mu_0 I$$

此式表明，$\boldsymbol{B}$ 的环流等于闭合回路 L 所包围电流 I 的 μ_0 倍，与回路的半径无关。

2）闭合路径的形状对 $\boldsymbol{B}$ 的环流的影响

假设上述 1）中闭合路径 L 在垂直于长直载流直导线的平面上，但形状任意，如图 5-16（b）所示。由前所述，在位矢为 $\boldsymbol{r}$ 的任一点 P 处的磁感应强度 $\boldsymbol{B}$ 的大小为 $B=\mu_0 I/(2\pi r)$，方向与位矢 $\boldsymbol{r}$ 垂直，指向由右手螺旋法则决定。$\mathrm{d}\boldsymbol{l}$ 与 $\boldsymbol{B}$ 之间的夹角为 θ，且有 $\cos\theta\mathrm{d}l=r\mathrm{d}\alpha$，$\mathrm{d}\alpha$ 是 $\mathrm{d}l$ 对圆心 O 点所张的角，所以

$$\oint_L \boldsymbol{B} \cdot \mathrm{d}\boldsymbol{l} = \oint_L B\cos\theta \mathrm{d}l = \int_L \frac{\mu_0 I}{2\pi r}\cos\theta \mathrm{d}l = \int_L \frac{\mu_0 I}{2\pi r} r\,\mathrm{d}\alpha = \frac{\mu_0 I}{2\pi}2\pi = u_0 I$$

即

$$\oint_L \boldsymbol{B} \cdot \mathrm{d}\boldsymbol{l} = \mu_0 I \tag{5-10}$$

该结果与上述 1）的结果相同。

进一步考虑，若闭合路径 L 平行于长直导线，则显然有 $\mathrm{d}\boldsymbol{l}$ 与 $\boldsymbol{B}$ 之间的夹角 θ 为 $\pi/2$，所以

$$\oint_L \boldsymbol{B} \cdot \mathrm{d}\boldsymbol{l} = \oint_L B\cos\theta \mathrm{d}l = 0$$

即平行于直导线的分矢量对整个闭合路径 L 上的 $\boldsymbol{B}$ 的环流没有贡献。由于对于任何路径 L，都可将 L 上每一段线元分解为平行于直导线和平行于直导线的分矢量。因此仍然有式（5-10）成立，即 $\boldsymbol{B}$ 的环流的数值与闭合路径的形状和大小无关。

3）电流的方向对 $\boldsymbol{B}$ 的环流的影响

如果闭合路径绕行方向不变，但电流方向改变，即此时绕行方向与电流方向不再满足右手螺旋法则，如图 5-16（c）所示，则 $\boldsymbol{B} \cdot \mathrm{d}\boldsymbol{l}=B\mathrm{d}l\cos\theta=-B\mathrm{d}l\cos(\pi-\theta)=-Br\mathrm{d}\alpha$，所以

$$\oint_L \boldsymbol{B} \cdot \mathrm{d}\boldsymbol{l} = -\int_0^{2\pi} \frac{\mu_0 I}{2\pi r} r\,\mathrm{d}\alpha = -\mu_0 I = \mu_0(-I)$$

可认为对于闭合路径的绕行方向来说，此时电流取负值，所以规定电流的方向与闭合路径绕行方向满足右手螺旋法则时，式(5-10)中的电流 I 取正值，反之取负值。

4) 电流在一闭合路径以外

如图 5-16(d)所示，从 O 点作闭合曲线的两条切线 OA 和 OC，切点 A 和 C 将闭合曲线分割为 L_1 和 L_2 两部分。参照上述 2)中的推导分析可以得出

$$\oint_L \boldsymbol{B}\cdot \mathrm{d}\boldsymbol{l} = \int_{L_1} \boldsymbol{B}\cdot \mathrm{d}\boldsymbol{l} + \int_{L_2} \boldsymbol{B}\cdot \mathrm{d}\boldsymbol{l} = \frac{\mu_0 I}{2\pi}\left(\int_{L_1} \mathrm{d}\alpha + \int_{L_2} \mathrm{d}\alpha\right)$$

它们对无限长直载流导线所张的圆心角大小相等，符号相反，所以仍有

$$\oint_L \boldsymbol{B}\cdot \mathrm{d}\boldsymbol{l} = 0$$

此式说明不穿过闭合路径的无限长直载流导线对 $\boldsymbol{B}$ 的环流大小没有贡献。

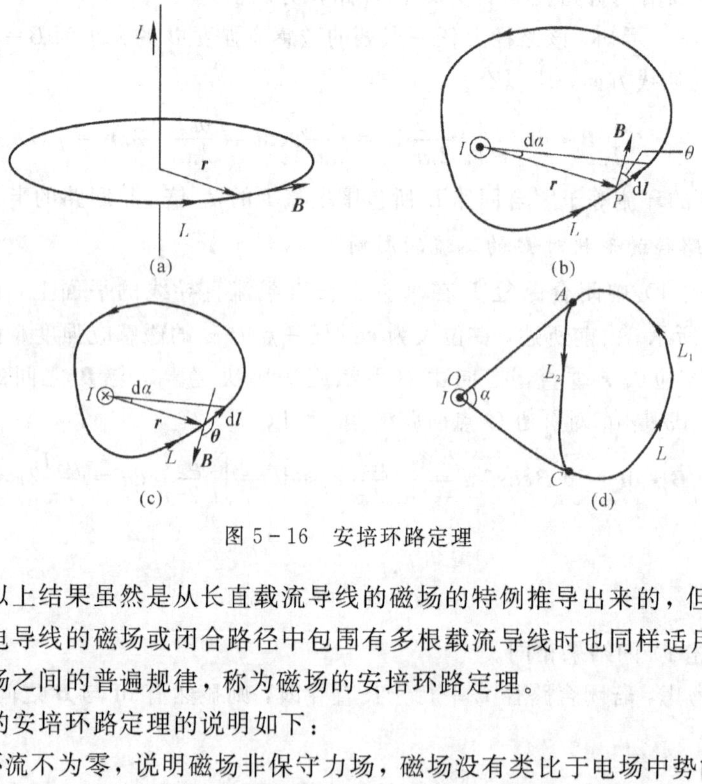

图 5-16　安培环路定理

可以证明以上结果虽然是从长直载流导线的磁场的特例推导出来的，但该结论对任意几何形状的通电导线的磁场或闭合路径中包围有多根载流导线时也同样适用。这就是电流和它所激发磁场之间的普遍规律，称为磁场的安培环路定理。

对于磁场的安培环路定理的说明如下：

(1) $\boldsymbol{B}$ 的环流不为零，说明磁场非保守力场，磁场没有类比于电场中势能的概念。

(2) 虽然 $\boldsymbol{B}$ 的环流只由环路内的电流决定，但是等式左边的 $\boldsymbol{B}$ 是闭合路径环内外所有电流所产生的磁感应强度的叠加。

(3) 不能由闭合路径 $\boldsymbol{B}$ 的环流为零，导出该路径上一段路径的线积分为零。

从前面的叙述中已经知道矢量场的基本性质包括“通量”和“环流”。式(5-9)描述了稳恒磁场“环流”的性质——非保守性。在矢量场的讨论中通常将矢量环流等于零的场称为无旋场，而将矢量环流不为零的场称为涡旋场或有旋场。因此，静电场是无旋场，而稳恒磁场是涡旋场。

至此，描述稳恒磁场的两个基本方程，即高斯定理和安培环路定理都已介绍了，可以看出磁场和静电场的性质有明显的区别，它们的性质比较如表 5-1 所示。

表 5 - 1　磁场和静电场的性质比较

静电场	磁场
$\oint_S \boldsymbol{E}\cdot \mathrm{d}\boldsymbol{S}=\frac{1}{\varepsilon_0}\sum_i q_i$ 静电场电场线总是源于正电荷，终于负电荷，因此静电场是有源场	$\oint_S \boldsymbol{B}\cdot \mathrm{d}\boldsymbol{S}=0$ 磁场的磁感应线是环绕电流、无头无尾的闭合曲线，因此磁场是无源场。
$\oint_L \boldsymbol{E}\cdot \mathrm{d}\boldsymbol{l}=0$ 静电场是保守力场，或有势场	$\oint_L \boldsymbol{B}\cdot \mathrm{d}\boldsymbol{l}=\mu_0\sum_i I_i$ 磁场没有保守性，它是非保守力场或无势场

5.2.3　安培环路定理的应用

对称性分析是物理中常用的工具，利用它可以大大简化问题。在电场的计算中，当电荷分布满足某种特殊对称性时，可利用高斯定理简便地求出场强的空间分布。在磁场的计算中，也可用类似的方法计算具有对称性分布的电流激发的磁场，这就是安培环路定理。

那么，为什么不用磁场的高斯定理呢？电场的高斯定理描述的是穿过闭合曲面的电场强度通量，它的数值等于闭合曲面内所包围的电量的代数和除以 ε_0，因此这条定律与电场和电荷的分布有关。而磁场的高斯定理与磁场和电流的分布无关，描述的是穿过任一闭合曲面的磁场强度通量始终为零，不管曲面内有无电流。因此，磁场的高斯定理不能用来求由某一特定的电流产生的磁场。

思考题 5 - 1　载流同轴电缆的磁场。

提示　让我们来考虑这样一种情况：将金属导线置于中空的圆柱形导体中，通电后，它们所激发的磁场是如何分布的呢？

这种设计我们称为同轴电缆（如图 5 - 17 所示），它在通信领域有着非常多的应用，比如，连接电视和本地有线供应商的缆线就是同轴电缆。在这种电缆中，电流在中空的圆柱形导体沿着同一方向并均匀分布在圆柱体的横截面上，而位于中空圆柱体中间的导线中的电流则沿着相反的方向。在电缆的外部，磁场 $\boldsymbol{B}$ 与到电缆中轴的距离 r 的关系是怎样的呢？

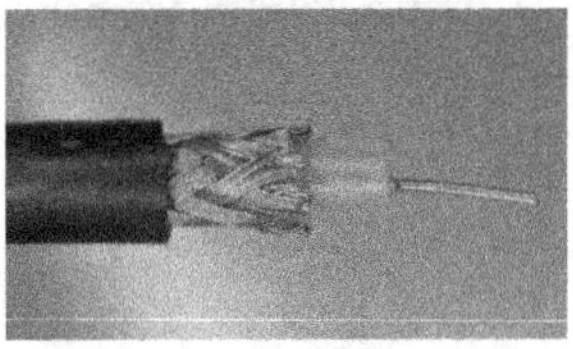

图 5 - 17　同轴电缆

为了解决这个问题，我们先介绍应用安培环路定理的解题思路，然后分别计算几个典型的分布具有对称性的电流所产生的磁场，最后根据磁场的叠加即可求出电缆的磁场分布。

某些分布具有对称性的电流所产生的磁场可以应用安培环路定理来计算。计算步骤如下：

（1）分析磁场分布的特点，选取有绕行方向的闭合路径 L。如果需要求某一点的磁场，那么这条路径必须经过这一点。积分路径不需要是任何真实的物理边界，通常它只是单纯的几何曲线，它既可以在空的空间中，也可以嵌在固体中或其他物质中。积分路径必须有足够的对称性以便能顺利地计算出积分的值。理想的情况是，在需要求解的区域内路径的切线方向和 $\boldsymbol{B}$ 的方向平行，在其他区域路径的方向则与 $\boldsymbol{B}$ 垂直或在这块区域内 $B=0$。

（2）计算 $\boldsymbol{B}$ 的环流，线积分 $\oint_L \boldsymbol{B}\cdot \mathrm{d}\boldsymbol{l}$，由于磁场中路径选取的对称性，线积分中的 $\boldsymbol{B}$ 的大小应该可以从积分符号中提出以方便求解。

(3) 求出闭合路径 L 所包围的电流的代数和。

(4) 由安培环路定理列等式求 $\boldsymbol{B}$ 的大小。

思考题 5-2 如何应用安培环路定理求无限长直载流导线在空间产生的磁场?

例题 5-5 计算无限长直均匀载流圆柱面在空间产生的磁场。设电流为 I,圆柱面半径为 R,如图 5-18(a)所示。

解 由电流呈轴对称分布可知磁场具有轴对称性,即到轴线距离相同的点,磁感应强度的大小相等;到轴线距离不同的点,磁感应强度不同。因此,通电圆柱面在空间激发的磁场,其磁场线为许多簇同心圆,同一个圆上各点的磁感应强度大小相等,方向沿各点的切线方向。

(1) 圆柱面外磁场的计算。选取半径 $r(r>R)$ 的圆为闭合回路,如图 5-18 (b)所示,应用安培环路定理,得

$$\oint_L \boldsymbol{B} \cdot \mathrm{d}\boldsymbol{l} = \mu_0 I$$

则

$$B \cdot 2\pi r = \mu_0 I \Rightarrow B = \frac{\mu_0 I}{2\pi r}$$

与无限长直载流导线产生的磁场一致。

(2) 圆柱面内磁场的计算。

选取半径 $r(r<R)$ 的圆为闭合回路,如图 5-18 (c)所示,应用安培环路定理,得

$$\oint_L \boldsymbol{B} \cdot \mathrm{d}\boldsymbol{l} = 0$$

$$B \cdot 2\pi r = 0 \Rightarrow B = 0$$

无限长直均匀载流圆柱面在空间产生磁场的磁场分布如图 5-19 (a)所示,图 5-19(b)中给出了磁感应强度与离轴线距离 r 的关系曲线。

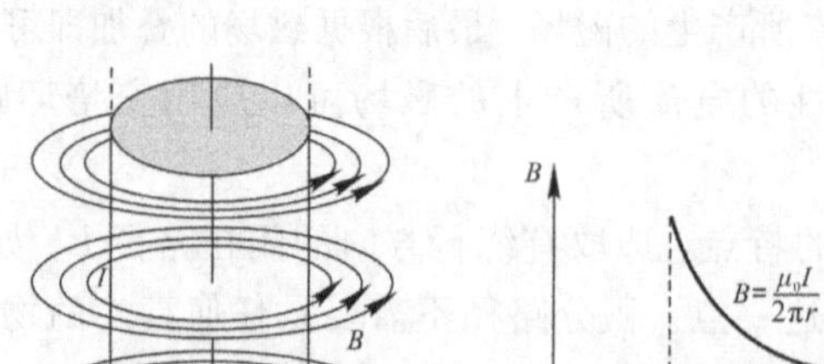

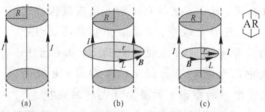

图 5-18 无限长直均匀载流圆柱面在空间产生的磁场的计算

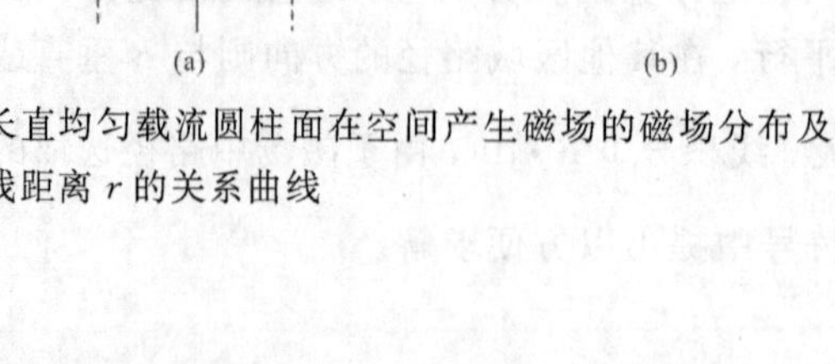

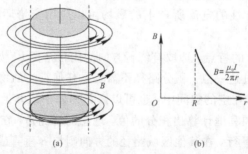

图 5-19 无限长直均匀载流圆柱面在空间产生磁场的磁场分布及该磁场的磁感应强度与离轴线距离 r 的关系曲线

例题 5-6　计算无限长直均匀载流圆柱导体产生的磁场。设均匀电流 I 在圆柱体内，圆柱体的半径为 R，如图 5-20 (a)所示。

解　由电流呈轴对称分布可得磁场具有轴对称性，即到轴线距离相同的点，磁感应强度的大小相等；距离不同的点，磁感应强度不同。因此，通电圆柱面在空间激发的磁场，其磁场线为许多簇同心圆，同一个圆上各点的磁感应强度大小相等，方向沿各点的切线方向。

(1) 圆柱面外磁场的计算。选取 $r(r>R)$的圆为闭合回路，如图 5-20(b)所示，应用安培环路定理，有

$$\oint_L \boldsymbol{B}\cdot \mathrm{d}\boldsymbol{l}=B\cdot 2\pi r=\mu_0 I \Rightarrow B=\frac{\mu_0 I}{2\pi r}$$

与无限长直载流导线和通电圆柱面产生的磁场一致。

(2) $r<R$ 区域：取半径为 $r(r<R)$的圆为闭合回路，如图 5-20(c)所示，应用安培环路定理，有

$$B\cdot 2\pi r=\mu_0 I'$$

将 $I'=\left(\frac{I}{\pi R^2}\right)\pi r^2$ 代入上式得

$$B\cdot 2\pi r=\mu_0\frac{I}{\pi R^2}\pi r^2 \Rightarrow B=\frac{\mu_0 I}{2\pi R^2}r$$

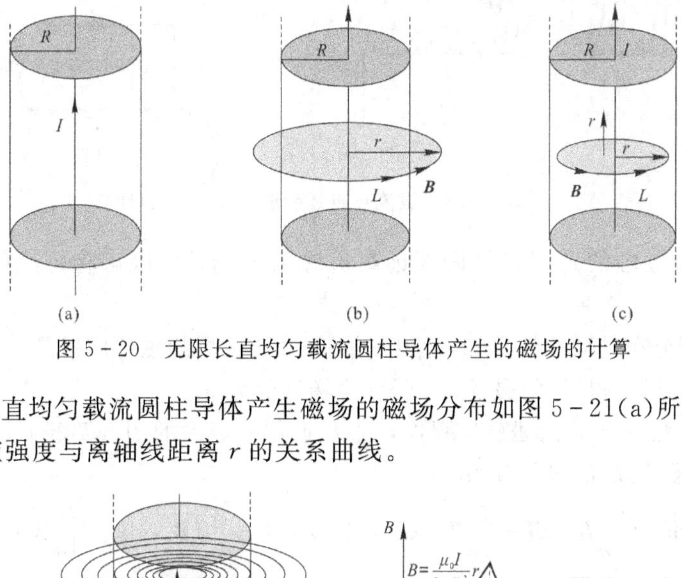

图 5-20　无限长直均匀载流圆柱导体产生的磁场的计算

(3) 无限长直均匀载流圆柱导体产生磁场的磁场分布如图 5-21(a)所示，图 5-21(b)中给出了磁感应强度与离轴线距离 r 的关系曲线。

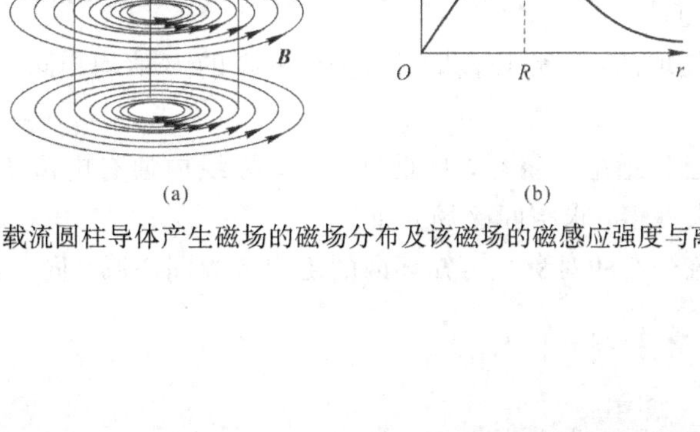

图 5-21　无限长直均匀载流圆柱导体产生磁场的磁场分布及该磁场的磁感应强度与离轴线距离 r 的关系曲线

通电线圈所产生的磁场与永磁铁的磁场类似。将通电线圈靠近一根悬挂着的永磁铁时，线圈的一端将与磁铁的N极相斥，因此，通电线圈也有一个N极和一个S极，它也是一种磁铁。由于电流通过线圈而形成的磁铁称为电磁铁。在线圈中放入一根铁棒或铁芯，也能增大电磁铁的强度，这是因为线圈的磁场能使铁芯磁化，从而产生“暂时性”磁场(详见5.6.3小节)。这种情况与将永磁铁靠近金属使它磁化的情况类似。如图5－22所示，巨大的电磁铁产生的磁场可以将数十吨重的金属重物举起。

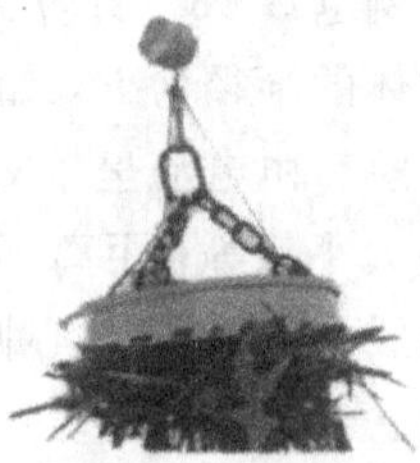

图5－22　电磁铁举起金属重物

电磁铁的磁性有无、磁场大小、磁极方向均可通过控制电流的大小、方向来实现，在工业生产、日常生活中有着广泛的应用，如电磁起重机、电子门锁、电磁继电器、磁悬浮列车等。

例题5－7　工厂中吸引和放置金属重物用的电磁起重机常采用均匀紧密绕制、长直载流螺线管产生强大的磁场，试分析螺线管内部(远离边缘)的磁场，螺线管外的漏磁忽略不计，已知长直螺线管单位长度的匝数为n，导线内通有电流I，如图5－23 (a)所示。

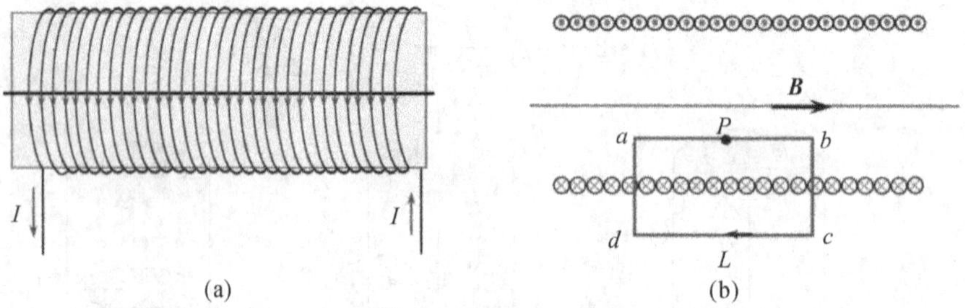

图5－23　载流长直螺线管内部磁场的计算

解　因为考虑的是螺线管内部远离边缘的磁场，所以可将螺线管看作无限长直螺线管。

根据电流分布的对称性可知，管内中间部分的磁场的磁感应线是一系列与轴线平行的直线，可以近似认为是均匀磁场，而管外磁场近似为0。

为了求任意一点P的磁感应强度，过P点作一矩形的闭合路径L，如图5－23 (b)所示。$\boldsymbol{B}$沿闭合路径L的线积分为

$$\oint_L \boldsymbol{B}\cdot \mathrm{d}\boldsymbol{l}=\int_{ab}\boldsymbol{B}\cdot \mathrm{d}\boldsymbol{l}+\int_{bc}\boldsymbol{B}\cdot \mathrm{d}\boldsymbol{l}+\int_{cd}\boldsymbol{B}\cdot \mathrm{d}\boldsymbol{l}+\int_{da}\boldsymbol{B}\cdot \mathrm{d}\boldsymbol{l}=\int_{ab}\boldsymbol{B}\cdot \mathrm{d}\boldsymbol{l}=B\cdot ab$$

由安培环路定理得

$$\oint_L \boldsymbol{B}\cdot \mathrm{d}\boldsymbol{l}=\mu_0 nI\cdot ab\Rightarrow B\cdot ab=\mu_0 nI\cdot ab\Rightarrow B=\mu_0 nI$$

由于P点是任取的，因此长直螺线管内任一点的B值均相同，方向平行于轴线，由右手螺旋定则决定。

例题5－8　已知通电螺绕环，总匝数为N，导线内通有电流I，假设螺绕环的半径比环管的截面半径大许多，求空间磁场分布。

解　根据电流分布的对称性可知环内的磁力线为同心圆，同一条磁力线上各点的磁感

应强度大小相等，如图 5-24 所示。取以 O 点为圆心、r 为半径的圆为闭合路径 L。

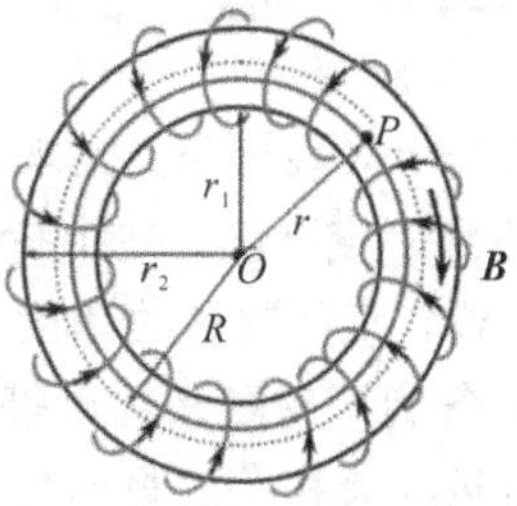

图 5-24　通电螺绕环的磁场计算

(1) 对区域 $r_1<r<r_2$ 应用安培环路定理：

$$\oint_L \boldsymbol{B}\cdot d\boldsymbol{l} = B\cdot 2\pi r = \mu_0 NI \Rightarrow B = \frac{\mu_0 NI}{2\pi r}$$

考虑到螺绕环的半径比环管的截面半径大许多，有

$$r\approx R=\frac{1}{2}(r_1+r_2)$$

所以

$$B=\frac{\mu_0 NI}{2\pi R}$$

若定义螺绕环单位长度上的匝数为

$$n=\frac{N}{2\pi R}$$

则有

$$B=\mu_0 nI$$

该式与无限长直螺线管中间内部的磁感应强度的公式一致。

(2) 对 $r<r_1$ 的空间应用安培环路定理：

$$\oint_L \boldsymbol{B}\cdot d\boldsymbol{r} = \mu_0 \sum_i I_i = 0$$

即由于没有电流穿过闭合回路 L，因此 $B=0$。

(3) 对 $r>r_2$ 的空间应用安培环路定理：

$$\oint_L \boldsymbol{B}\cdot d\boldsymbol{r} = \mu_0 \sum_i I_i = 0$$

即虽有电流穿过闭合回路 L，但由于其净电流为零，仍有 $B=0$。

综上所述，通电螺绕环空间磁场分布如下：

螺绕环内：

$$B=\frac{\mu_0 NI}{2\pi R}=\mu_0 nI$$

其中 $n=N/(2\pi R)$，为螺绕环单位长度的匝数。

螺绕环外：

$$B=0$$

5.3 磁 约 束

在热核反应的高温下，物质处于等离子态。实现热核反应的人工控制的最大困难，是如何把一定密度的等离子体加热到一定高温，并维持足够长的时间。要知道，在热核反应的高温下，任何固体材料早已熔毁，而且散热的速度是随着温度的升高而急剧增加的。目前大多数受控热核反应的实验装备利用磁场来约束等离子体。本节将详细描述磁约束的原理，介绍实现磁约束的装置和与磁约束相关的自然现象。

5.3.1 带电粒子在电场和磁场中的受力

运动电荷 q 在磁场 $\boldsymbol{B}$ 中所受的磁场力 $\boldsymbol{F}_m$ 叫做洛伦兹力。正的运动电荷所受洛仑兹力的方向为 $\boldsymbol{v}\times\boldsymbol{B}$ 所决定的方向，负的运动电荷所受洛仑兹力的方向为 $\boldsymbol{v}\times\boldsymbol{B}$ 所决定方向的反向。由于洛仑兹力的方向总是垂直于带电粒子的运动方向，因此洛仑兹力不改变带电粒子的速度大小，仅改变速度的方向。换句话说，因为洛仑兹力在平行于粒子运动的方向上的分量为零，所以洛仑兹力对粒子不做功。这是洛仑兹力的一个重要性质。

当带电粒子处在既有电场又有磁场的空间中时，其所受的力为电场力与洛伦兹力之和，即

$$\boldsymbol{F}=\boldsymbol{F}_e+\boldsymbol{F}_m=q\boldsymbol{E}+q\boldsymbol{v}\times\boldsymbol{B} \tag{5-11}$$

由式(5-11)可知一个带电粒子以速度 $\boldsymbol{v}$ 进入磁场后，受到的洛仑兹力的大小为 $F_m=qvB\sin\theta$，θ 为 $\boldsymbol{v}$ 与 $\boldsymbol{B}$ 之间的夹角。

如何利用磁场将带电粒子约束在一定的范围内？我们先以一个带正电的粒子作为研究对象，讨论它在均匀磁场中的运动情况，分析实现磁约束所需的条件。

5.3.2 均匀磁场中磁约束的实现

带电粒子在均匀磁场中运动，如何实现磁约束呢？根据带电粒子的运动速度和磁场夹角的不同，分为下列三种情形进行分析：

1) $\boldsymbol{v}/\!/\boldsymbol{B}$ 的情形

此时，$\boldsymbol{v}$ 与 $\boldsymbol{B}$ 之间的夹角 $\theta=0$，所以 $F_m=0$，粒子做匀速直线运动，如图 5-25 所示。这种情况下，磁场对带电粒子没有约束作用。

2) $\boldsymbol{v}\perp\boldsymbol{B}$ 的情形

此时，$\boldsymbol{v}$ 与 $\boldsymbol{B}$ 之间的夹角 $\theta=\pi/2$，F_m 为最大值，$F_m=qvB$，方向与 $\boldsymbol{v}$ 垂直，不能改变速度的大小，只能改变速度的方向。洛仑兹力提供粒子做匀速圆周运动的向心力，如图 5-26所示，因此

$$qvB=\frac{mv^2}{R}$$

其中：m 为粒子的质量，R 为粒子做匀速圆周运动的半径。
所以

$$R=\frac{mv}{qB} \tag{5-12}$$

带电粒子做圆周运动的周期为

$$T=\frac{2\pi R}{v}=\frac{2\pi m}{qB} \tag{5-13}$$

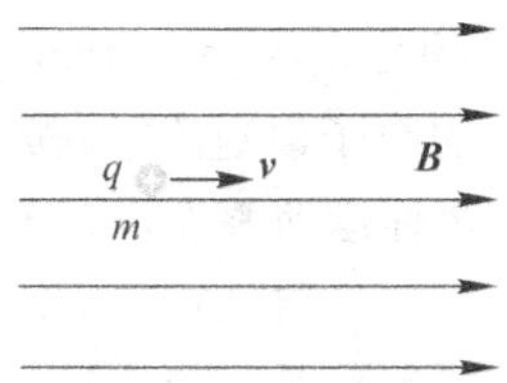

图 5-25　带电粒子在均匀磁场中的运动，$\boldsymbol{v}/\!/\boldsymbol{B}$ 的情形

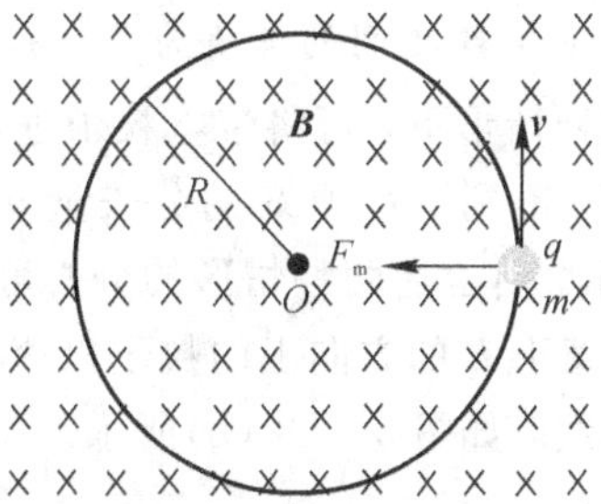

图 5-26　带电粒子在均匀磁场中的运动，$\boldsymbol{v}\perp\boldsymbol{B}$ 的情形

注意　该周期与粒子的速度无关，这是磁聚焦和回旋加速器的理论基础。

这种情况下，磁场可以将带电粒子约束在以 R 为半径的圆形区域内，R 由带电粒子的质量、速度、电荷数和磁场的大小决定。如需同时约束大量的不同性质的带电粒子，由于带电粒子的质量、速度、电荷数的不同，其运动半径 R 可能各不相同，因此设计装置时需要考虑最大半径 R。从另一方面考虑，我们可以利用这一特性来分离电荷量相等而质量不同的同位素，实现这一功能的装置称为质谱仪。

质谱仪是由英国物理学家阿斯顿(Francis William Aston)于 1919 年发明的，它利用电场、磁场对运动电荷的作用力，将电荷量相等而质量不同的同位素分离，图 5-27 所示为质谱仪的结构示意图，它由粒子的速度选择器(由电场 $\boldsymbol{E}$ 和磁场 $\boldsymbol{B}$ 组成)、速度偏转器(磁场 $\boldsymbol{B}'$)、感光胶片等组成。

在质谱仪中，待测粒子首先进入速度选择器，设带电粒子 q 以速度 $\boldsymbol{v}$ 垂直于均匀电场 $\boldsymbol{E}$ 和均匀磁场 $\boldsymbol{B}$ 运动，它将受到电场力和洛伦兹力的作用，有

$$\boldsymbol{F}_e=q\boldsymbol{E}\ ,\ \boldsymbol{F}_m=q\boldsymbol{v}\times\boldsymbol{B}$$

只有当粒子受到的电场力和洛伦兹力相等时，粒子才能沿直线运动，穿过速度选择区域到达下面的偏转磁场区域，所以通过速度选择区域的粒子的速率是唯一的，有

$$v=\frac{E}{B} \tag{5-14}$$

当粒子进入偏转磁场区域后，粒子在洛伦兹力的作用下做圆周运动，由式(5-12)可知，粒子做圆周运动的半径为

$$R=\frac{mv}{qB'} \tag{5-15}$$

将式(5-14)代入式(5-15)，得

$$R=\frac{mE}{qBB'} \tag{5-16}$$

可见，质谱仪中带电粒子做圆周运动的半径 R 与粒子的质量、电荷、空间的电磁场有关。

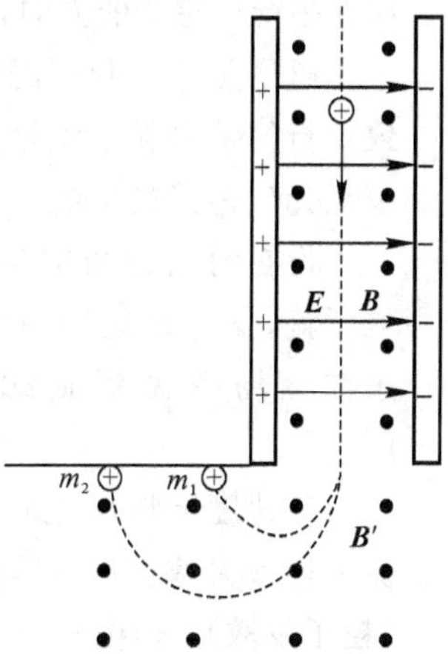

图 5-27　质谱仪的结构示意图

当一束同位素粒子同时进入质谱仪后，由于粒子的电

荷、空间电场与磁场均相同，质量不同的粒子就有不同的运动半径 R，打在感光胶片上形成的质谱线的位置就不同，因此根据胶片上形成的谱线的条数与谱线的位置，可以推知同位素的存在和同位素的质量，这就是质谱仪的工作原理。

3）$\boldsymbol{v}$ 与 $\boldsymbol{B}$ 之间的夹角为某一角度 θ 的情形

这种情形下，可将带电粒子进入磁场时的速度沿着平行于磁场和垂直于磁场的方向进行分解，得到平行于 $\boldsymbol{B}$ 的分矢量 $v_{/\!/}=v\cos\theta$ 和垂直于磁场的分量 $v_{\perp}=v\sin\theta$，如图 5－28 (a)所示。由上述两种情形的分析可知，平行于 $\boldsymbol{B}$ 的方向上的粒子以速率 $v_{/\!/}$ 做匀速直线运动，垂直于 $\boldsymbol{B}$ 的方向上的粒子以速率 $v_{\perp}$ 做匀速圆周运动。两种运动叠加，最终粒子的轨迹为螺旋线，如图 5－28 (b)所示。

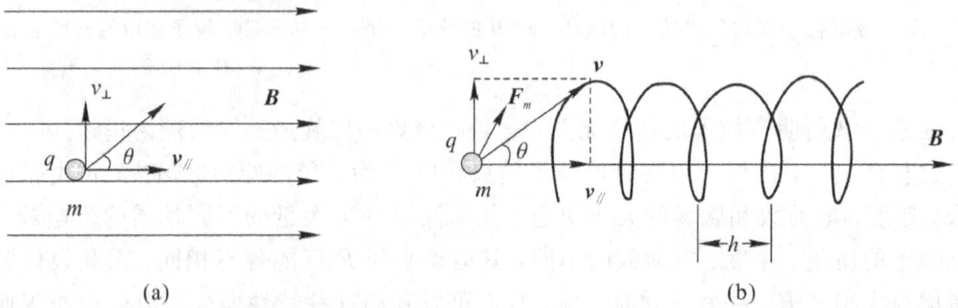

图 5－28 带电粒子在均匀磁场中运动，$\boldsymbol{v}$ 与 $\boldsymbol{B}$ 之间的夹角为某一角度 θ 的情形

螺旋线的半径(回旋半径)为

$$R=\frac{mv_{\perp}}{qB}=\frac{mv\sin\theta}{qB} \tag{5-17}$$

螺旋线的螺距为

$$h=v_{/\!/}T=v\cos\theta\cdot T=\frac{2\pi mv\cos\theta}{qB} \tag{5-18}$$

可以看出，螺距和平行于磁场的速度的分量 $v_{/\!/}$ 有关，而和其垂直分量 $v_{\perp}$ 无关。这正是磁聚焦应用的基础。这种情况下，磁场对带电粒子的约束作用只表现在垂直于磁场的方向，而在平行于磁场的方向，则带电粒子没有受到约束，带电粒子会沿磁力线流失(逸出损失)。

磁聚焦——利用磁场将一束速度方向大致平行的带电粒子流聚焦在某处，类似于光束经光学透镜的聚焦。

设在匀强磁场中某处 A 发射一束带电粒子流，$\boldsymbol{v}$ 与 $\boldsymbol{B}$ 之间有一定的夹角，带电粒子在磁场中做螺旋线运动，如图 5－29 所示。

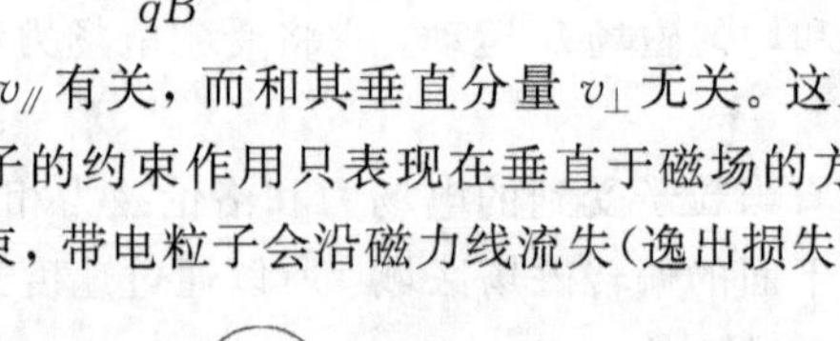

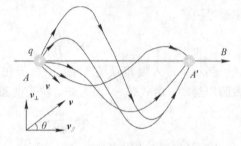

图 5－29 磁聚焦示意图

若速度 $\boldsymbol{v}$ 与 $\boldsymbol{B}$ 之间的夹角很小，且粒子流的速率大致接近，尽管 $v_{\perp}=v\sin\theta\approx v\,\theta$ 不同，会使各个粒子沿不同的半径做螺旋线运动(粒子发散)，但由于

$$h=v_{/\!/}T=v\cos\theta\cdot T\approx vT$$

这些带电粒子的螺距近似相等，经过一个回转周期，这些带电粒子将会聚到同一点。这和一

束近轴光线经过透镜后聚焦的现象类似。因此磁聚焦可以应用于带电粒子的聚焦。

上面讲的是均匀磁场中的磁聚焦现象，它要靠长螺线管来实现。然而实际上用得更多的是短线圈产生的非均匀磁场的聚焦作用(见图 5-30)，这里线圈的作用与光学中的透镜相似，故称为磁透镜。

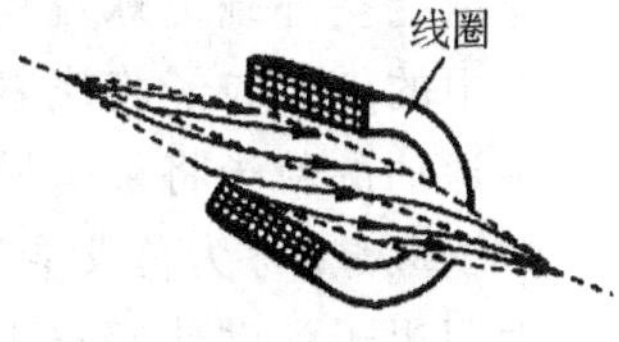

图 5-30　磁聚焦装置

接下来讨论带电粒子在非均匀磁场中的运动情形，并以几个实例来说明如何实现磁约束。

5.3.3　非均匀磁场中的磁约束

1. 磁镜

由上面的分析可知，带电粒子以与 $\boldsymbol{B}$ 成斜交角度的速度进入均匀磁场，可绕磁感应线做螺旋运动，螺旋线的半径 R 与磁感应强度 $\boldsymbol{B}$ 成反比，磁场越强，半径越小。这样一来，在很强的磁场中，每个带电粒子的活动便被约束在一根磁感应线附近的很小范围内。也就是说，带电粒子回旋轨道的中心(叫作引导中心)只能沿磁感应线做纵向移动，而不能横越它。只有当粒子发生碰撞时，引导中心才能由一根磁感应线跳到另一根磁感应线上。等离子体是由带电粒子组成的，正是由于上述原因，强磁场可以使带电粒子的横向运输过程(如扩散、热导)受到很大的限制。

实际问题中，如受控热核反应，不仅要求引导中心受到横向约束，也希望有纵向约束。下述磁镜装置便能限制引导中心的纵向移动。

当带电粒子在非均匀磁场中向磁场较强的方向运动时，螺旋线的半径将随着磁感应强度的增大而不断减小。同时，此带电粒子在非均匀磁场中受到的洛伦兹力总有一指向磁场较弱的方向的分力，此分力阻止带电粒子向磁场较强的方向运动。这样有可能使粒子沿磁场方向的速度减小到零，从而迫使粒子掉向反转运动，如图 5-31(a)所示。

如果在一长直圆柱形真空室中形成一个两端较强、中间较弱的磁场(图 5-31(b))，那么两端较强的磁场对带电粒子的运动起着阻塞的作用，它迫使带电粒子局限在一定范围内做往返运动。由于带电粒子在两端处的这种运动好像光线遇到镜面发生反射一样，因此这种装置称为磁镜。

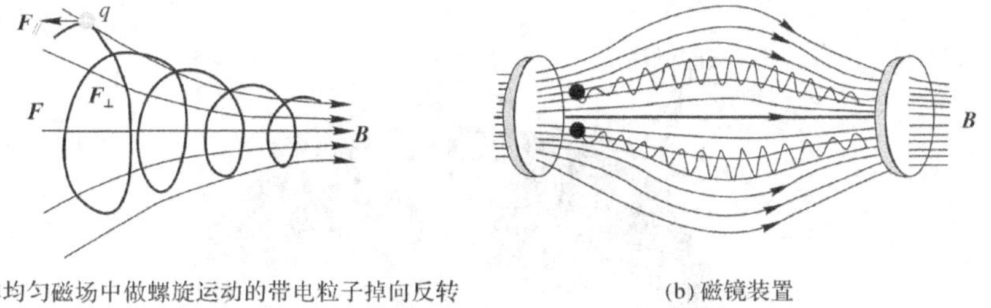

(a) 非均匀磁场中做螺旋运动的带电粒子掉向反转　　(b) 磁镜装置

图 5-31　带电粒子在非均匀磁场中的运动

思考题 5-3　如何形成一个两端较强、中间较弱的磁场？

2. 极光

上述磁约束的现象也存在于宇宙空间。在太阳创造的光、热等形式的能量中，有一种能量被称为“太阳风”，从太阳喷射出的高能电子和质子流高速接近地球时，会在地球上空环绕地球流动，并以大约 400 km/s 的速度撞击地球，被地磁场俘获后，辐射带中的带电粒子将绕着地磁感应线做螺旋线运动。因为在近两极处地磁场增强，做螺旋运动的粒子将被折回，结果粒子在沿磁感应线的区域内来回振荡，形成了一个带电粒子区域(称为范艾仑辐射带)，此带相对于地球呈轴对称分布(见图 5-32)。有时，太阳黑子活动使宇宙中的高能粒子剧增，这些高能粒子在地磁感应线的引导下在地球北极附近进入大气层时引起空气分子电离而发光，从而出现美妙的极光。由于范艾仑辐射带上、下边界的离地高度分别约为 300 km、100 km，因此，极光可以形成宽度约 200 km 的光幕。

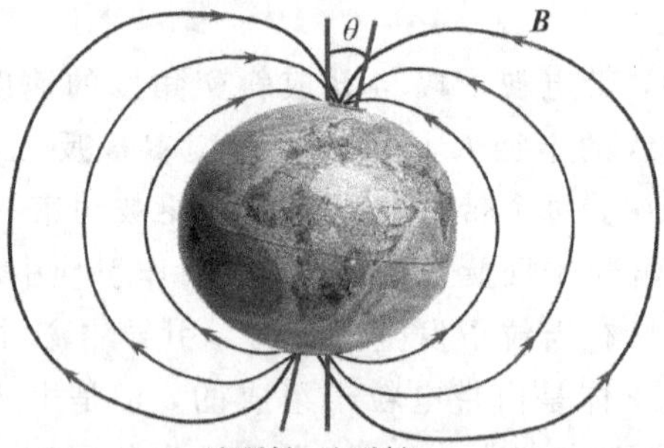

图 5-32　地球磁场

地球磁场形如漏斗，尖端对着地球的南北两个磁极，因此太阳喷出的带电粒子在地磁场的磁力作用下沿着地磁场这个“漏斗”沉降，进入地球的两极地区，因此极光往往在地球南、北极地区出现。

3. 托克马克装置

在磁镜装置中，带电粒子的横向运动可被磁场抑制，纵向运动又被磁镜反射，这样的磁场位形就像牢笼一样，可以把带电粒子或等离子体约束在其中。然而，磁镜装置有一个缺点，即总有一部分纵向速度较大的粒子会从两端逃逸。将磁力线闭合起来，采用如图 5-33所示的环形磁场结构，可以避免这个缺点。目前主要的受控热核装置(如托克马克、仿星器)中都采用闭合环形结构。

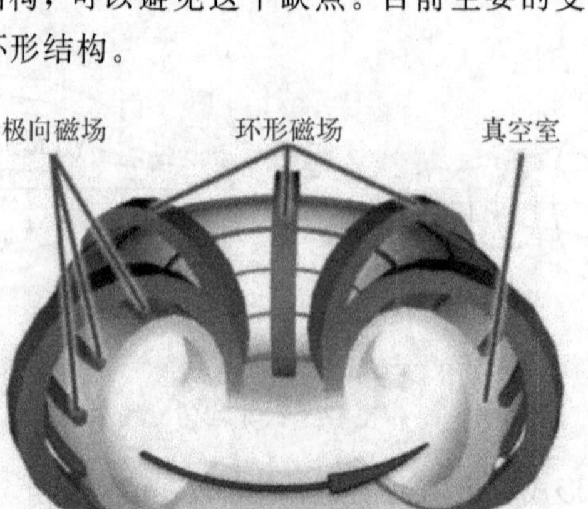

图 5-33　托克马克原理示意图

前苏联科学家提出了托克马克(Tokamak)概念，意为“磁线圈中的环形容器”。根据上述磁约束原理，依靠等离子体电流和环形线圈产生的巨大螺旋形强磁场，带电粒子能够沿磁力线做螺旋式运动，等离子体就被约束在这种环形的磁场中，以此来实现核聚变反应，并最终解决人类所需的能源问题。我国是世界上少数几个拥有超导托克马克装置的国家之一，并取得了令人瞩目的领先成果。

*5.4　霍尔效应

磁场使带电粒子发生偏转这一简单现象导致了一场物理学革命，使我们能够测量或检测诸如自行车的轮子和机动车曲轴之类的运动，甚至材料中电子漂移的速度。而这一切都基于电流通过置于磁场中的一片宽而薄的导体片时所发生的现象，即霍尔效应。

5.4.1　霍尔效应

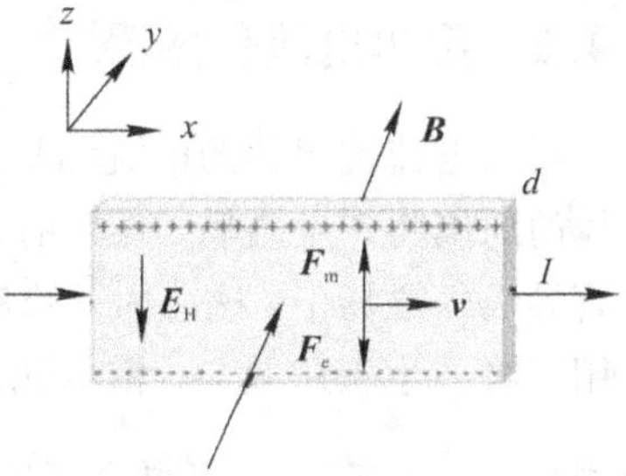

图 5-34　霍尔效应

1879 年，美国物理学家霍尔(E. H. Hall, 1855—1938)设计了一个实验来判断导体中参与导电的带电粒子(称为载流子)的电性符号，当时人们还不了解金属的导电原理，也不知道电子的存在。如图 5-34 所示，将一块通有电流的金属(或半导体)薄片垂直地放置于磁场中时，薄片的两端就会产生电势差，这种现象就称为霍尔效应，此电势差称为霍尔电压 U_H。

实验表明，在磁场不太强时，霍尔电压 U_H 与电流 I、磁感应强度 $\boldsymbol{B}$ 和薄片沿 $\boldsymbol{B}$ 方向的厚度 d 的关系满足下面的数学表达式：

$$U_H = R_H \frac{IB}{d} \tag{5-19}$$

式(5-19)中的比例系数 R_H 称为霍尔系数，它与薄片的材料有关。可以证明，霍尔系数 $R_H = \frac{1}{nq}$，其中 n 为材料的载流子浓度。通过测量霍尔系数可以确定导体内载流子浓度 n。半导体内载流子的浓度远比金属中的载流子浓度小，所以半导体的霍尔系数比金属的大得多。又由于半导体内载流子的浓度受温度、杂质以及其他因素的影响很大，所以霍尔效应为研究半导体载流子浓度的变化提供了重要的方法。

霍尔效应可以用洛仑兹力对运动电荷的作用来解释。设通电导体薄片内载流子为正电荷，在洛仑兹力的作用下，载流子的运动方向发生偏转，如图 5-34 所示，结果在薄片的上端面积累了正电荷，在相对的另一面即下端面则会出现等量的负电荷，从而在薄片内部形成沿 z 轴负向的附加电场，称为霍尔电场，形成电势差。除了洛仑兹力，载流子也受到电场力的作用，其方向与洛仑兹力的方向相反，随着上下端面积累的电荷的增加，电场力增大，当电场力与洛仑兹力的大小相等时，就达到动态平衡，两端面形成稳定的电势差，这就是霍尔电压。

如果通电导体薄片内载流子为电子，情况又会有何不同呢？霍尔电压的方向会相反。

当我们观察半导体的霍尔效应时，可以据此判断半导体的导电类型，电子型(N 型)载流子为电子，空穴型(P 型)载流子为“空穴”，相当于带正电的粒子。

从 20 世纪 60 年代起，随着半导体材料和半导体工艺的飞速发展，人们发现用半导体材料制成的霍尔元件具有对磁场敏感、结构简单、体积小、频率响应宽、输出电压变化大和使用寿命长等优点，因此，将其广泛应用于电磁测量、非电量测量、自动控制、计算与通信装置中。

霍尔效应也可以用来直接测量材料中电子漂移的速度，这一速度非常小，通常只有 1 mm/s这个数量级甚至更小。如果沿着电流相反的方向移动整个导体，当移动速度与电子漂移的速度相等时，电子不受磁场的作用，霍尔电压消失。因此霍尔电压消失时的导体运动速度等于电子漂移的速度。

思考题 5－4　如何应用霍尔效应测量自行车轮子的转速？

5.4.2　霍尔电流传感器

霍尔电流传感器的电流测量过程如图 5－35 所示。当待测电流通过一长直导线时，在导线的周围将产生磁场，磁场的大小与导线的电流成正比。将一环状磁介质(磁芯)放在通电直导线的磁场中，磁芯内就有很强的磁场。磁芯的缺口处放置一个霍尔元件，在磁场的作用下将产生霍尔效应，霍尔元件中将有霍尔电压输出，该电压信号经过放大后可以被精确测量，由式(5－19)可得磁场的大小为 $B=\frac{U_{\mathrm{H}}d}{IR_{\mathrm{H}}}$，再由磁感应强度可以计算出产生磁场的待测电流的大小。

霍尔电流传感器具有精度高、线性好、频带宽、响应快等特点，而且不影响被测电路、不消耗被测电源的功率，因此常被用于测量需要隔离检查的大电流。

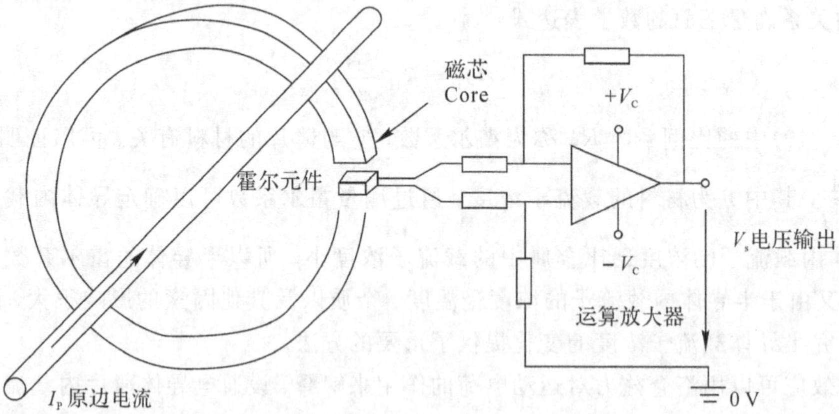

图 5－35　霍尔电流传感器的电流测量示意图

5.4.3　磁流体发电

在磁场中的固体载流导体会产生霍尔效应，导电流体在磁场中同样会产生霍尔效应，这就是磁流体发电的依据。

1. 磁流体发电的基本原理

在燃烧室中，利用燃料(油、煤或原子核反应堆)燃烧的热能加热气体，可使其成为高温(约 300 K)导电气体——等离子体。为了加速等离子体的形成，往往在气体中加入一定量容易电离的碱金属，如钾或铯元素，然后使等离子体以高速(约为 100 m · s^{-1})进入耐高温材料制成的发电通道。发电通道的上下两面有磁极，以产生磁场，通道的左右两侧有电极。等离子体通过通道时，正、负离子由于洛伦兹力的作用而发生相反方向的偏转，在通道的左右两极就产生电动势。如果高温、高速的等离子体不断地通过通道，便能在电极上连续地输出电能，这就是磁流体发电的基本原理。磁流体发电机的结构如图 5 - 36 所示。

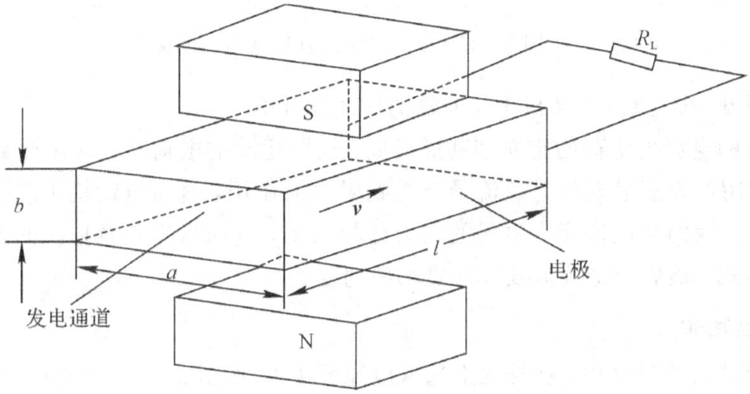

图 5 - 36　磁流体发电机的结构示意图

2. 磁流体血液泵

在医学方面人们还利用霍尔效应制成了磁流体血液泵，它利用作用在导电血液上的磁场力来运送导电血液，也可用于输送其他电解质溶液。在该装置中，没有任何机械运动部件和周期性的机械变形，因而对血液没有机械积压的破坏作用，降低了血液驱动过程中对血液生化特性的影响，而且可以全部密封，避免了污染。这种新型血液驱动方式的研究，对人工心脏辅助装置具有重要的意义。

思考题 5 - 5　请查阅文献了解霍尔效应的研究进展及其应用前景。

*5.5　直流电动机

直流电动机是一种使用直流电源的动力装置，又称直流马达、直流电机，广泛应用于现代工业、日常生活等领域。直流电动机是根据载流线圈在磁场中受到力矩的作用而运动的原理制成的。本节将讨论由单匝线圈组成的直流电动机的基本原理，主要包括四部分内容：其一是磁场对电流的作用，讨论载流导线在磁场中的受力，即安培定律，进而讨论磁场对载流线圈的作用；其二是磁场力的功；其三是直流电动机的工作原理；最后介绍磁电式电流计的工作原理。

5.5.1　磁场对电流的作用

图 5 - 37 所示是一个最简单的单匝线圈的电动机模型，线圈置于由一对磁极提供的磁场中，可绕一固定轴转动。线圈的两端接有换向器，换向器是一对相互绝缘的半圆形截片，它们通过固定的电刷与直流电源相接。那么，直流电动机中的载流线圈是如何转动起来的呢？

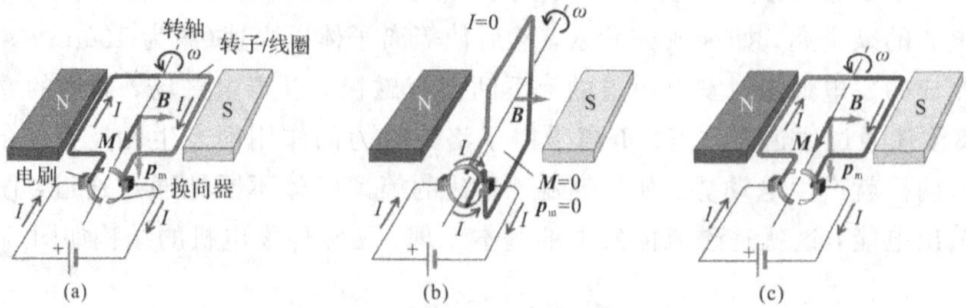

图 5-37 单匝线圈的直流电动机模型

思考题 5-6 直流电动机中换向器的作用是什么?

导体中的电流由电荷的定向移动而形成,这些运动的电荷在磁场中受到洛仑兹力的作用,该力作用的宏观表现就是载流导体受到磁力的作用,直流电动机中载流线圈的转动亦源于此。下面我们从电流元在磁场的受力分析入手,进而得出任意形状的电流在磁场中受力的表示形式,最后讨论载流线圈在磁场中的受力。

1. 安培定律

载流导体置于磁场中,在导线上选取电流元 $I\mathrm{d}\boldsymbol{l}$,如图 5-38(a)所示。电流元中的载流子(运动电荷)以相同的平均速度 $\boldsymbol{v}$ 运动。因此,一个电量为 q 的运动电荷受到的洛伦兹力 $\mathrm{d}\boldsymbol{F}_q=q\boldsymbol{v}\times\boldsymbol{B}$。

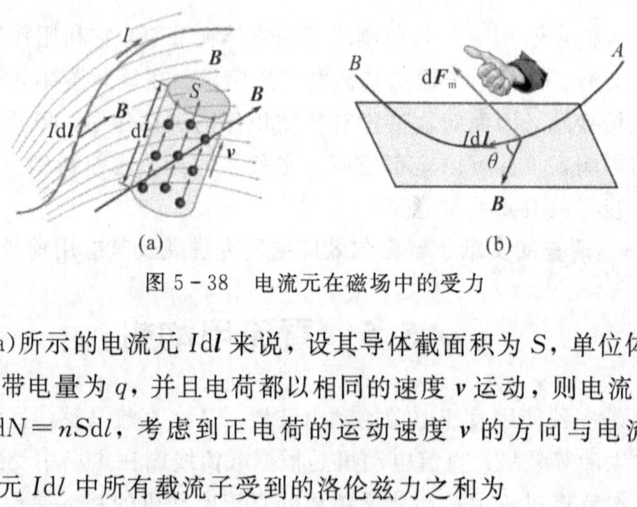

图 5-38 电流元在磁场中的受力

对图 5-38 (a)所示的电流元 $I\mathrm{d}\boldsymbol{l}$ 来说,设其导体截面积为 S,单位体积内有 n 个正电荷,每个正电荷的带电量为 q,并且电荷都以相同的速度 $\boldsymbol{v}$ 运动,则电流 $I=nqSv$,电流元中正电荷的个数 $\mathrm{d}N=nS\mathrm{d}l$,考虑到正电荷的运动速度 $\boldsymbol{v}$ 的方向与电流元 $I\mathrm{d}\boldsymbol{l}$ 相同,即 $\dfrac{v\mathrm{d}\boldsymbol{l}}{\mathrm{d}l}=\boldsymbol{v}$,则该电流元 $I\mathrm{d}l$ 中所有载流子受到的洛伦兹力之和为

$$\mathrm{d}\boldsymbol{F}=(\mathrm{d}N)\mathrm{d}\boldsymbol{F}_q=nS\mathrm{d}l(q\boldsymbol{v}\times\boldsymbol{B})=nqSv\mathrm{d}\boldsymbol{l}\times\boldsymbol{B}=I\mathrm{d}\boldsymbol{l}\times\boldsymbol{B}$$

该式反映了电流元 $I\mathrm{d}\boldsymbol{l}$ 受到的磁力。载流导线受到的磁场的作用力通常称为安培力。在磁场中电流元 $I\mathrm{d}\boldsymbol{l}$ 所受到的磁场的作用力 $\mathrm{d}\boldsymbol{F}$ 为

$$\mathrm{d}\boldsymbol{F}=I\mathrm{d}\boldsymbol{l}\times\boldsymbol{B} \tag{5-20}$$

式中:$\boldsymbol{B}$ 为 $I\mathrm{d}l$ 所在处的磁感应强度,即在磁场中电流元 $I\mathrm{d}l$ 所受到的磁场的作用力 $\mathrm{d}\boldsymbol{F}$ 的大小为 $\mathrm{d}F=I\mathrm{d}lB\sin\theta$,其中 θ 为电流元 $I\mathrm{d}l$ 与磁场之间的夹角,$\mathrm{d}\boldsymbol{F}$ 的方向垂直于电流元和磁场所决定的平面,且该点电流元 $I\mathrm{d}l$、磁感应强度 $\boldsymbol{B}$ 和安培力 $\mathrm{d}\boldsymbol{F}$ 之间满足右手螺旋法则,如图 5-38(b)所示。式(5-20)称为安培定律,由安培(A. M. Ampere) 于 1820 年通

过研究磁场对电流作用的定量规律后概括得出。

原则上可以用积分的方法求出有限长一段通电导线 L 受到的安培力：

$$\boldsymbol{F}=\int \mathrm{d}\boldsymbol{F}=\int_L I\mathrm{d}\boldsymbol{l}\times\boldsymbol{B} \tag{5-21}$$

式中：$\boldsymbol{B}$ 为各电流元 $I\mathrm{d}l$ 所在处的磁感应强度。

显然，式(5-21)是矢量式。一般说来运用该式时，首先要将 $\mathrm{d}\boldsymbol{F}$ 在选定的坐标系中进行分解，分别计算在各坐标轴方向上的 $\mathrm{d}\boldsymbol{F}$ 分量后，再将各分量叠加得到合力 $\boldsymbol{F}$。以下用几个例子说明如何应用安培定律计算安培力。

例题 5-9　求均匀磁场中长度为 L，载有电流 I 的直导线所受的安培力。

解　如图 5-39 所示，取电流元 $I\mathrm{d}\boldsymbol{l}$，电流元所受的安培力为

$$\mathrm{d}F=I\mathrm{d}lB\sin\theta$$

方向为⊗。

各电流元所受的安培力方向相同，直接积分得

$$F=\int_L BI\mathrm{d}l\sin\theta=BIL\sin\theta$$

方向为⊗。

讨论：

(1) $\theta=0$ 或 $\theta=\pi$ 时，$F=0$。

(2) $\theta=\dfrac{\pi}{2}$ 或 $\theta=\dfrac{3\pi}{2}$ 时，F 有最大值，且 $F=BIL$。

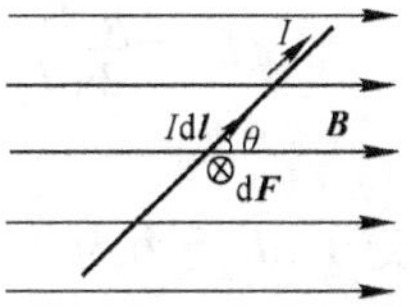

图 5-39　均匀磁场中载流直导线所受安培力的计算

例题 5-10　如图 5-40 (a)所示，OXY 平面内任意形状的一段导线处于均匀磁场 $\boldsymbol{B}$ 中，通有电流 I，a、b 之间的距离为 L，计算电流 I 所受的安培力。

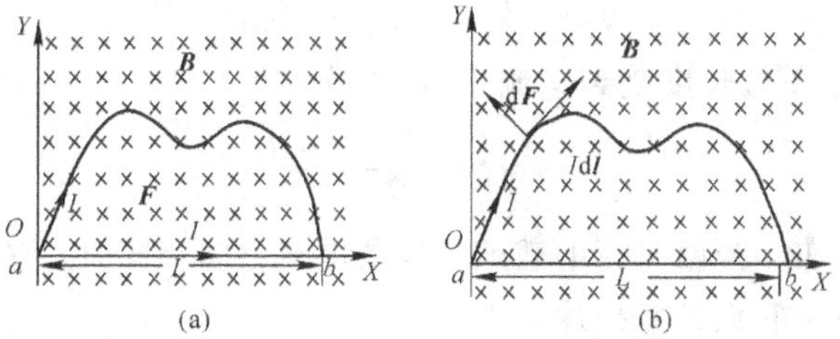

图 5-40　任意形状载流导线在均匀磁场中所受的安培力的计算

解　由题意可知，任意形状导线上的电流元表示为

$$I\mathrm{d}\boldsymbol{l}=I\mathrm{d}x\boldsymbol{i}+I\mathrm{d}y\boldsymbol{j}$$

磁感应强度为

$$\boldsymbol{B}=-B\boldsymbol{k}$$

电流元所受到的安培力为

$$\mathrm{d}\boldsymbol{F}=I\mathrm{d}\boldsymbol{l}\times\boldsymbol{B}=I(\mathrm{d}x\boldsymbol{i}+\mathrm{d}y\boldsymbol{j})\times(-B\boldsymbol{k})=IB\mathrm{d}x\boldsymbol{j}-IB\mathrm{d}y\boldsymbol{i}$$

图中载流导线受到的安培力为

$$\boldsymbol{F}=\int_L \mathrm{d}\boldsymbol{F}=\int_0^{b_x} IB\,\mathrm{d}x\boldsymbol{j}-\int_0^{b_y} IB\,\mathrm{d}y\boldsymbol{i}$$

所以

$$\boldsymbol{F}=IBL\boldsymbol{j}$$

以上结果表明，整个曲线所受的力的总和等于从起点到终点连线的直导线通过相同的电流时所受的安培力，如图 5-40 (b)所示。若 a、b 两点重合，容易得出推论：一个在均匀磁场中的任意形状的闭合载流回路受到的安培力为零。

例题 5-11　如图 5-41 所示，间距为 d 的两平行的载流长直导线，分别载有同向电流 I_1 和 I_2。求两平行的载流长直导线的相互作用力。

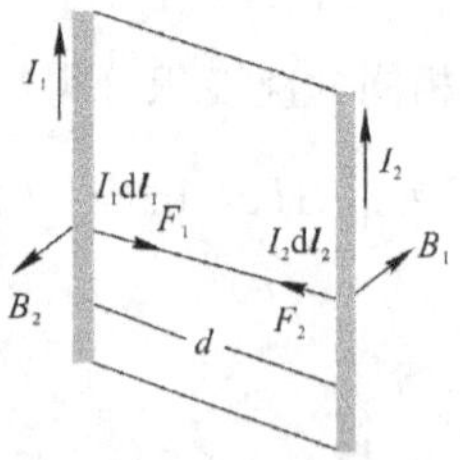

图 5-41　两平行的载流长直导线的相互作用力的计算

解　载有电流 I_1 的导线在与其相距为 d 载有电流 I_2 的导线处的磁感应强度的大小为

$$B_1=\frac{\mu_0 I_1}{2\pi d}$$

方向为⊗。

载有电流 I_2 的导线上的电流元 $I_2\mathrm{d}\boldsymbol{l}_2$ 受力为

$$\mathrm{d}\boldsymbol{F}_2=I_2\mathrm{d}\boldsymbol{l}_2\times\boldsymbol{B}_1$$

其大小为 $\mathrm{d}F_2=B_1I_2\mathrm{d}l_2$，方向向左，指向电流 I_1。所以载有电流 I_2 的导线单位长度受到电流 I_1 的吸引力为

$$f_{21}=\frac{\mathrm{d}F_2}{\mathrm{d}l_2}=\frac{\mu_0 I_1 I_2}{2\pi d}$$

同理可知，电流 I_1 单位长度受到电流 I_2 的吸引力为

$$f_{12}=\frac{\mathrm{d}F_1}{\mathrm{d}l_1}=\frac{\mu_0 I_1 I_2}{2\pi d}$$

由以上讨论可知，当两平行的载流导线的电流方向相同时，它们相互吸引。可以证明，当电流方向相反时，它们相互排斥。

国际单位制(SI)中，电流强度的单位是根据真空中一对相互平行的无限长直载流导线之间的作用力来定义的。真空中载有等量电流 I、相距 $d=1$ m 的一对相互平行的无限长直导线，当单位长度上的作用力为 $F=2\times10^{-7}$N 时，定义每根导线中的电流强度为 1 A。

2. 磁场对载流线圈的作用

在均匀磁场 $\boldsymbol{B}$ 中有一刚性载流线圈 $abcd$，在磁场力的作用下载流线圈受到力矩的作用而发生转动。下面讨论载流线圈在磁场中所受的力矩。

若载流线圈 $ab=l_2$，$da=l_1$，可以绕 OO' 轴转动，均匀磁场 $\boldsymbol{B}$ 的方向向右，如图 5－42 (a)所示。

设某一时刻载流线圈 $abcd$ 的正法线 $\boldsymbol{n}$ 与 $\boldsymbol{B}$ 的夹角为 θ，如图 5－42 (b)所示，则 ad 和 bc 边受到的磁力大小相等，方向相反，且在一条直线上，对 OO' 轴的力矩为零。

ab 和 cd 边受到的力 $F_2=BIl_2$ 和 $F_4=BIl_2$ 大小相等，这两个力始终垂直于磁感应强度的方向，方向相反，但不在一条直线上，形成力偶矩，对线圈产生一个力矩 $\boldsymbol{M}$，其大小为

$$M=F_2\cdot\frac{l_1}{2}\cdot\sin\theta+F_4\cdot\frac{l_1}{2}\cdot\sin\theta=BIl_1l_2\sin\theta=BIS\sin\theta$$

其中 $S=l_1l_2$ 为线圈面积。若载流线圈的匝数为 N 匝，可以类比推出该载流线圈在均匀磁场 $\boldsymbol{B}$ 中受到的磁力矩的大小为

$$M=NBIS\sin\theta$$

若考虑载流线圈磁矩 $\boldsymbol{p}_{\mathrm{m}}$ 的定义式 $\boldsymbol{p}_{\mathrm{m}}=NIS\boldsymbol{n}$（见图 5－43)，并考虑和 $\boldsymbol{n}$、$\boldsymbol{B}$ 和 $\boldsymbol{M}$ 的方向关系，载流线圈受到的力矩可用矢量矢积表示

$$\boldsymbol{M}=\boldsymbol{p}_{\mathrm{m}}\times\boldsymbol{B}\tag{5-22}$$

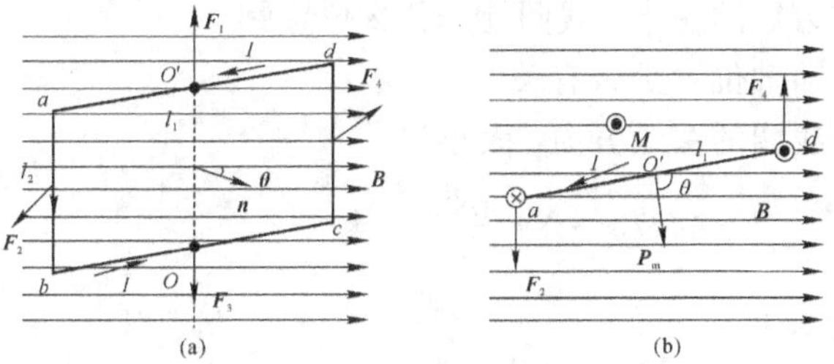

图 5－42　磁场对载流线圈的作用

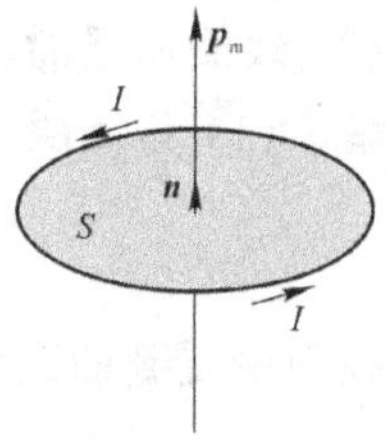

图 5－43　磁矩

对式(5－22)讨论如下：

(1) 当 $\theta=\dfrac{\pi}{2}$ 或 $\theta=\dfrac{3\pi}{2}$ 时，通过线圈的磁通量为零，$M_{\max}=NBIS$，线圈在力矩的作用下转动。

(2) 当 $\theta=0$ 时，通过线圈的磁通量为最大值，但 $M=0$，线圈处于稳定平衡状态，如图 5－44(a)所示。

(3) 当 $\theta=\pi$ 时，通过线圈的磁通量为负的最大值，虽然 $M=0$，但线圈一旦扰动，就会在磁力矩的作用下转回到 $\theta=0$ 的状态，所以该状态是非稳定平衡状态，如图 5－44 (b)所示。

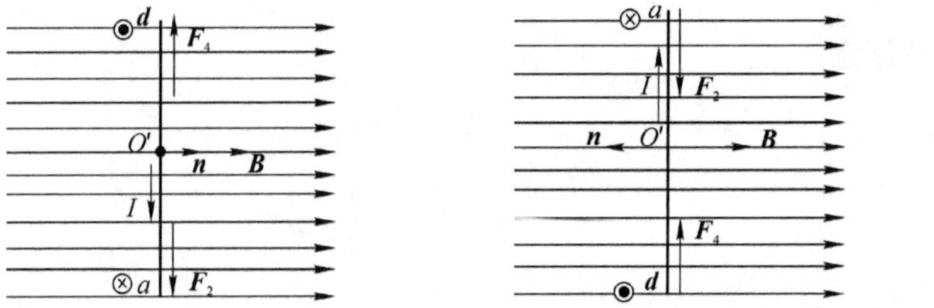

(a) 均匀磁场中载流线圈的稳定平衡态　　(b) 均匀磁场中载流线圈的非稳定平衡态

图 5－44　均匀磁场中载流线圈的平衡态

以上讨论说明，磁场中的载流线圈运动使得磁力矩的方向(线圈的正法线方向 $\boldsymbol{n}$)趋向

于沿着磁场的方向。也就是说，磁场中的线圈运动总是趋于转向使磁矩指向磁场的方向。从磁通量的角度来看，载流线圈在磁场中转动的趋势总是要使通过线圈面积的磁通量增大，通过线圈的磁通量最大值的位置就是线圈的稳定平衡位置。

需要说明的是，虽然式(5-22)是从载流平面矩形线圈推导出来的，但可以证明其对任意形状的载流平面线圈也是适用的。

另外，不仅是载流线圈有磁矩，任何带电粒子，只要绕某个点或者轴的运动都会形成一个电流环而具有磁矩。磁矩是粒子本身的特征之一。任何拥有磁矩的物体在磁场中都会受到磁力矩的作用而发生转动。由式 $\boldsymbol{p}_m = NIS\boldsymbol{n}$ 和式 $\boldsymbol{M} = \boldsymbol{p}_m \times \boldsymbol{B}$ 可知磁矩的单位是 $A \cdot m^2$ 或 $N \cdot m/T = J/T$。

在非均匀磁场中，载流线圈不仅受到磁力矩的作用而发生转动，还会受到磁力的作用而发生平动。这部分内容可以参考有关资料。

例题 5-12 一半圆形线圈的半径为 R，共有 N 匝，所载电流为 I，线圈放在磁感强度为 $\boldsymbol{B}$ 的均匀磁场中，$\boldsymbol{B}$ 的方向始终与线圈的直边垂直。

(1) 求线圈所受的最大磁力矩；

(2) 如果磁力矩等于最大磁力矩的一半，线圈处于什么位置?

(3) 线圈所受的磁力矩与转动轴位置是否有关?

解 (1) 线圈磁矩的方向为线圈的法线方向，大小为

$$p_m = NIS = NI\frac{\pi R^2}{2}$$

线圈所受到的磁力矩为

$$\boldsymbol{M} = \boldsymbol{p}_m \times \boldsymbol{B}$$

所以当线圈法线方向与磁感强度的方向垂直时，有最大磁力矩，如图 5-45 所示。

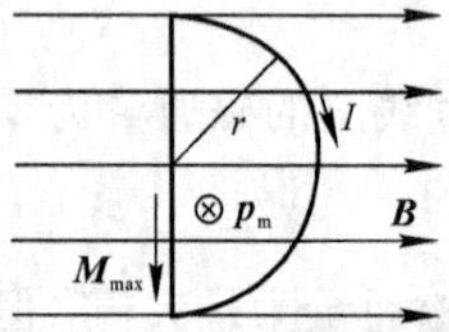

图 5-45 均匀磁场对半圆形线圈的作用

根据右手螺旋法则可以确定其方向为竖直向下，大小为

$$M_{max} = p_m B\sin 90° = \frac{NIB\pi R^2}{2}$$

(2) 依题意得

$$M = \frac{1}{2}M_{max}$$

$$p_m B\sin\theta = \frac{1}{2}p_m B$$

$$\theta = 30°$$

即线圈法线方向与磁感强度 $\boldsymbol{B}$ 的方向成 30°角时磁力矩为最大磁力矩的一半。

(3) 由

$$\boldsymbol{M} = \boldsymbol{p}_m \times \boldsymbol{B}$$

可知，线圈所受磁力矩与转轴位置无关。

5.5.2　磁场力的功

下面来讨论当导体中的电流 I 保持不变时，磁场力做功的问题，研究对象为载流导体和载流线圈。

1. 载流导体在磁场中平动时磁场力所做的功

在如图 5－46 所示的均匀磁场 $\boldsymbol{B}$ 中有一载流回路，回路中的电流 I 保持不变。回路中有一长度为 L 的导线 ab 在磁场力 $\boldsymbol{F}$ 的作用下移动，由初始位置 ab 移到 $a'b'$ 位置时，磁场力 $\boldsymbol{F}$ 所做的功为

$$A=F\overline{aa'}=BIL\overline{aa'}=BI\Delta S=I\Delta\Phi_{\mathrm{m}} \qquad (5-23)$$

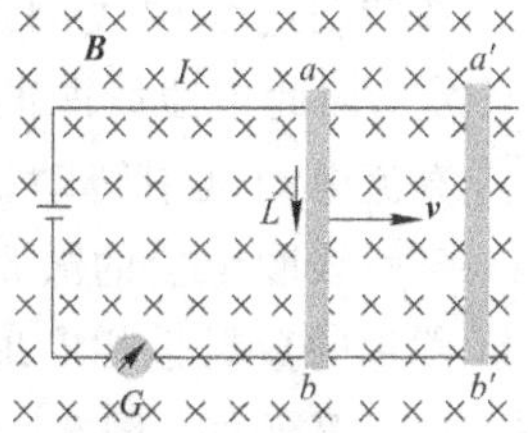

图 5－46　磁场力所做的功

式中：S、Φ_{m} 分别是回路的面积和磁通量。上式表明，当载流导体在磁场中运动时，磁场力所做的功等于电流乘以回路磁通量的增量，或者说磁场力所做的功等于电流乘以载流导线运动过程中所切割磁场线的条数。式(5－23)描述的磁场力 $\boldsymbol{F}$ 所做的功为载流导体在磁场中平动时磁场力所做的功。

2. 磁力矩的功

因为载流线圈具有磁矩，在磁场中会受到力矩的作用而发生转动。设一载流线圈在均匀磁场中做顺时针转动，如图 5－47 所示。

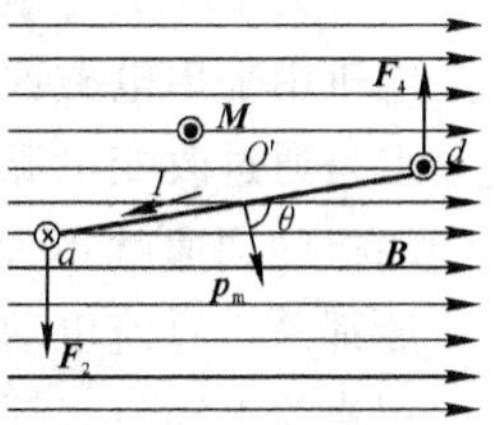

图 5－47　磁力矩所做的功

由式(5－22)可知，线圈受到的磁力矩的大小为 $M=p_{\mathrm{m}}B\sin\theta$，其中 θ 为 $\boldsymbol{p}_{\mathrm{m}}$ 与 $\boldsymbol{B}$ 的夹角。当线圈转过角度 $\mathrm{d}\theta$ 时，磁力矩所做的元功为

$$\mathrm{d}A=-M\mathrm{d}\theta=-BIS\sin\theta\mathrm{d}\theta=BIS\mathrm{d}(\cos\theta)=I\mathrm{d}(BS\cos\theta)=I\mathrm{d}\Phi_{\mathrm{m}}$$

式中的负号表示磁力矩做正功时使 θ 减小，对应 $\mathrm{d}\theta$ 为负值。当线圈从 θ_1 转到 θ_2 状态时，若电流保持不变，由上式积分可得磁力矩所做的功为

$$A=\int_{\Phi_1}^{\Phi_2} I\mathrm{d}\Phi=I(\Phi_2-\Phi_1)=I\Delta\Phi_{\mathrm{m}} \qquad (5-24)$$

可以看出，式(5－24)描述的磁力矩的功与式(5－23)相同。该结果说明磁场力或磁力矩所做的功都等于电流乘以磁通量的增量。

5.5.3　直流电动机

了解了载流线圈在磁场中的受力以及磁场力做功之后，我们再来看图 5－37，详细了解直流电动机的工作原理。当线圈处于图 5－37 (a)所示的位置时，电流沿图示方向(顺时针方向)通过，这时磁场给它的力矩使它沿箭头所示的方向(逆时针方向)旋转。当线圈处在图 5－37(b)所示的位置时，同时换向器两截片的间隙也正好转到电刷的位置，因而此时线圈中无电流，这个位置叫作电机的死点。但是由于惯性，线圈将冲过死点继续旋转。然而，此时线圈所受力矩为零，这时若要使它继续受到力矩，必须将其中电流的方向反过来，这时换向器起了关键作用。如图 5－37 (c)所示，经过死点后，线圈中的电流反向，这时它所受的力矩将使它沿原方向继续旋转。由于换向器的作用使线圈中的电流每转半圈改变一

次方向，就可使线圈不停地朝着一个方向旋转起来。

思考题 5-7 单匝线圈所组成的直流电动机有哪些缺点？如何改进？

上述单匝线圈所组成的电机虽然能够按照一定的方向旋转，但力矩太小，不能承担较大负荷。而且在转动过程中线圈所受力矩时大时小，转速也不稳定，因此单匝线圈的电机实用价值不大。目前常用的直流电动机中转动的部分(转子)是嵌在铁芯槽里的多匝线圈组成的鼓形电枢(见图 5-48)，它们的换向器截片的数目也相应地较多。

图 5-48 鼓形电枢

又例如，图 5-49 所示为计算机磁盘驱动器的电机，它有 12 个载流线圈，均匀分布在圆上。线圈与转盘上的永磁铁相互作用使转盘转动。这种设计与图 5-37 所示的装置(磁场固定，线圈转动)正好相反。因为它有多个线圈，所以磁力矩近似为常数，转盘可稳定旋转。

图 5-49 计算机磁盘驱动器的电机

为了增大力矩，还可以使用更强的磁场，所以许多电机中采用电磁铁代替永磁铁。直流电动机最突出的优点是通过改变电源电压很容易调节它的转速，而交流电动机的调速就不大容易。因此，凡是要调速的设备，一般都采用直流电动机。例如，无轨电车和电气机车就是用直流电动机来开动的。

5.5.4 磁电式电流计

常用的安培计和伏特计大多由磁电式电流计改装而成。磁电式电流计也是利用永磁铁对通电线圈的作用原理制成的，它的内部结构如图 5-50 所示。

在马蹄形永磁铁两个磁极的中间有一圆柱形的软铁芯，用来增强磁极和软铁之间空隙中的磁场，并使磁感应线均匀地沿着径向分布(见图 5-51)。在空隙间装有用漆包细铜线绕制的线圈，它连接在转轴上，可以绕轴转动，待测的电流就从其中通过。转轴上附着指针，轴的上、下两端各连有一盘游丝(图中只画出上边的游丝)，它们的绕向相反(一个为顺时针，一个为逆时针)。因此，在未通入电流时，线圈静止在平衡位置，这时指针应停在零点，指针的零点位置可以通过零点调整螺旋来调节。

当有待测电流通过线圈时，磁场就给线圈一个力矩，使它偏转。这个磁力矩的大小和待测的电流强度成正比。线圈偏转时，游丝发生形变，产生反方向的恢复力矩，阻止线圈继续偏转。线圈偏转的角度越大，游丝的形变越厉害，恢复力矩就越大，即恢复力矩和线圈的偏转角成正比。因此，线圈平衡时，其指针所处的位置，也就是恢复力矩和磁力矩相等的地方，将反映出待测电流的大小。经过标准电流计量仪器标定之后，就可以直接从偏转角读出待测电流的数值。这就是磁电式电流计的简要工作原理。

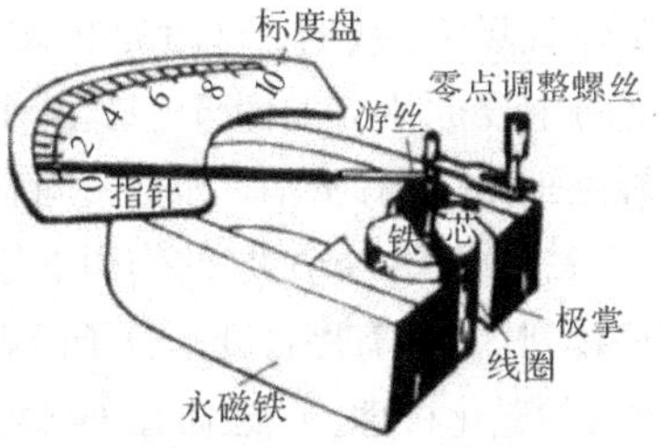

图 5-50　磁电式电流计

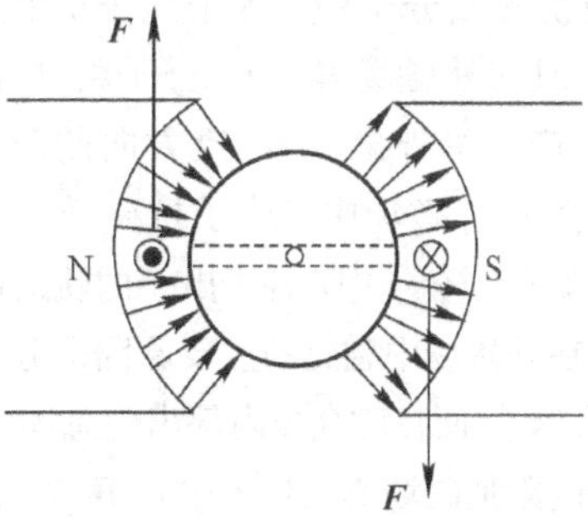

图 5-51　磁电式电流计内部的磁场

*5.6　磁性材料及其应用

5.6.1　磁介质的分类和磁化机理

类似于在静电场中电场与电介质的相互作用，磁场对处于其中的物质也会有相互作用，使其磁化。我们把处于磁场中与磁场发生相互作用而磁化的物质称为磁介质。磁化了的磁介质会产生附加磁场，从而影响原来磁场的分布。

设真空中的长直螺线管通以电流 I，其内部的磁感应强度为 $\boldsymbol{B}_0$。实验表明，当螺线管内充满各向同性的均匀磁介质时，磁介质被磁化而产生附加磁场 $\boldsymbol{B}'$，此时，螺线管内任一点的磁感应强度 $\boldsymbol{B}$ 为 $\boldsymbol{B}_0$ 和 $\boldsymbol{B}'$ 的矢量和，即 $\boldsymbol{B}=\boldsymbol{B}_0+\boldsymbol{B}'$。该点处磁介质中的 $\boldsymbol{B}$ 和 $\boldsymbol{B}_0$ 之间有如下关系：

$$\boldsymbol{B}=\mu_r\boldsymbol{B}_0$$

即磁介质中的磁场为外磁场的 μ_r 倍，且方向相同。我们将 μ_r 定义为磁介质的相对磁导率。

在充满相对磁导率为 μ_r 的磁介质的磁场中，引入 $\boldsymbol{H}$ 这个物理量。$\boldsymbol{H}$ 称为磁场强度，它是描述磁场的一个辅助量，与磁感应强度 $\boldsymbol{B}$ 的关系为

$$\boldsymbol{H}=\frac{\boldsymbol{B}}{\mu_r\mu_0}$$

用 $\boldsymbol{H}$ 来处理有介质存在时的磁场，将使问题变得易于解决。在国际单位制中，磁场强度 $\boldsymbol{H}$ 的单位为 A/m 或奥斯特。

根据相对磁导率的大小，可将磁介质分为四类：

(1) 抗磁质：$\mu_r<1$，$B<B_0$，$\boldsymbol{B}'$ 与 $\boldsymbol{B}_0$ 反方向，如铋、汞、铜、氢(气)。

(2) 顺磁质：$\mu_r>1$，$B>B_0$，$\boldsymbol{B}'$ 与 $\boldsymbol{B}_0$ 同方向，如氧(液)、氧(气)、铝、铬、铂。

(3) 铁磁质：$\mu_r\gg1$，$B\gg B_0$，$\boldsymbol{B}'$ 与 $\boldsymbol{B}_0$ 同方向，如铁、钴、镍、硅钢、坡莫合金。

(4) 完全抗磁体：$\mu_r=0$，$B=0$，磁介质内磁场为零(如超导体)。

一切磁现象都源于运动电荷。从物质的微观结构来看，每个分子都具有等效分子电流而产生分子磁矩，它是分子或原子中所有电子的轨道磁矩 $\boldsymbol{m}_l$ 和自旋磁矩 $\boldsymbol{m}_s$ 的矢量和，称为分子的固有磁矩，简称分子磁矩，用 $\boldsymbol{m}$ 表示。

由于分子磁矩的存在，在外磁场中分子都首先表现出普遍的抗磁效应。整个分子产生和外磁场 $\boldsymbol{B}_0$ 方向相反的附加磁矩 $\Delta\boldsymbol{m}$，它是分子中各个电子附加磁矩的矢量和。

在抗磁质分子中，各个电子的轨道磁矩 $\boldsymbol{m}_l$ 和自旋磁矩 $\boldsymbol{m}_s$ 完全抵消，即分子固有磁矩 $\boldsymbol{m}=\boldsymbol{0}$。但在外磁场 $\boldsymbol{B}_0$ 中，分子将产生沿外磁场方向相反的附加磁矩 $\Delta\boldsymbol{m}_l$。这些分子附加磁矩 $\Delta\boldsymbol{m}_l$ 产生沿外磁场 $\boldsymbol{B}_0$ 反方向的附加磁场 $\boldsymbol{B}'$，使外磁场 $\boldsymbol{B}_0$ 减弱，这就是抗磁质的磁化机理。因此在外磁场中，分子抗磁效应是抗磁质磁化的主要原因，如图 5－52 所示。

在顺磁质分子中，各个电子的轨道磁矩 $\boldsymbol{m}_l$ 和自旋磁矩 $\boldsymbol{m}_s$ 没有抵消，即分子固有磁矩 $\boldsymbol{m}\neq 0$。顺磁质在外磁场中磁化的主要原因是分子固有磁矩 $\boldsymbol{m}$ 在磁力矩 $\boldsymbol{M}=\boldsymbol{m}\times\boldsymbol{B}_0$ 的作用下趋于转向外磁场的方向，从而在磁介质内部出现总体分子磁矩的有序排列，这些有序排列的分子磁矩产生沿外磁场方向的附加磁场 $\boldsymbol{B}'$，使外磁场 $\boldsymbol{B}_0$ 增强，这就是顺磁质的磁化机理。顺磁质在外磁场中的磁化主要是由分子磁矩的取向作用所产生的，而抗磁效应是无足轻重的，如图 5－53 所示。

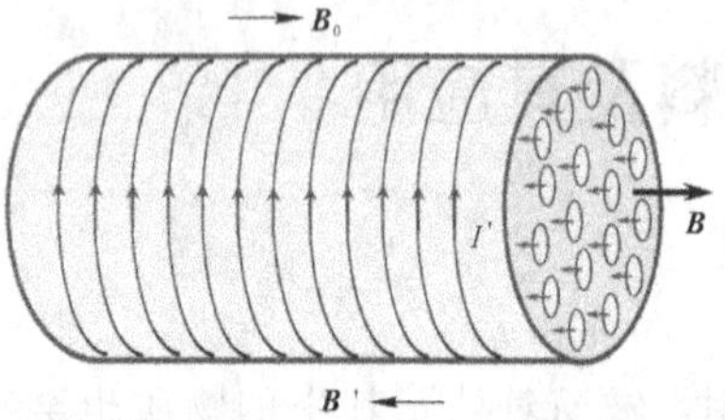

图 5－52 抗磁质的磁化机理

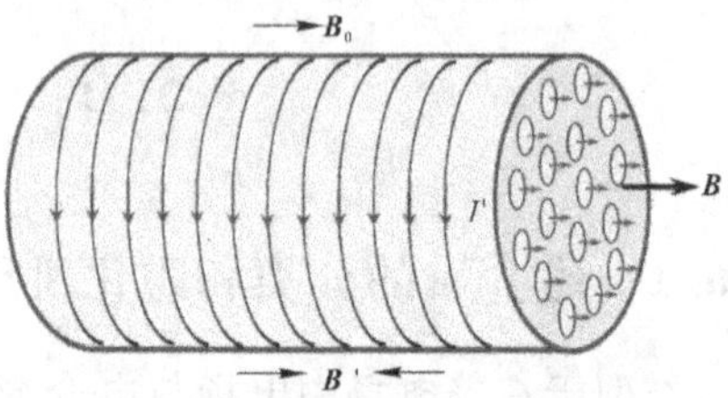

图 5－53 顺磁质的磁化机理

5.6.2 有介质存在时的高斯定理和安培环路定理

由上述讨论可知，磁介质在磁场中磁化后产生附加磁场 $\boldsymbol{B}'$，因而磁介质中各点的磁感应强度应为外磁场 $\boldsymbol{B}_0$ 与附加磁场 $\boldsymbol{B}'$ 的矢量和，即

$$\boldsymbol{B}=\boldsymbol{B}_0+\boldsymbol{B}'$$

由于磁化而产生的磁化电流所激发的磁场与传导电流等效，均为有旋场，所以高斯定理仍然成立，即

$$\oiint_S \boldsymbol{B}\cdot \mathrm{d}\boldsymbol{S}=0$$

上式中的 $\boldsymbol{B}$ 为合磁场，因此上式适用于真空和介质的普遍情况。

介质中的安培环路定理为

$$\oint_L \boldsymbol{H}\cdot \mathrm{d}\boldsymbol{L}=\sum I$$

上式说明磁场强度 $\boldsymbol{H}$ 沿任一闭合回路的环流等于该闭合回路所包围的传导电流的代数和。

5.6.3 铁磁质及应用

在各种磁介质中，最重要的是以铁为代表的一类磁性很强的物质，它们叫作铁磁质，铁磁质在人们的生活和工程实际中有着广泛的应用。铁、钴、镍等金属都属于常见的铁磁质。随着材料科学的发展，人们又合成了许多性能更好的铁磁性材料，如铁氧体铁磁性材料、纳米铁磁性金属复合材料等。铁磁质有着特殊的微观结构，内部分布着大量磁性很强的磁畴，如图 5－54 所示。

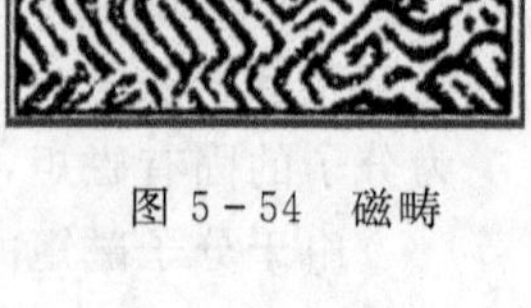

图 5－54 磁畴

如果对铁磁质外加一个微小磁场，在外磁场的作用下，原来随机排列的磁畴将向外磁场方向偏转，使介质内部的磁场迅速增加。如果对铁磁质加一个交变磁场，铁磁质中将观察到如图5－55所示的磁场变化过程。

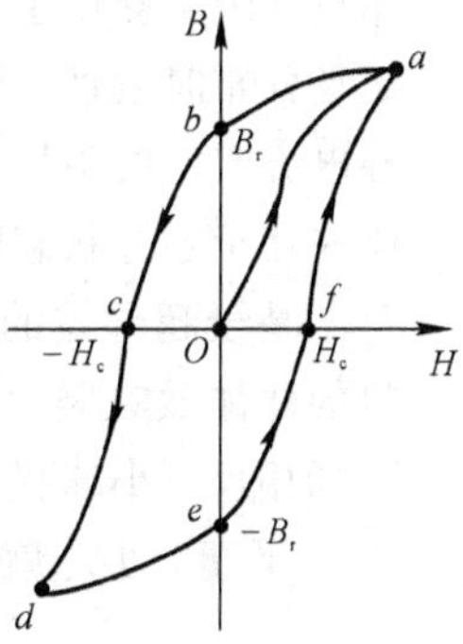

图 5－55　磁滞回线

随着磁场强度 H 从零开始增大，铁磁质内的磁感应强度 B 也从零开始增大，最终达到饱和值的状态称为磁饱和状态。达到饱和状态后，减小 H，B 也随之减小，但 B 的变化滞后于 H 的变化，当外磁场 $H=0$ 时，介质中的磁场并不为 0，而是有一定的数值，这种现象叫作剩磁，剩磁的磁感应强度记为 B_r，即磁化后的铁磁质在外加磁场撤销后将剩余一定的磁性。根据这一特性，铁磁质可以作为永磁铁。

要完全消除剩磁 B_r，必须加反向磁场，只有当该反向磁场达到某一数值 H_c 时，才会有 $B=0$。此时图中的 c 点所表示的磁场的大小 H_c 称为铁磁质的矫顽力。当反向磁场继续增大时，铁磁质的磁化将达到反向饱和状态。当反向磁场减小到零时，同样出现剩磁现象。改变外磁场为正向磁场，不断增大外场，介质又达到正向磁饱和状态。不断地正向或反向缓慢改变磁场，磁化曲线构成一闭合曲线，如图中的 $abcdefa$ 所示。该曲线说明 B 的变化总落后于 H 的变化，这称为磁滞现象，该闭合曲线称为磁滞回线。

通常可根据材料磁滞回线的形状特点将其分为两大类：软磁材料和硬磁材料。

(1) 软磁材料具有磁导率大，矫顽力小，磁滞回线窄等特点(见图 5－56)，如纯铁、硅钢、坡莫合金、铁氧体等。软磁材料适宜于制造电磁铁、变压器、交流电动机、交流发电机、开关电源等电器中的磁芯。

(2) 硬磁材料的剩磁大，矫顽力大，磁滞回线宽(见图 5－57)，又称永磁材料，如碳钢(含钨钢)、铝镍钴合金等。硬磁材料广泛用于各类电表、发电机、电话机、电视机和微波器件中作为永磁铁，提供永久性磁场。在美国“发现者号”航天飞机上携带的、用于探测宇宙中反物质和暗物质的阿尔法磁谱仪上，就用了稀土钕铁硼永磁体，磁感应强度高达 0.14 T。

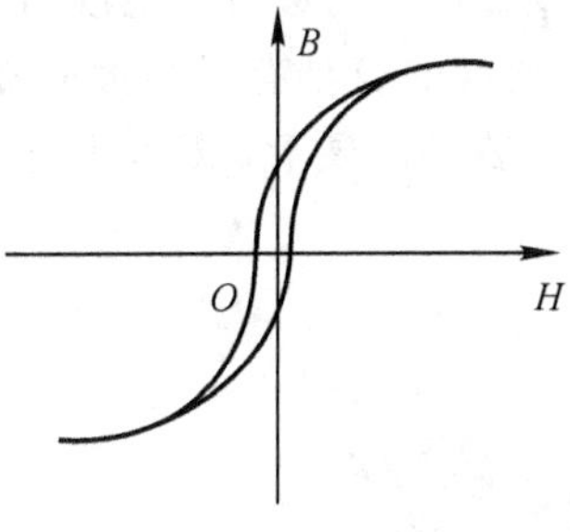

图 5－56　软磁材料的磁滞回线

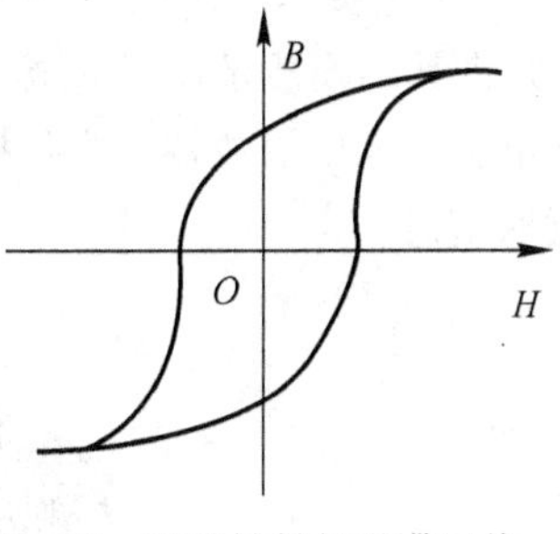

图 5－57　硬磁材料的磁滞回线

5.6.4　超导体

1911 年，荷兰物理学家海客·卡曼林·昂尼斯(Heike Kamerlingh Onnes)发现，水银在 4.2 K 的低温下电阻突然变为零，这种现象称为超导现象，具有超导电性的物体称为超导体。

昂尼斯因此获得了1913年诺贝尔物理学奖。1933年，德国物理学家迈纳斯在测量单晶锡球磁场分布时发现，只要当锡球在外磁场中处于超导状态，锡球表面就会产生超导电流，而超导电流产生的磁场可以完全抵消外磁场，使超导体内部的总磁场为零，如图5-58所示。超导体在处于超导状态时，不仅具有电阻为零的特性，而且具有完全的抗磁性。

基于超导体的完全抗磁性，诞生了磁悬浮技术。如图5-59所示，将一个镀有超导材料的球体放在竖直向上的磁场中，小球表面产生超导电流 I，由于 I 产生的磁场方向与外磁场相反，小球将与外磁场产生排斥作用，使其受到一个向上的排斥力 F。如果 F 能与重力 G 平衡，小球就被悬浮在空中，达到磁悬浮状态。

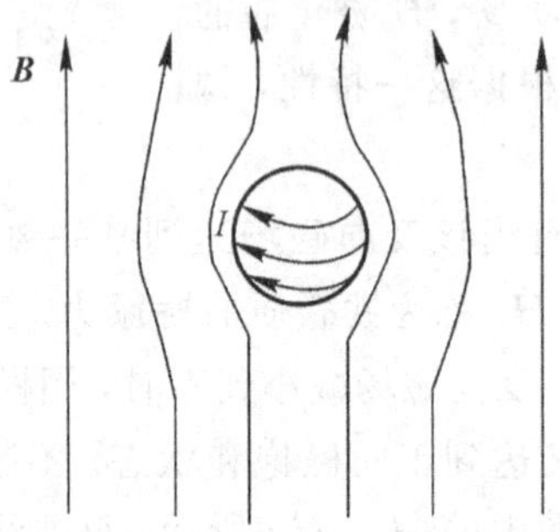

图5-58 超导体

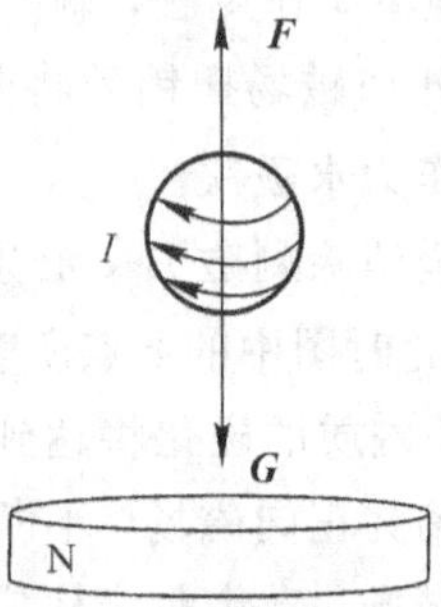

图5-59 磁悬浮

5.6.5 巨磁阻效应及其应用

有些磁性材料的电阻率在有外场作用和没外场作用时相比，存在巨大变化，这种现象称为巨磁阻效应。1988年，费尔和格林贝格尔各自独立发现了“巨磁阻效应”，共同获得了2007年诺贝尔物理学奖。目前的研究发现，由磁性材料和非磁性材料相间组成的多层薄膜可以出现巨磁阻效应。

随着信息技术发展对存储容量要求的不断提高，硬盘体积不断变小，容量不断变大，磁盘上每一个被划分出来的独立区域越来越小，记录的磁信号也越来越弱，用一般磁性材料做成的磁头来检测这种微弱的磁信号变得很困难。由巨磁阻材料制作出的读取弱信号的磁头称为“巨磁头”，如图5-60所示。巨磁头的灵敏度极高，能够清晰地读出非常弱的磁信号，并将其转换成清晰的电流变化，从而使计算机硬盘的容量有了很大的提高。目前，笔记本电脑、音乐播放器、数码相机等数码电子产品中装备的硬盘，基本上都应用了巨磁头来读取信息。

图5-60 磁盘中的巨磁头

第 6 章　电磁感应与电磁场

在前面几章的内容中，我们讨论了静止的电荷激发的静电场和稳恒电流激发的磁场（稳恒磁场）的性质，这些性质由静电场和稳恒磁场的高斯定理和环路定理予以描述。从两个定理的数学表达式可以看出，静电场和稳恒磁场并没有直接的联系，但是电流是由电荷的定向运动形成的，进而可以推论磁场和电场应该有着某种内在的联系。

从 1820 年丹麦物理学家奥斯特发现了电流的磁效应以来，人们一直在努力探究磁可不可以产生电。直到 1831 年英国物理学家法拉第发现了电磁感应现象，并总结出电磁感应规律，人们对电和磁的相互作用有了更加深入的认识。

1865 年英国物理学家麦克斯韦在大量的电磁学实验和已有的电场磁场性质和规律的基础上，建立了电磁场方程，并预言了电磁波的存在。1888 年德国物理学家赫兹在实验上证实了电磁波的存在。麦克斯韦的电磁场方程是研究电磁场问题的出发点，是关于电磁场中电场和磁场相互作用、相互变化与演变发展的基本规律。本章将对电磁感应现象、电磁感应定律、电磁场的能量、位移电流、麦克斯韦电磁场方程做一介绍，并讨论电磁感应效应在工程技术领域的应用。

6.1　电磁感应

6.1.1　电磁感应现象

1831 年法拉第在实验中偶然发现了磁场产生电流的现象，后来对产生电磁感应现象的情况和条件做了深入的研究，发现产生电磁感应现象的方式只有两种：一是导体在磁场中做切割磁力线运动，在导体回路中产生电流；二是导体回路所在的空间的磁场发生变化。导体回路中产生的电流称为感应电流，产生感应电流的电动势称为感应电动势。以上两种方式可以有以下几种情况：

1）运动的磁铁

线圈和检流计构成闭合回路，回路中若有电流，则检流计的指针发生偏转。先让磁铁不运动，结果表明回路中没有电流，如图 6－1 所示。当条形磁铁上下运动时，在插入和抽出闭合螺线管的过程中，回路中的检流计指针偏转，回路中产生感应电流，如图 6－2 所示。这说明磁铁的运动可以在导体回路中产生电流。

2）运动的电流

用另外一个通电的直螺线管代替条形磁铁，如图 6－3 所示，在通电的直螺线管插入和抽出大的闭合螺线管的过程中，回路中产生感应电流，一旦通电的直螺线管不运动，回路中就没有电流。这里通电螺线管和前面磁铁的作用完全相同，说明电流的运动也可以在导体回路中产生电流。

3）变化的电流

在图 6-3 所示的情形中，当通电的直螺线管插入静止不动，大的螺线管回路中没有电流。但在打开或者闭合通电螺线管开关的瞬间，大的闭合螺线管中产生电流。这说明虽然电流没有运动，瞬时电流的变化也能在导体回路中产生电流，如图 6-4 所示。

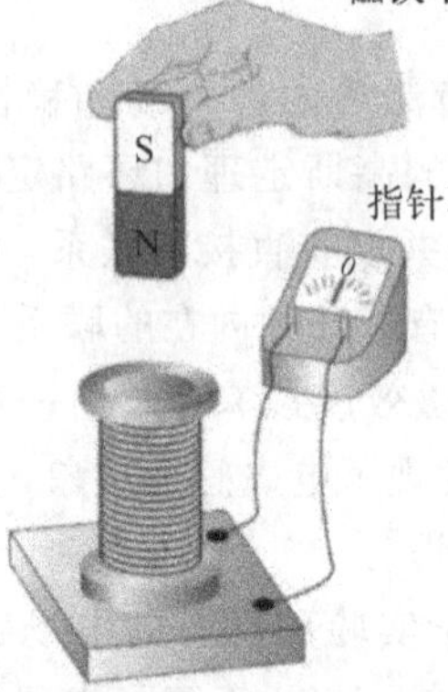

图 6-1　电磁感应现象——磁铁不动

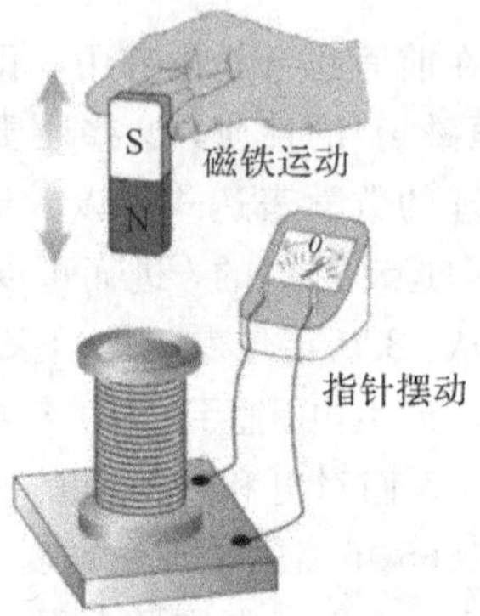

图 6-2　电磁感应现象——磁铁运动

图 6-3　电磁感应现象——电流运动

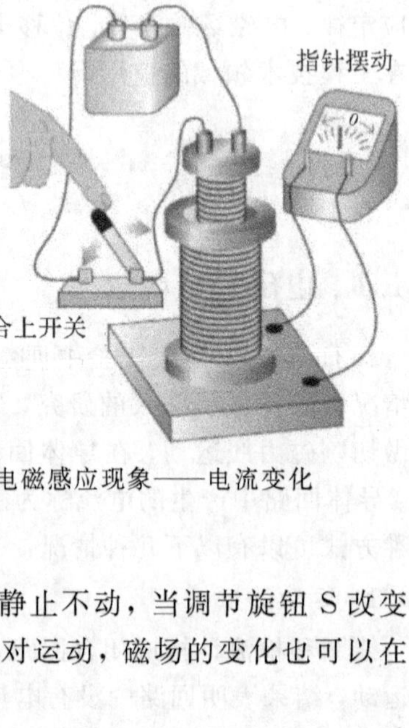

图 6-4　电磁感应现象——电流变化

4）变化的磁场

如图 6-5 所示，将闭合线圈放在磁场中，并保持静止不动，当调节旋钮 S 改变磁场时，闭合回路中产生电流。在这种情况下，没有任何相对运动，磁场的变化也可以在导体回路中产生电流。

5）导体在磁场中运动

如果将导体回路置于均匀稳恒磁场中，导体回路的一部分在磁场中做切割磁力线运动，回路中出现电流，如图 6-6 所示。在这种情况中，磁场没有运动，磁场没有变化，部分导体的运动改变了穿过回路的磁通量，回路中产生电流。

从两种方式对应的 5 种情况可以得出产生感应电流的条件只有一个，即只要穿过闭合回路的磁通量发生变化，回路中就产生电流。

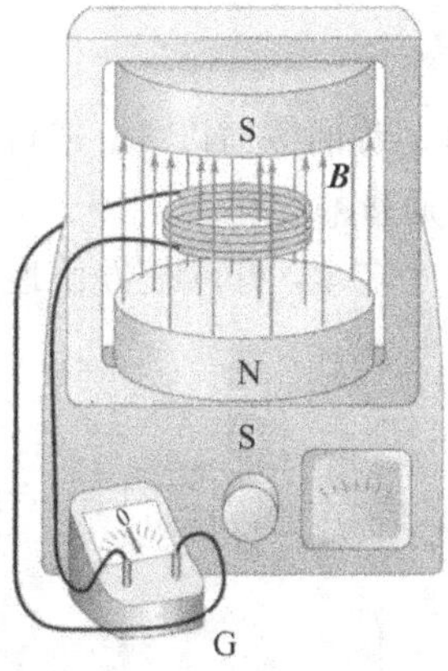

图 6-5　电磁感应现象——磁场变化

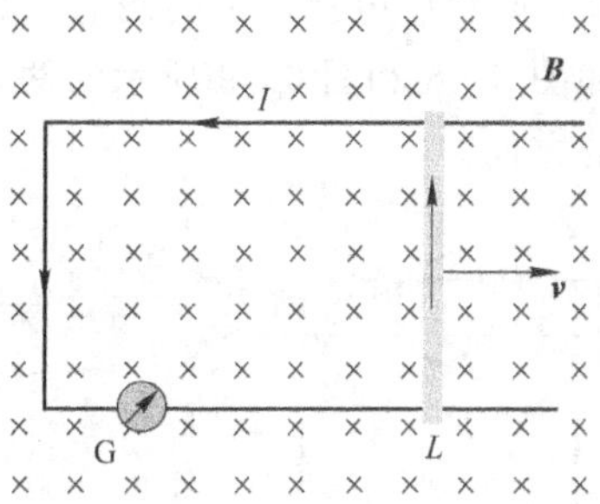

图 6-6　电磁感应现象——导体运动

6.1.2　电磁感应定律

1831 年法拉第从大量的实验结果中总结出，发生电磁感应现象时，导体回路中的电动势与穿过闭合回路的磁通量的变化率成正比。1845 年德国物理学家纽曼(F. E. Neumann，1798—1895)给出了法拉第电磁感应定律的数学形式，感应电动势为

$$E=-\frac{\mathrm{d}\Phi}{\mathrm{d}t} \tag{6-1}$$

感应电动势的大小为 $E=\left|-\frac{\mathrm{d}\Phi}{\mathrm{d}t}\right|$，单位为伏特。感应电动势的方向可以按照以下规则来判断：

(1) 规定回路绕行的正方向，如图 6-7 所示。

(2) 按右手螺旋法则确定回路的法线正方向。

(3) 确定穿过回路磁通量的正负：

① 由 $\theta(\boldsymbol{B}\cdot\boldsymbol{n})<90°\longrightarrow\Phi>0$；

② 由 $\theta(\boldsymbol{B}\cdot\boldsymbol{n})>90°\longrightarrow\Phi<0$。

(4) 根据式(6-1)确定 E 的正负：

① $E>0$ ——E 与回路绕行的正方向一致；

② $E<0$ ——E 与回路绕行的正方向相反。

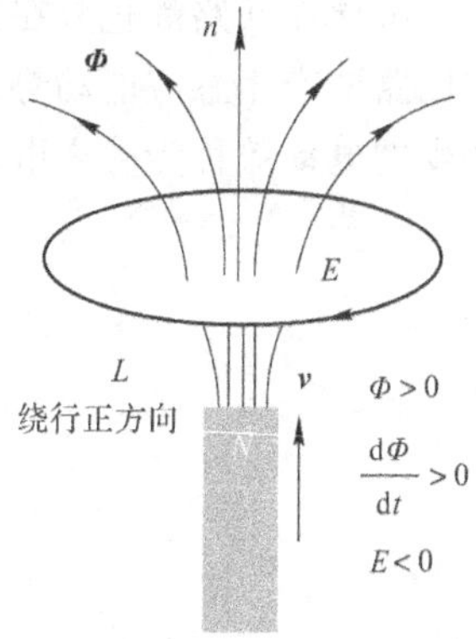

图 6-7　感应电动势方向的确定

对于 N 匝线圈串联的回路：

$$E=E_1+E_2+\ldots E_n=-\frac{\mathrm{d}}{\mathrm{d}t}\sum_{i=1}^{N}\Phi_i=-\frac{\mathrm{d}\Psi}{\mathrm{d}t} \tag{6-2}$$

其中：$\Psi=\sum_{i=1}^{N}\Phi_i$ 称为总磁通量或磁通链数。

如果穿过各个线圈的磁通量相等，那么感应电动势为

$$E=-N\frac{\mathrm{d}\Phi}{\mathrm{d}t} \tag{6-3}$$

6.1.3　楞次定律

除了可利用上面的规则来判断导体回路感应电动势的方向以外，还可以用楞次定律进行判断，即感应电流产生的磁通量总是反抗原来磁通量的变化。

如图 6－8 和图 6－9 所示的两种情形，根据楞次定律，可以很方便地判断回路中感应电流的方向。

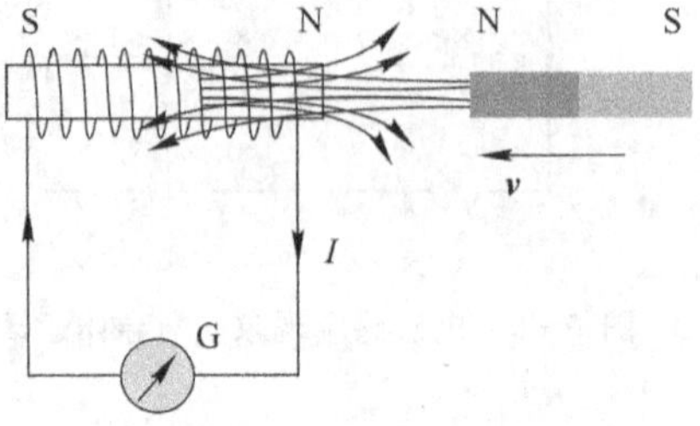

图 6－8　磁铁向左运动 ——磁通量增加

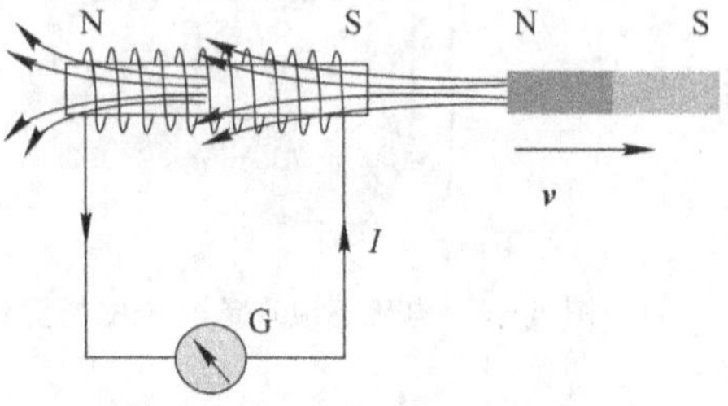

图 6－9　磁铁向右运动 ——磁通量减少

6.2　麦克斯韦电磁场方程

6.2.1　感生电场

将导体回路静止放在变化的磁场中，如图 6－10 所示，根据法拉第电磁感应定律，导体回路中产生感应电动势，相应地，在回路中产生感应电流，这种导体回路不动、磁场变化产生的电动势称为感生电动势，回路中相应的电流称为感生电流。

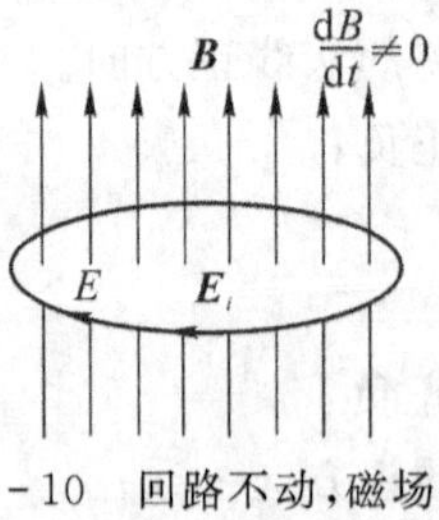

图 6－10　回路不动，磁场变化

应用法拉第电磁感应定律，可知感生电动势为

$$E=-\frac{d\Phi}{dt}$$

因为感生电动势是由非静电场产生的，根据电动势的定义，有

$$E=\oint_L \boldsymbol{E}_i \cdot d\boldsymbol{l} \tag{6-4}$$

其中：$\boldsymbol{E}_i$ 是产生感生电动势的非静电场，称为感生电场。

这样一来，便将感生电场的回路积分和回路磁通量的变化联系了起来，即

$$\oint_L \boldsymbol{E}_i \cdot d\boldsymbol{l}=-\frac{d\Phi}{dt} \tag{6-5}$$

麦克斯韦认为，无论有无导体或导体回路，变化的磁场将在其周围空间产生感生电

场，换句话说，变化磁场激发的感生电场与导体回路存在与否无关。

与静电场相比，感生电场是非静电场，其电场线无头无尾，具有闭合性。为进一步认识理解变化的磁场产生的感生电场，将 $\Phi=\int_S \boldsymbol{B}\cdot \mathrm{d}\boldsymbol{S}$ 代入式(6－5)得

$$\oint_L \boldsymbol{E}_i \cdot \mathrm{d}\boldsymbol{l}=-\frac{\mathrm{d}}{\mathrm{d}t}\left(\int_S \boldsymbol{B}\cdot \mathrm{d}\boldsymbol{S}\right)=-\int_S\left[\frac{\partial \boldsymbol{B}}{\partial t}\cdot \mathrm{d}\boldsymbol{S}+\boldsymbol{B}\cdot\frac{\partial(\mathrm{d}\boldsymbol{S})}{\partial t}\right] \tag{6-6}$$

如果回路 $\boldsymbol{L}$ 围成的面积不随时间变化，那么

$$\frac{\partial(\mathrm{d}\boldsymbol{S})}{\partial t}=\boldsymbol{0}$$

式(6－6)又可以表示为

$$\oint_L \boldsymbol{E}_i \cdot \mathrm{d}\boldsymbol{l}=-\int_S \frac{\partial \boldsymbol{B}}{\partial t}\cdot \mathrm{d}\boldsymbol{S} \tag{6-7}$$

感生电场沿闭合路径的积分等于穿过该回路磁通量变化率的负值，这一表达式也说明了变化的磁场产生了电场，将磁场的变化和电场联系了起来。

6.2.2　位移电流

1861 年麦克斯韦在研究电磁场的规律时发现，将稳恒磁场的安培环路定理应用于非稳恒电流激发的磁场中时出现了问题。为了解决这一矛盾，麦克斯韦提出了位移电流假设，最后建立了变化的磁场安培环路定理。下面我们以电容器充电过程为例进行讨论。

电容器充电电路如图 6－11 所示，合上开关对电容器开始充电，以 L 为边界作两个曲面 S_1 和 S_2，分别应用安培环路定理。

对于回路对应的 S_1 曲面：

$$\oint_L \boldsymbol{B}\cdot \mathrm{d}\boldsymbol{l}=\mu_0 I \tag{6-8}$$

因为 S_2 曲面选取在电容器里面，没有电流通过该曲面，因此对于回路对应的 S_2 曲面：

$$\oint_L \boldsymbol{B}\cdot \mathrm{d}\boldsymbol{l}=0 \tag{6-9}$$

同一个闭合回路选取不同的曲面，结果不一样。进一步研究发现，在电流增长的过程中，极板的电量增长时，电容器内部的电场发生变化，如图 6－12 所示。

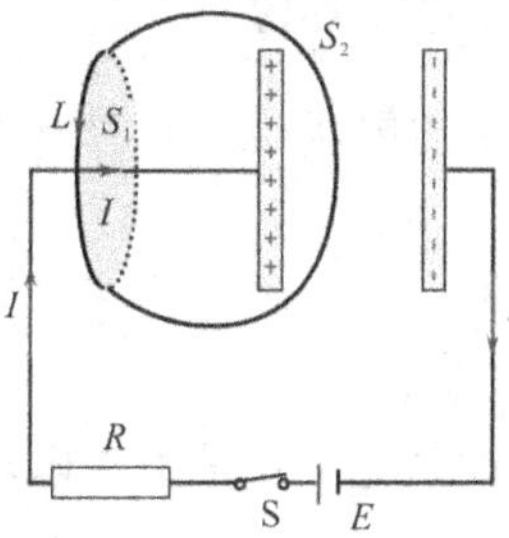

图 6－11　电容器充电电路

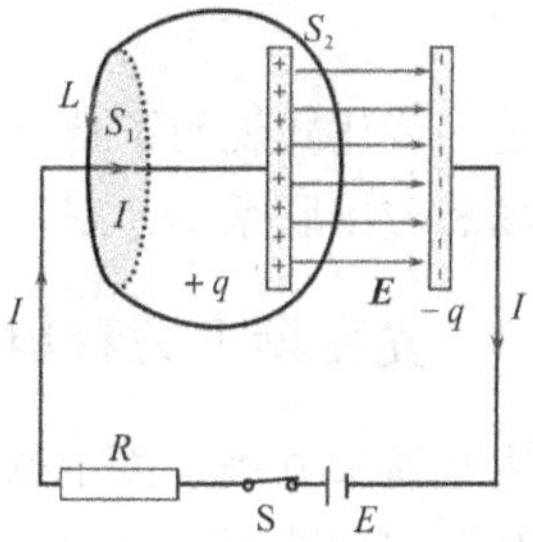

图 6－12　电容器内部电场变化

假设 t 时刻极板的电荷面密度是 σ，极板间的电位移矢量大小 $D=\sigma$，则极板之间的电位移通量为

$$\Phi_D=DS$$

即

$$\Phi_D=\sigma S$$

两边对时间求导，得

$$\frac{d\Phi_D}{dt}=\frac{d(\sigma S)}{dt}=\frac{dq}{dt}$$

极板之间电位移通量的变化率等于导线中的电流 I，引入位移电流如下：

$$I_D=\frac{d\Phi_D}{dt}=\frac{d}{dt}\int_S \boldsymbol{D}\cdot d\boldsymbol{S}$$

如果曲面不随时间变化，则

$$I_D=\frac{d\Phi_D}{dt}=\int_S \frac{\partial \boldsymbol{D}}{\partial t}\cdot d\boldsymbol{S}$$

对 S_2 曲面应用安培环路定理，如果将通过 S_2 曲面的位移电流计入，那么安培环路定理为

$$\oint_L \boldsymbol{B}\cdot d\boldsymbol{l}=\mu_0 I_D \tag{6-10}$$

在引入位移电流后，将电荷定向形成的电流称为传导电流，而位移电流则由变化的电场产生。传导电流和位移电流的代数和称为全电流。在引入全电流的概念后，电路中任一时刻的全电流是连续的，该结论更具普遍性。

非恒定情况下安培环路定理如下：

$$\oint_L \boldsymbol{B}\cdot d\boldsymbol{l}=\mu_0 I_c+\mu_0\int_S \frac{\partial \boldsymbol{D}}{\partial t}\cdot d\boldsymbol{S} \tag{6-11}$$

$$I = I_c+\int_S \frac{\partial \boldsymbol{D}}{\partial t}\cdot d\boldsymbol{S}\ (\text{全电流})$$

其中：I_c 为传导电流(又称自由电流)，相应的 $\boldsymbol{j}_c$ 为传导电流面密度矢量。

将

$$\begin{cases}\boldsymbol{D}=\varepsilon_0\boldsymbol{E}\\ I_c=\int_S \boldsymbol{j}_c\cdot d\boldsymbol{S}\end{cases}$$

代入式(6-11)得

$$\oint_L \boldsymbol{B}\cdot d\boldsymbol{l}=\mu_0\int_S\left(\boldsymbol{j}_c+\varepsilon_0\frac{\partial \boldsymbol{E}}{\partial t}\right)\cdot d\boldsymbol{S} \tag{6-12}$$

这一表达式说明了传导电流可以产生磁场，变化的电场也可以产生磁场，这就将变化的电场和磁场联系了起来。

6.2.3　麦克斯韦方程组

麦克斯韦方程是关于电场和磁场统一运动规律的理论，它是基于电场和磁场的高斯定理和环路定理建立起来的普遍性理论。

1. 电场的高斯定理

静止电荷激发的电场为

$$\oint_S \boldsymbol{E}_1\cdot d\boldsymbol{S}=\frac{1}{\varepsilon_0}\oint_V \rho\, dV\ (\text{无旋场})$$

变化磁场激发的电场为

$$\oint_S \boldsymbol{E}_2 \cdot \mathrm{d}\boldsymbol{S}=0 (\text{有旋场})$$

如果空间既有静止的电荷，又有变化的磁场，则

$$\boldsymbol{E}=\boldsymbol{E}_1+\boldsymbol{E}_2$$

电场的高斯定理形式为

$$\oint_S \boldsymbol{E} \cdot \mathrm{d}\boldsymbol{S}=\frac{1}{\varepsilon_0}\oint_V \rho \mathrm{d}V \tag{6-13}$$

2. 电场的环路定理

电荷激发的电场为无旋场时，有

$$\oint_L \boldsymbol{E}_1 \cdot \mathrm{d}\boldsymbol{l}=0$$

变化磁场激发的电场为有旋场时，有

$$\oint_L \boldsymbol{E}_2 \cdot \mathrm{d}\boldsymbol{l}=-\int_S \frac{\partial \boldsymbol{B}}{\partial t} \cdot \mathrm{d}\boldsymbol{S}$$

如果空间既有静止的电荷，又有变化的磁场，则

$$\boldsymbol{E}=\boldsymbol{E}_1+\boldsymbol{E}_2$$

电场的环路定理形式为

$$\oint_L \boldsymbol{E} \cdot \mathrm{d}\boldsymbol{l}=-\int_S \frac{\partial \boldsymbol{B}}{\partial t} \cdot \mathrm{d}\boldsymbol{S} \tag{6-14}$$

3. 磁场的高斯定理

传导电流激发的磁场为

$$\oint_S \boldsymbol{B}_1 \cdot \mathrm{d}\boldsymbol{S}=0 \ (\text{无源场})$$

变化电场激发的磁场为

$$\oint_S \boldsymbol{B}_2 \cdot \mathrm{d}\boldsymbol{S}=0 \ (\text{无源场})$$

如果空间既传导电流，又有变化的电场，则

$$\boldsymbol{B}=\boldsymbol{B}_1+\boldsymbol{B}_2$$

磁场的高斯定理形式为

$$\oint_S \boldsymbol{B} \cdot \mathrm{d}\boldsymbol{S}\equiv 0 \tag{6-15}$$

4. 磁场的环路定理

传导电流激发的磁场为

$$\oint_L \boldsymbol{B}_1 \cdot \mathrm{d}\boldsymbol{l}=\mu_0 \int_S \boldsymbol{j}_c \cdot \mathrm{d}\boldsymbol{S}$$

变化的电场激发的磁场为

$$\oint_L \boldsymbol{B}_2 \cdot \mathrm{d}\boldsymbol{l}=\mu_0\left(\int_S \varepsilon_0 \frac{\partial \boldsymbol{E}}{\partial t} \cdot \mathrm{d}\boldsymbol{S}\right)$$

如果空间既传导电流，又有变化的电场，则

$$\boldsymbol{B}=\boldsymbol{B}_1+\boldsymbol{B}_2$$

磁场的环路定理形式为

$$\oint_L \boldsymbol{B} \cdot \mathrm{d}\boldsymbol{r} = \mu_0 \int_S \left(\boldsymbol{j}_c + \varepsilon_0 \frac{\partial \boldsymbol{E}}{\partial t} \right) \cdot \mathrm{d}\boldsymbol{S} \tag{6-16}$$

这样我们将式(6-13)～式(6-16)4个公式写在一起，就是麦克斯韦方程组的积分形式：

$$\begin{cases} \oint_S \boldsymbol{E} \cdot \mathrm{d}\boldsymbol{S} = \dfrac{1}{\varepsilon_0} \oint_V \rho \mathrm{d}V \\ \oint_L \boldsymbol{E} \cdot \mathrm{d}\boldsymbol{l} = -\int_S \dfrac{\partial \boldsymbol{B}}{\partial t} \cdot \mathrm{d}\boldsymbol{S} \\ \oint_S \boldsymbol{B} \cdot \mathrm{d}\boldsymbol{S} \equiv 0 \\ \oint_L \boldsymbol{B} \cdot \mathrm{d}\boldsymbol{r} = \mu_0 \int_S \left(\boldsymbol{j}_c + \varepsilon_0 \dfrac{\partial \boldsymbol{E}}{\partial t} \right) \cdot \mathrm{d}\boldsymbol{S} \end{cases} \tag{6-17}$$

式(6-17)的4个方程反映了电磁场中电场和磁场的相互作用，揭示了电磁场的基本性质，为研究分析一般情况下电磁场的问题提供了理论基础。

*6.3　电磁感应在工程技术中的应用

6.3.1　发电机原理

1. 交流发电机原理

发电机是将机械能转变为电能的装置，由磁铁、多匝线圈、电刷、集电环和外电路构成，如图6-13所示。如果线圈处于均匀磁场中，线圈有N匝，线圈的面积为S，当线圈以匀角速度ω旋转时，通过线圈回路的磁通量发生变化，回路产生感应电动势，相应地就有了感应电流。下面我们分析计算回路中的感应电动势。

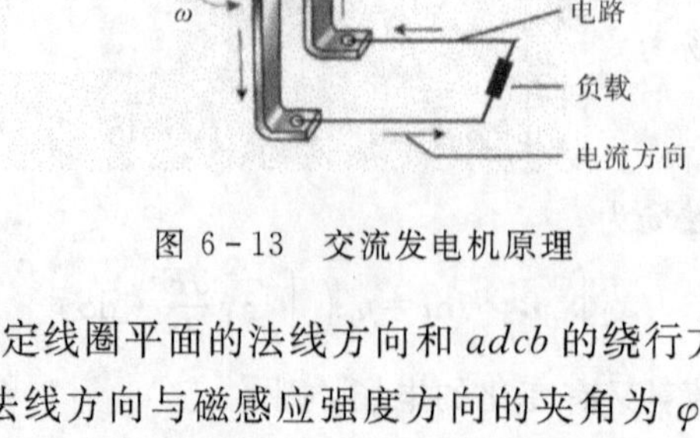

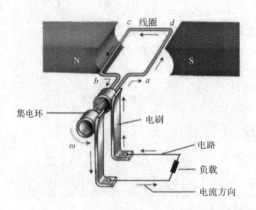

图6-13　交流发电机原理

如图6-14所示，规定线圈平面的法线方向和$adcb$的绕行方向满足右手螺旋关系。假设某一时刻线圈的平面法线方向与磁感应强度方向的夹角为φ，通过N匝线圈的磁通量如下：

$$\Phi=N\int_S \boldsymbol{B}\cdot \mathrm{d}\boldsymbol{S}=NBS\cos\varphi=NBS\cos\omega t$$

代入法拉第电磁感应定律得：

$$E=-\frac{\mathrm{d}\Phi}{\mathrm{d}t}=(NBS\omega)\sin\omega t=E_0\sin\omega t$$

其中：$E_0=NBS\omega$，称为电动势的振幅。

回路中的电流为

$$I=\frac{E}{R}=\frac{E_0}{R}\sin\omega t=I_0\sin\omega t$$

可见回路中的感应电动势和电流是周期性变化的，其周期 $T=\frac{2\pi}{\omega}$，如图 6-15 所示。

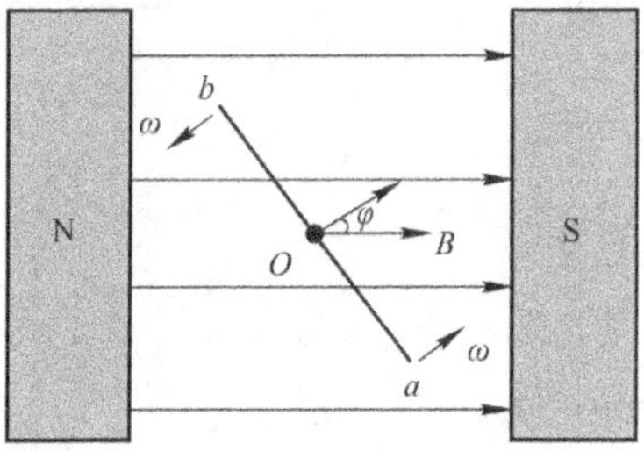

图 6-14　t 时刻线圈的位置

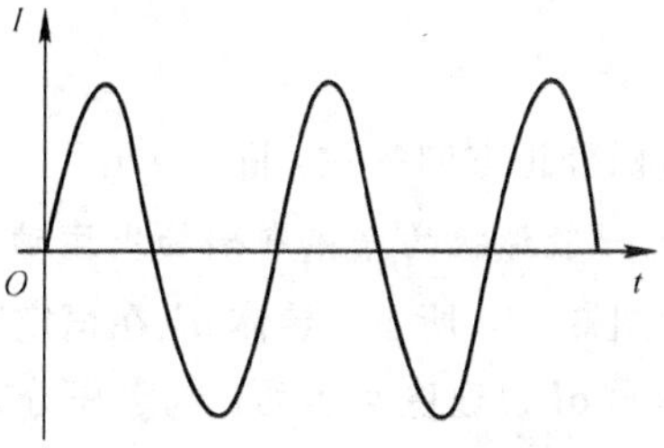

图 6-15　电流随时间的变化曲线

2. 动生电动势

图 6-16 所示是法拉第圆盘发电机，金属圆盘在均匀磁场中匀速转动，实验表明盘心与盘边存在电动势。这种磁场保持不变，导体运动产生的电动势称为动生电动势。下面我们先来讨论一下动生电动势，然后用动生电动势对法拉第圆盘发电机和交流发电机进行讨论分析。

如图 6-17 所示，导体 ab 和导轨构成闭合回路。导体 ab 在均匀磁场中做切割磁力线运动，ab 中的电子受到的洛伦兹力为

$$\boldsymbol{f}=-e(\boldsymbol{v}\times\boldsymbol{B}) \tag{6-18}$$

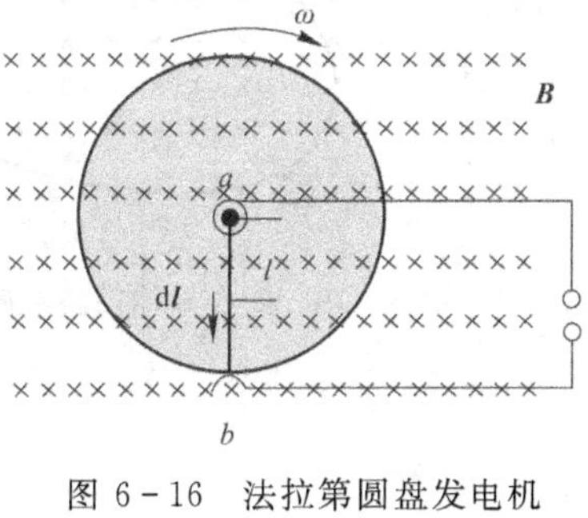

图 6-16　法拉第圆盘发电机

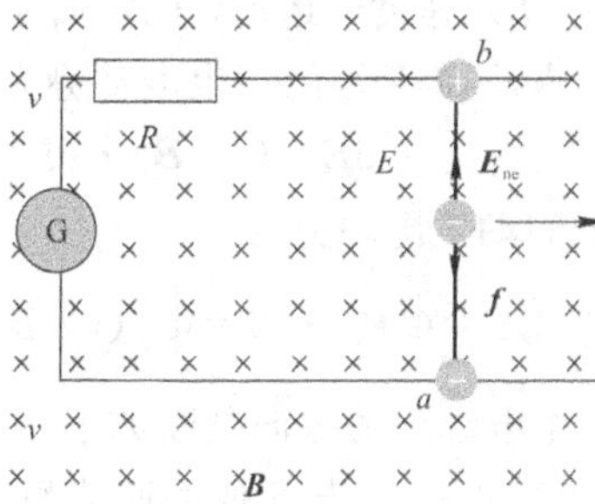

图 6-17　导体 ab 在做切割磁力运动

这个力的方向为 $b\to a$。该力驱使电子向 a 端运动，并在 a 端积累，相应地 b 端就有了正电荷的积累。洛伦兹力有别于以前介绍过的静电场力，我们将它称为非静电场力。为了描述非静电场对电荷作用的强度，类似于静电场，我们引入非静电场电场强度，这样与洛伦兹力对应的非静电场电场强度为

$$\boldsymbol{E}_{\text{nc}}=\frac{f}{-e}$$

且有

$$\boldsymbol{E}_{\text{ne}}=\boldsymbol{v}\times\boldsymbol{B} \tag{6-19}$$

ab 的动生电动势为

$$E=\int_a^b \boldsymbol{E}_{\text{ne}}\cdot \mathrm{d}\boldsymbol{l}=\int_a^b (\boldsymbol{v}\times\boldsymbol{B})\cdot \mathrm{d}\boldsymbol{l} \tag{6-20}$$

在图 6-17 中，有

$$\boldsymbol{v}\perp\boldsymbol{B}$$

由式(6-20)得到动生电动势为

$$E=\int_a^b Bv\mathrm{d}l$$

$$E=Blv$$

方向与积分正方向一致，即 $a\to b$。

1) *一般形状的导体在磁场中运动的动生电动势*

如图 6-18 所示，导体 ab 在恒定磁场中运动。选取导体元 $\mathrm{d}\boldsymbol{l}$ 以速度 $\boldsymbol{v}$ 运动，规定积分方向为 $a\to b$，导体元 $\mathrm{d}\boldsymbol{l}$ 两端的动生电动势为

$$\mathrm{d}E=(\boldsymbol{v}\times\boldsymbol{B})\cdot \mathrm{d}\boldsymbol{l}$$

导体 ab 两端的动生电动势为

$$E=\int_a^b (\boldsymbol{v}\times\boldsymbol{B})\cdot \mathrm{d}\boldsymbol{l} \tag{6-21}$$

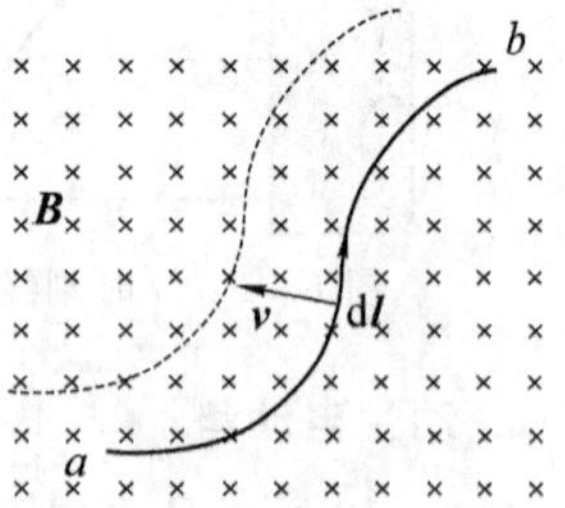

图 6-18 任意导体 ab 在磁场中运动

根据规定的积分正方向，可以从式(6-21)计算的结果来判定动生电动势的方向，即：

(1) $E>0$ —— $a\to b$：a 端电势低，b 端电势高；

(2) $E<0$ —— $b\to a$：a 端电势高，b 端电势低。

2) *任意形状的闭合导体回路的动生电动势*

如图 6-19 所示，导体回路 L 在磁场中运动，选取导体元 $\mathrm{d}\boldsymbol{l}$ 以速度 $\boldsymbol{v}$ 运动，规定回路积分正方向如图所示，导体元 $\mathrm{d}\boldsymbol{l}$ 两端的动生电动势为

$$\mathrm{d}E=(\boldsymbol{v}\times\boldsymbol{B})\cdot \mathrm{d}\boldsymbol{l}$$

导体回路的动生电动势为

$$E=\oint \boldsymbol{E}_{\text{ne}}\cdot \mathrm{d}\boldsymbol{l}=\oint_L (\boldsymbol{v}\times\boldsymbol{B})\cdot \mathrm{d}\boldsymbol{l}$$

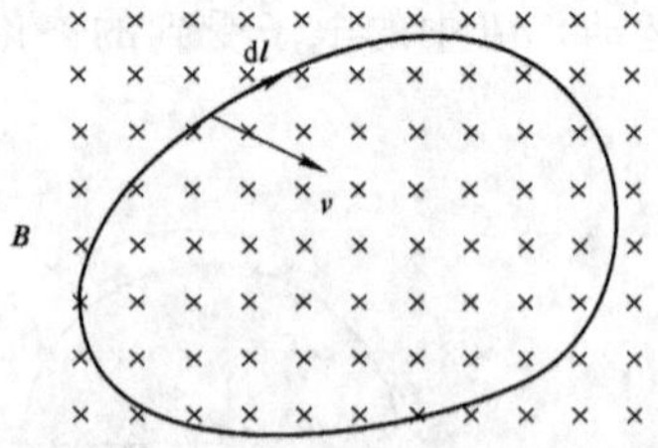

图 6-19 闭合导体回路在磁场中运动

同理，动生电动势的方向判断如下：

(1) $E>0$ —— 与所取的回路积分方向一致；

(2) $E<0$ —— 与所取的回路积分方向相反。

3) *法拉第圆盘发电机的动生电动势计算*

下面我们来分析法拉第圆盘发电机，其盘心与盘边之间的电势差为 ΔU，假设圆盘在均匀磁场中匀速转动，金属圆盘的半径 $R=0.2$ m，磁场 $B=0.70$ T，转速 $n=3000$ rew/min。

如图 6-20 所示，将金属圆盘看作是由无限多个沿半径方向上的细棒组成的，每个细棒转动时在棒的两端产生大小和方向相同的动生电动势，盘心和盘边的电动势可以看作是许多个相同电动势的并联，盘心与盘边之间的电势差 ΔU 就是该圆盘的动生电动势。

细棒上导体元的电动势为

$$dE=(\boldsymbol{v}\times\boldsymbol{B})\cdot d\boldsymbol{r}=Bv dr$$

细棒的电动势为

$$E=\int_0^R B\omega r dr=\frac{1}{2}B\omega R^2=4.4\ (\text{V})\ (\text{方向沿 } ab \text{ 方向})$$

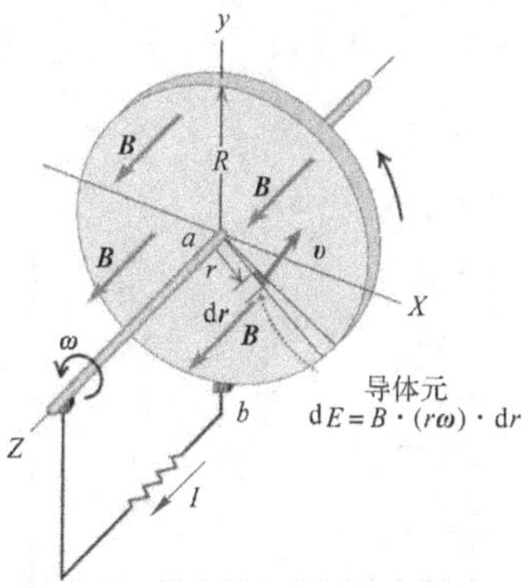

图 6-20　法拉第圆盘发电示意图

盘心与盘边之间的电势差为

$U=-4.4$ V（盘边的电势较盘心高）

3. 交流发电机的动生电动势的计算

我们再应用动生电动势的计算方法对交流发电机进行讨论分析。如图 6-14 所示，线圈 ab 和 cd 转动，根据式(6-19)可以得出，非静电场的方向垂直于这两段线圈，因此

$$E=\int_a^b \boldsymbol{E}_{\text{ne}}\cdot d\boldsymbol{l}=0$$

ac 段的运动速度大小为

$$v=\omega\cdot\frac{1}{2}(\overline{ab})$$

积分方向从 a 到 c，则

$$dE=(\boldsymbol{v}\times\boldsymbol{B})\cdot d\boldsymbol{l}=B\omega\cdot\frac{1}{2}(\overline{ab})\sin\omega t dl$$

$$E_{ac}=\int_a^c Bv dl=B\omega\cdot\frac{1}{2}(\overline{ab})\cdot(\overline{ac})\sin\omega t=\frac{1}{2}BS\omega\sin\omega t$$

方向为 $a\rightarrow c$。

同理，bd 段的动生电动势为

$$E_{bd}=\frac{1}{2}BS\omega\sin\omega t$$

方向为 $d\rightarrow b$。

线圈中总的动生电动势为

$$E=N(E_{ac}+E_{bd})=NBS\omega\sin\omega t=E_0\sin\omega t$$

这和前面应用法拉第电磁感应定律得到的结果完全相同。

6.3.2　电感线圈在日光灯中的应用

1. 日光灯工作原理

如图 6-21 所示，日光灯由启辉器(内有惰性气体和两个金属片)、镇流器(镇流器是一个带铁芯的线圈，自感系数很大)和灯管(灯管内充有少量惰性元素和水银蒸汽，管的内壁涂有荧光物质)组成。

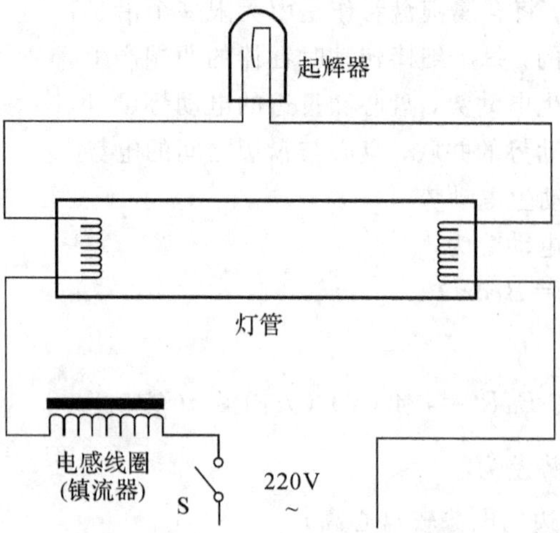

图 6-21　日光灯工作原理示意图

启辉器的工作原理如下：

(1) 开关接通时，220 V 电压通过镇流器和灯管灯丝加到启辉器的两极，启辉器中的惰性气体立即被电离，产生辉光放电，辉光放电的热量使双金属片受热膨胀，两极接触，电流通过镇流器、启辉器和两端灯丝构成通路。

(2) 灯管内的两端灯丝被电流加热，即时发射大量电子，由于启辉器两极闭合，两极间电压为零，辉光放电消失，管内温度降低，双金属片自动复位，两极断开。

(3) 两极断开的瞬间，电路电流突然为零，镇流器产生很大的自感电动势，与电源电压叠加后作用于灯管两端。灯丝受热时发射出来的大量电子，在灯管两端的高压作用下加速运动。电子加速运动的过程中，与管内的氩原子发生碰撞，使氩原子电离，氩原子电离生热，热量使水银产生蒸气，随之水银蒸气也被电离，并发出强烈的紫外线。

(4) 在紫外线的激发下，管壁内的荧光粉发出近乎白色的可见光。日光灯正常发光后，回路中的交流电在线圈中产生自感电动势，自感电动势阻碍线圈中的电流变化，这时镇流器起降压限流的作用，使电流稳定在灯管的额定电流范围内，灯管两端电压也稳定在额定工作电压范围内。因为这个电压低于启辉器的电离电压，所以并联在两端的启辉器也就不再起作用了。

另外，镇流器起着产生高压和抑制回路中电流的作用。

2. 自感线圈与自感电动势

下面我们分析线圈产生的电动势的特点。如图 6-22 所示，设回路电流强度为 i，穿过回路总的磁通量为

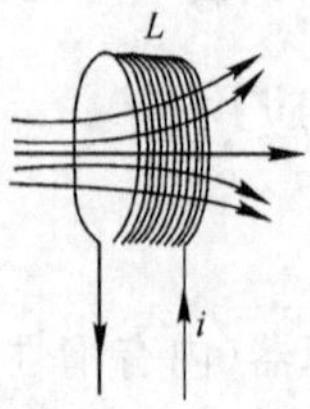

图 6-22　自感线圈

$$\Psi = Li$$

自感系数 L 与回路匝数、几何形状和大小及周围的磁介质有关，与回路中的电流无关(非铁磁介质)。

自感系数定义如下：

$$L = \frac{\Psi}{i} \tag{6-22}$$

根据法拉第电磁感应定律，有

$$EL = -\frac{\mathrm{d}\Psi}{\mathrm{d}t} = -\left(i\frac{\mathrm{d}L}{\mathrm{d}t} + L\frac{\mathrm{d}i}{\mathrm{d}t}\right)$$

如果自感系数 L 为常数，那么自感电动势为

$$EL = -L\frac{\mathrm{d}i}{\mathrm{d}t} \tag{6-23}$$

自感电动势总是和回路中电流的变化相反，回路中的自感具有保持原有电流不变的特性，自感系数称为“电磁惯性”，而且电流变化得越快，自感电动势越大。

如图 6-23 所示，一个内部充满相对磁导率为 μ_r 的磁介质的单层密绕环形螺线管，单位长度上的匝数为 n，轴线半径为 R，螺线管的自感系数是多少？假定螺线管线圈中通有电流 i，环形螺线管内部的磁感应强度为

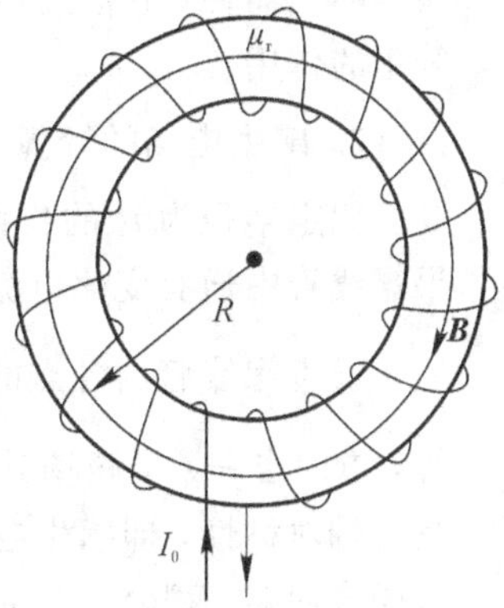

图 6-23　环形螺绕环自感线圈

$$B = \mu_r \mu_0 n i$$

穿过管内总的磁通量为

$$\Psi = N\Phi = N(BS) = N\mu_r\mu_0 ni \cdot S = (2\pi R)\mu_r\mu_0 n^2 i \cdot S$$

$$L = \frac{\Psi}{i}$$

从而有

$$L = \mu_r\mu_0 n^2 \cdot (2\pi R)S = u_r\mu_0 n^2 V$$

其中 $V=(2\pi R)S$，为螺线管的体积，螺线管的自感系数比真空中增大 μ_r 倍。

可见线圈的自感电动势与线圈的形状大小、单位长度上的匝数以及线圈的磁介质有关。为了获得较大的自感电动势，就要选取自感系数大的线圈，通常将导线密绕在铁磁材料上，以满足实际电路的需求。

6.3.3　电感线圈在无极灯中的应用

1. 无极灯工作原理

无极灯是一种综合应用光学、功率电子学、等离子体学、磁性材料学等领域的光源，如图 6-24 所示。从另一个角度来看，无极灯就是荧光灯气体放电和高频电磁感应两个原理相结合的一种新型电光源。如图 6-25 所示，无极灯由高频发生器、耦合器和灯泡三部分组成，其中耦合器是一对带铁芯的线圈。耦合器的作用就是在外加高频电流时，线圈铁芯中产生快速变化的磁场，而这个磁场又引起穿过灯管回路磁通量的变化，进而在灯管中产生感生电场，足够强的感生电场将灯泡内的气体击穿形成等离子体，等离子体受激原子

返回基态时，辐射出 254 nm 的紫外线，灯泡内的荧光粉受到紫外线激发而发出可见光。

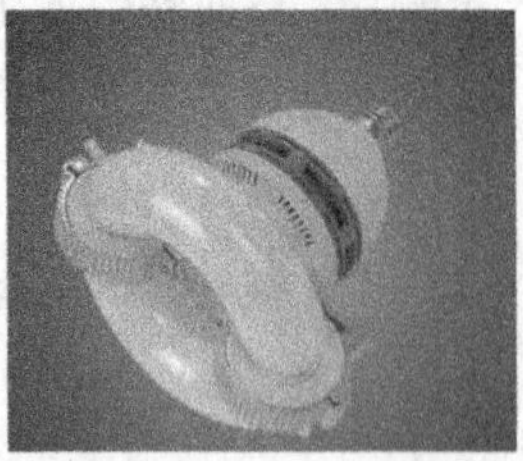

图 6-24　无极灯外形

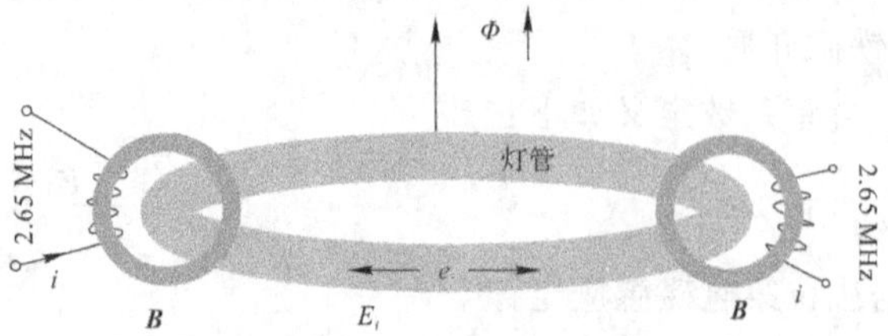

图 6-25　无极灯工作原理示意图

耦合器由磁芯、高温线、导热棒等构成，实际就是一个电感线圈，其中磁芯材料是最关键的元器件，磁芯材料的性能直接决定了无极灯的质量，电感线圈起到将电能耦合到灯管里的作用。

2. 感生电场的计算

假定半径为 R 的长直螺线管，单位长度的匝数为 n，管中有磁导率为 μ 的磁介质。如果螺线管中通有变化电流 $i=I_0\sin\omega t$，那么管内外的感生电场是多少？

长直螺线管内各点的磁感应强度大小相等，方向一致，各点磁感应强度的变化率$\dfrac{\partial \boldsymbol{B}}{\partial t}$相等，方向也一致，磁场分布关于螺线管呈轴线对称，由此可以判断，周围激发的感生电场具有轴对称性，即感生电场线是关于轴线的闭合圆形圈，如图 6-26 所示。选取环形回路为闭合回路，积分方向为逆时针，则

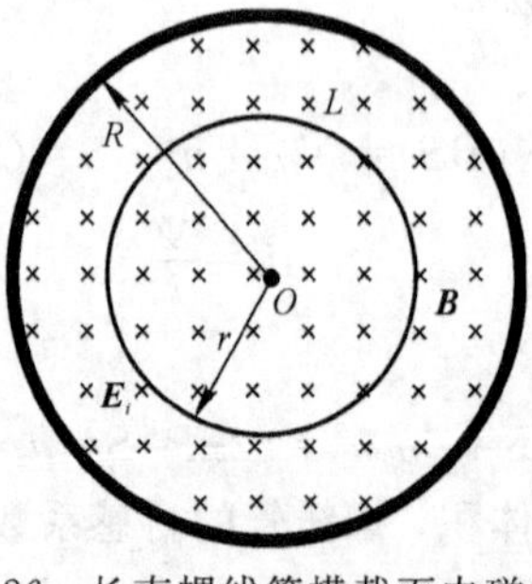

图 6-26　长直螺线管横截面内磁场分布

(1) $r<R$：

$$\oint_L \boldsymbol{E}_i \cdot \mathrm{d}\boldsymbol{l}=-\int_S \frac{\partial \boldsymbol{B}}{\partial t} \cdot \mathrm{d}\boldsymbol{S}$$

$$E_i \cdot 2\pi r=\frac{\partial B}{\partial t} \cdot \pi r^2$$

$$E_i=\frac{1}{2} r \frac{\partial B}{\partial t}$$

长直螺线管内的磁感应强度为

$$B=\mu n i=\mu n I_0 \sin\omega t$$

$$E_i=\frac{1}{2}\mu n \omega I_0 r\cos\omega t$$

(2) $r>R$：

$$E_i \cdot 2\pi r = \frac{\partial B}{\partial t} \cdot \pi R^2 \text{(注意：磁感应强度在螺线管外为零)}$$

$$E_i = \frac{1}{2}\frac{R^2}{r}\frac{\partial B}{\partial t} = \frac{1}{2}\frac{R^2}{r}\mu n\omega I_0 \cos\omega t$$

根据以上讨论可以得出，感生电场是一簇沿逆时针方向的同心圆，在螺线管外，虽然没有磁场，但有感生电场。

6.3.4　互感在无线充电器中的应用

1. 无线充电原理

电磁感应式无线充电是目前最为常见的无线充电解决方案，该装置的基本构件是初级线圈和次级线圈。初级线圈安放在无线充电座上，次级线圈安放在用户设备内，如手机、电动汽车、电动牙刷等。图 6－27 和图 6－28 是汽车和手机无线充电装置。

图 6－27　汽车无线充电装置

图 6－28　手机无线充电装置

沃尔沃公司完成了电动车载无线充电系统测试，通过一块铺设在地面的无线充电基座为一辆搭载嵌入式感应线圈的 C30 电动汽车完成了充电，而且速度非常快，整个充电过程仅用 2.5 小时。充电基座可以安装在超市等公共场所的停车位下，当用户将车辆停放至车位时便开始自动充电。

无线充电系统工作时输入端将交流市电经全桥整流电路变换成直流电，或用 24 V 直流电端直接为系统供电。经过电源管理模块后输出的直流电通过有源晶振逆变转换成高频交流电供给初级绕组，通过 2 个电感线圈耦合，次级线圈输出的电流经转换电路变化成直流电为电池充电，图 6－29 所示是无线充电原理框架示意图。

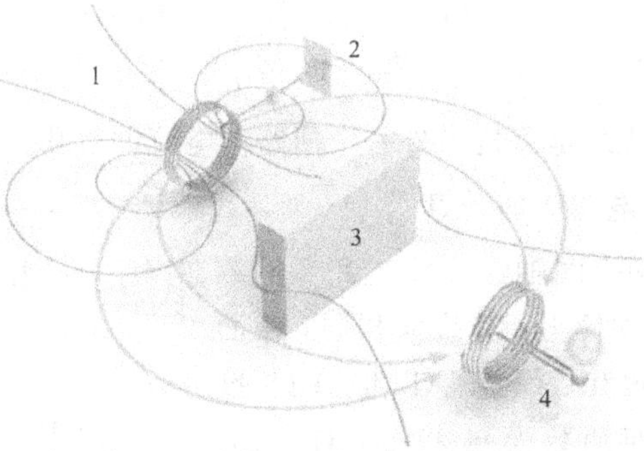

1—初级线圈；2—外部电源；3—充电座隔离板；4—次级线圈

图 6－29　无线充电原理框架

2. 互感系数

如图 6－30 所示，两个线圈 L_1 和 L_2，当其中一个线圈中的电流变化时，在另一个线圈中产生感应电动势，这种一个导体回路中的电流发生变化，在邻近导体回路内产生感应电动势的现象称为互感现象。

假设回路 1 的电流为 i_1，该电流激发的磁场通过回路 2 的磁通量为 Ψ_{21}。

假设回路 2 的电流为 i_2，该电流激发的磁场通过回路 1 的磁通量为 Ψ_{12}。

如果两个线圈的相对位置固定不动，那么穿过回路 2 总的磁通量和回路 1 的电流成正比，即

$$\Psi_{21} = M_{21} i_1 \tag{6-24}$$

其中 M_{21} 是回路 1 对回路 2 的互感系数。

穿过回路 1 总的磁通量也可以表示为

$$\Psi_{12} = M_{12} i_2 \tag{6-25}$$

其中 M_{12} 是回路 2 对回路 1 的互感系数。

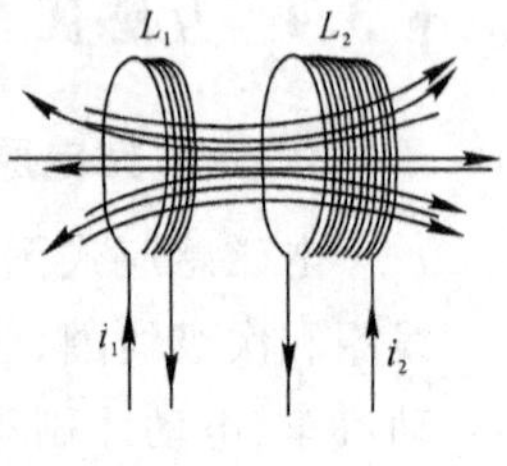

图 6-30　互感线圈

实验和理论表明：

$$M_{12} = M_{21} = M$$

互感系数与两个回路的匝数、线圈回路的几何形状和大小、周围的磁介质以及回路的相对位置有关，与回路中的电流无关(非铁磁介质)，互感系数 M 可以由式（6-24）或式(6-25)计算得到。

3. 互感电动势

回路 1 中的电流变化在回路 2 中产生的感应电动势为

$$E_{21} = -\frac{\mathrm{d}(Mi_1)}{\mathrm{d}t} \longrightarrow E_{21} = -M\frac{\mathrm{d}i_1}{\mathrm{d}t}$$

回路 2 中的电流变化在回路 1 中产生的感应电动势为

$$E_{12} = -\frac{\mathrm{d}Mi_2}{\mathrm{d}t}$$

即

$$E_{12} = -M\frac{\mathrm{d}i_2}{\mathrm{d}t}$$

互感电动势的一般表示为

$$E_M = -M\frac{\mathrm{d}i}{\mathrm{d}t} \tag{6-26}$$

一个回路中的互感电动势总是反抗另外一个回路中电流的变化。

4. 互感系数与互感电动势的计算

如图 6-31 所示，两个同轴螺线管 1 和 2 同绕在一个半径为 R 的长磁介质棒上，其绕向相同，截面积近似等于磁介质棒的截面积，螺线管 1 和 2 的长度分别为 l_1 和 l_2，单位长度的匝数为 n_1 和 n_2，且 l_1、$l_2 \gg R$，那么互感系数为多少？如果螺线管 2 通有电流 $i_2 = I_0\cos\omega t$，那么螺线管 1 中的互感电动势是多少？

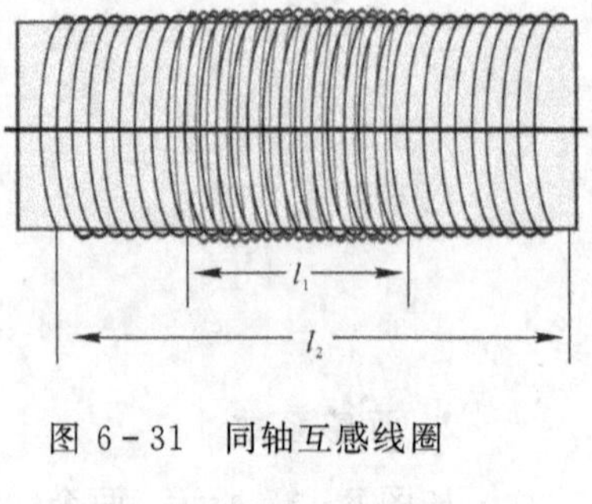

图 6-31　同轴互感线圈

假设螺线管 1 中通有稳定电流 I_1，在螺线管中产

生的磁感应强度为

$$B_1=\mu n_1 I_1$$

穿过螺线管 2 总的磁通量为

$$\Psi_{21}=(n_2 l_1)B_1 S_2=\mu n_1 n_2 I_1 (l_1 \pi R^2)$$

互感系数为

$$M=\frac{\Psi_{21}}{I_1}=\mu n_1 n_2 (l_1 \pi R^2)=\mu n_1 n_2 V_1$$

此外，还可以假设螺线管 2 中通有稳定电流 I_2，计算得到的互感系数是相同的。

螺线管 1 中的互感电动势为

$$E_1=-M\frac{\mathrm{d}i_2}{\mathrm{d}t}$$

且有

$$E_1=(\mu n_1 n_2 V_1)\cdot \omega I_0 \sin\omega t$$

6.3.5　*LC* 振荡电路工作原理

LC 振荡回路在电子线路、电磁波等领域有着众多应用，如调谐回路、选频回路，在无线电广播和通信设备中产生电磁波，在微机中产生时钟信号，在稳压电路中产生高频交流电等。下面我们首先介绍自感线圈存储磁能的性质，然后对 *LC* 振荡电路进行分析讨论。

1. 线圈的自感磁能

如图 6-32 所示的电路，该电路由电源、开关、灯泡和带铁芯的线圈构成。开关打向 1，接通电源，灯泡缓慢点亮，然后达到正常亮度。开关打向 2，如图 6-33 所示，灯泡突然闪亮一下，随后逐渐熄灭，说明回路中存储的能量释放了出来，供给灯泡，回路中没有外电源，只有灯泡和线圈，显然线圈存储能量。下面我们具体分析一下。

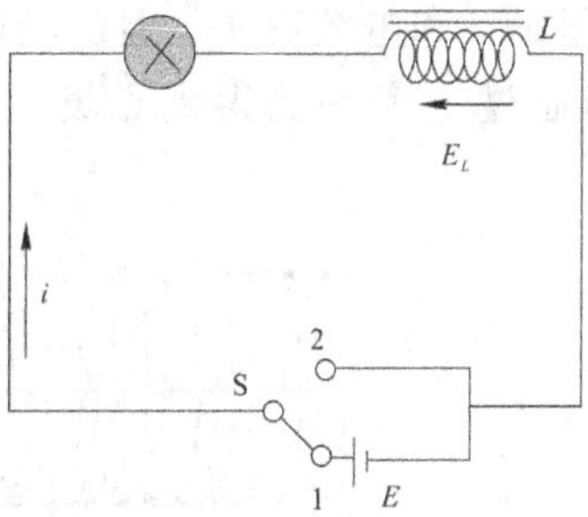

图 6-32　回路接入外部电源

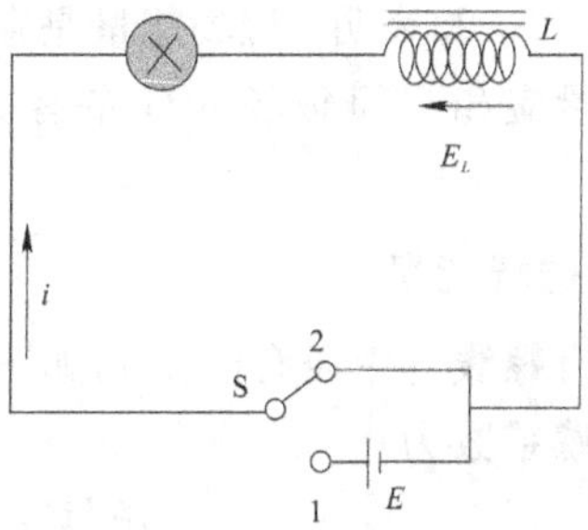

图 6-33　回路没有外部电源

合上开关后，在电流增长的过程中，设任意时刻电路中的电流强度为 I，线圈中自感电动势的大小为

$$E_L=-L\frac{\mathrm{d}i}{\mathrm{d}t}$$

应用闭合电路的欧姆定律有

$$E+E_L=iR$$

则

$$E-L\frac{\mathrm{d}i}{\mathrm{d}t}=iR$$

得

$$E=iR+L\frac{\mathrm{d}i}{\mathrm{d}t}$$

两边乘以电流 i 积分得

$$\int_0^{t_0} iE\,\mathrm{d}t=\int_0^{t_0} i^2R\mathrm{d}t+\int_0^{t_0} Li\frac{\mathrm{d}i}{\mathrm{d}t}\mathrm{d}t=\int_0^{t_0} i^2R\mathrm{d}t+\frac{1}{2}LI^2$$

其中：$\int_0^{t_0} iE\,\mathrm{d}t$ 为电源做的功，$\int_0^{t_0} i^2R\mathrm{d}t$ 为灯泡的焦耳热，$\frac{1}{2}LI^2$ 为克服自感电动势做的功。

线圈中的磁场能量为

$$W_\mathrm{m}=\frac{1}{2}LI^2 \tag{6-27}$$

如图 6-33 所示，断开外电源以后，有

$$-L\frac{\mathrm{d}i}{\mathrm{d}t}=iR$$

两边乘以电流 i 积分得

$$-\int_I^0 Li\frac{\mathrm{d}i}{\mathrm{d}t}\mathrm{d}t=\int_0^{t_0} i^2R\mathrm{d}t$$

进一步，有

$$\frac{1}{2}LI^2=\int_0^{t_0} i^2R\mathrm{d}t$$

即磁场能量全部转换为焦耳热。

通有电流 I 的线圈内的磁场能量为

$$W_\mathrm{m}=\frac{1}{2}LI^2\quad(\text{自感磁场能量})$$

式(6-27)表明，磁场能量是存储在线圈导线里的，和电流有关。但从场的角度来看，磁场能量应和空间磁场的分布有关系。下面我们通过一个特例得到磁场能量的普遍表达式。

2. 磁场能量

长直螺线管中通有电流 I，如图 6-34 所示。

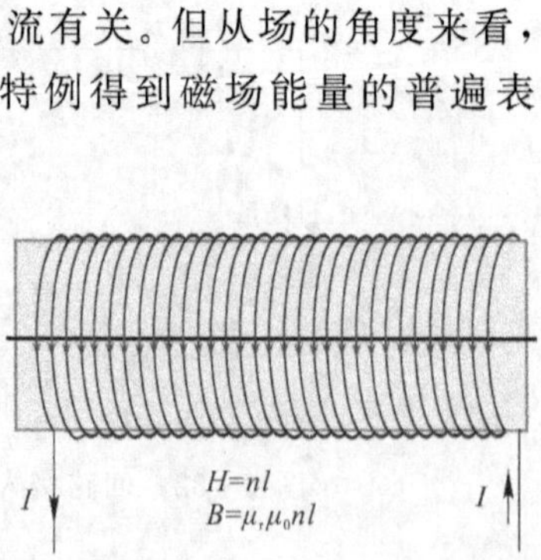

图 6-34　通电长直螺线管

自感系数为

$$L=\mu n^2V$$

长直螺线管的磁场能量为

$$W_\mathrm{m}=\frac{1}{2}LI^2=\frac{1}{2}\mu n^2VI^2$$

将 $B=\mu nI$ 代入上式得

$$W_\mathrm{m}=\frac{1}{2\mu}B^2V$$

磁场能量密度为

$$\mathscr{W}_m=\frac{W_m}{V}=\frac{1}{2\mu}B^2 \tag{6-28}$$

空间某一个区域 V 中的磁场能量为

$$W_m=\int_V \mathscr{W}_m \mathrm{d}V=\int_V \frac{1}{2\mu}B^2 \mathrm{d}V \tag{6-29}$$

式(6-28)和式(6-29)表明，只要空间存在磁场就有磁场能量，在没有电流的空间，只要存在磁场，必然就有磁场能量。

3. *LC* 振荡电路

闭合 LC 电路由电感线圈和电容构成，如图 6-35 所示。

电路方程为

$$-L\frac{\mathrm{d}i}{\mathrm{d}t}=\frac{q}{C}$$

其中：电流强度 $i=\frac{\mathrm{d}q}{\mathrm{d}t}$。

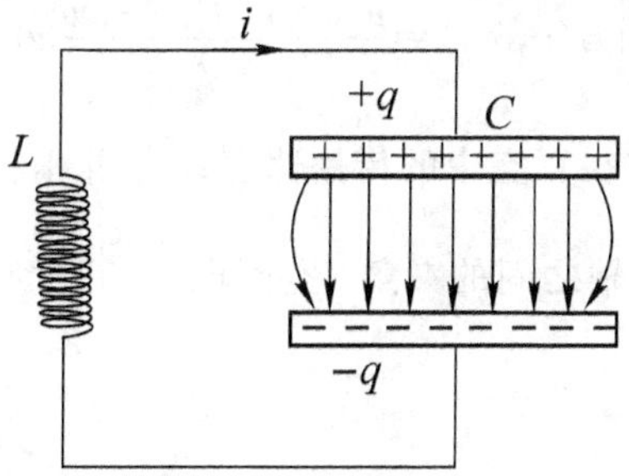

图 6-35　*LC* 振荡电路

将电流代入电路方程整理后得

$$\frac{\mathrm{d}^2q}{\mathrm{d}t^2}+\omega^2q=0 \tag{6-30}$$

其中：$\omega=\sqrt{\frac{1}{LC}}$。

式(6-30)是一个二阶线性常系数齐次方程，其方程的解为

$$q(t)=Q\cos(\omega t+\varphi)$$

电路中的电流强度为

$$i=\frac{\mathrm{d}q}{\mathrm{d}t}=-\omega Q\sin(\omega t+\varphi)$$

闭合 LC 振荡电路的能量为

$$W=W_e+W_m$$

即

$$W=\frac{1}{2}\frac{q^2}{C}+\frac{1}{2}Li^2$$

将电量方程 $q(t)=Q\cos(\omega t+\varphi)$ 和电流方程 $i=-\omega Q\sin(\omega t+\varphi)$ 代入上式，再应用 $\omega=\sqrt{\frac{1}{LC}}$ 和 $I=\omega Q$ 可得

$$W=\frac{1}{2}\frac{Q^2}{C}=\frac{1}{2}LI^2 \tag{6-31}$$

可见，LC 振荡回路的磁场能量和电场能量相互转化，不向外辐射能量，这样一个电路也称为封闭电路。如果没有电路能量损耗，回路中的电流和电容器极板电量就会一直振荡变化下去。

6.3.6　手机基站的电磁波辐射强度

1. 电磁波的发射与传播

将基站的发射天线看作是振荡电偶极子模型，如图 6-36 所示，振荡电偶极矩为

$$P=ql\cos\omega t=P_0\cos\omega t$$

理论计算分析表明，真空中离中心足够远的点电偶极子产生的电场和磁场为

$$\begin{cases}E(r,\theta,t)=\dfrac{\mu_0 P_0\omega^2\sin\theta}{4\pi r}\cos\omega\left(t-\dfrac{r}{c}\right)\\ B(r,\theta,t)=\dfrac{\mu_0\sqrt{\varepsilon_0\mu_0}\,P_0\omega^2\sin\theta}{4\pi r}\cos\omega\left(t-\dfrac{r}{c}\right)\end{cases} \tag{6-32}$$

其中：$c=\dfrac{1}{\sqrt{\varepsilon_0\mu_0}}$是电磁波在真空中的传播速度；$r$ 是球坐标系中振荡电偶极子中心到原点的距离；θ 为位置矢量和极轴之间的夹角。空间电场和磁场分布如图 6-37 所示。

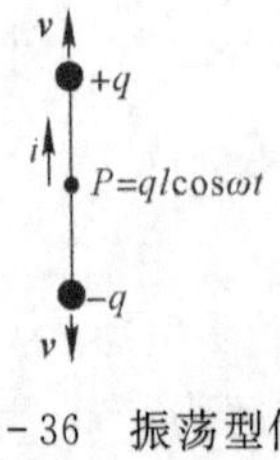

图 6-36　振荡型偶极子模型

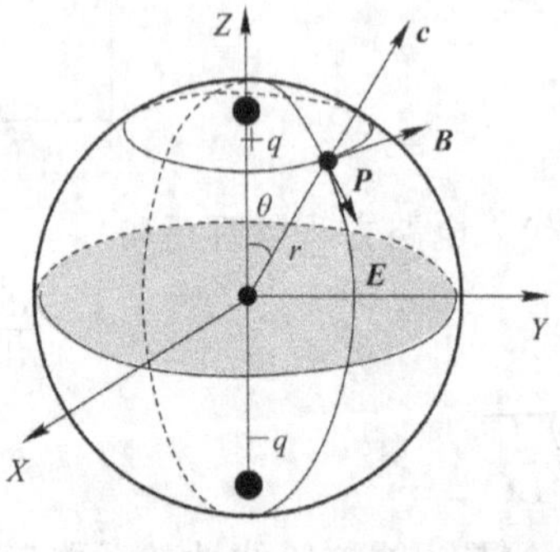

图 6-37　空间电场和磁场分布

空间一点的电场和磁场振幅为

$$\begin{cases}E_0=\dfrac{\mu_0 P_0\omega^2\sin\theta}{4\pi r}\\ B_0=\dfrac{\mu_0\sqrt{\varepsilon_0\mu_0}\,P_0\omega^2\sin\theta}{4\pi r}\end{cases} \tag{6-33}$$

由式(6-33)得

$$\sqrt{\varepsilon_0}\,E_0=\frac{1}{\sqrt{\mu_0}}B_0$$

即

$$E_0=cB_0$$

空间任一点、任一时刻的电场和磁场满足：

$$\sqrt{\varepsilon_0}E=\frac{1}{\sqrt{\mu_0}}B \tag{6-34}$$

电磁波是横波，且有 $\boldsymbol{E}\perp\boldsymbol{B}\perp\boldsymbol{c}$，如图 6-38 所示。

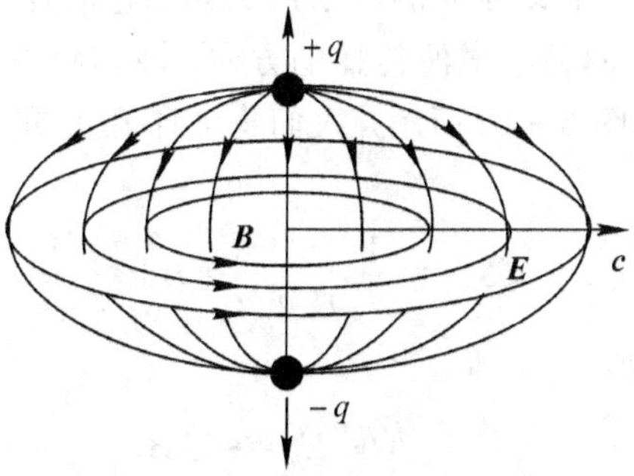

图 6-38　电场、磁场和传播方向相互垂直

2. 电磁波的强度

电磁场总的能量密度为

$$\mathscr{W}=\mathscr{W}_e+\mathscr{W}_m=\frac{1}{2}\varepsilon_0E^2+\frac{1}{2\mu_0}B^2$$

应用关系

$$\begin{cases}E=cB\\ c=\dfrac{1}{\sqrt{\varepsilon_0\mu_0}}\end{cases}$$

得

$$\mathscr{W}=\varepsilon_0E^2 \tag{6-35}$$

为了描述电磁波的辐射强度，引入能流密度，定义为单位时间通过垂直于电磁波传播方向单位面积的辐射能。

在电磁波传播方向上选取一个面积为 $\mathrm{d}A$、长度为 $\mathrm{d}l$ 的体积元，在时间 $\mathrm{d}t$ 内，该体积元内的电磁波能量全部穿过面积元 $\mathrm{d}A$，如图 6-39 所示。

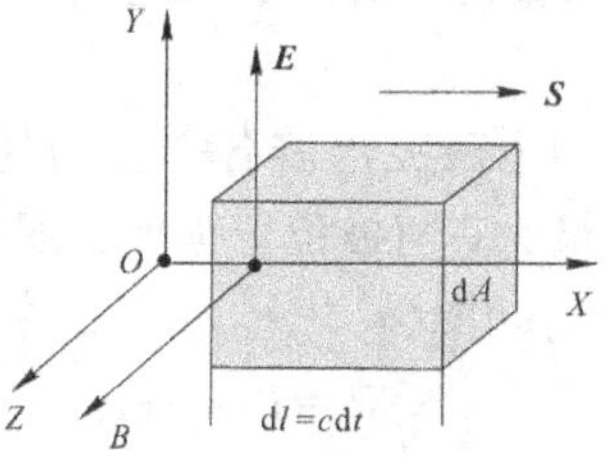

图 6-39　体积元的电磁场能量

能流密度为

$$S=\frac{\mathscr{W}\mathrm{d}V}{\mathrm{d}A\mathrm{d}t}=\frac{\mathscr{W}(\mathrm{d}A\mathrm{d}l)}{\mathrm{d}A\mathrm{d}t}=c\mathscr{W}$$

将 $\mathscr{W}=\varepsilon_0E^2$ 代入得

$$S=c\varepsilon_0E^2=\frac{1}{\mu_0}EB$$

定义坡印廷矢量为

$$\boldsymbol{S}=\frac{1}{\mu_0}\boldsymbol{E}\times\boldsymbol{B} \tag{6-36}$$

式(6-36)的坡印廷矢量又称为能流密度矢量，它的物理意义是单位时间穿过垂直单位面积电磁波的能量，方向是电磁波传播的方向，坡印廷矢量与电场和磁场满足右手螺旋关系，三者相互垂直，如图 6-40 所示。人们将坡印廷矢量大小的平均值定义为电磁波的强度，即

$$I=\langle \boldsymbol{S}\rangle=\frac{1}{T}\int_t^{T+t}\frac{1}{\mu_0}EB\mathrm{d}t=\frac{1}{2\mu_0}E_0B_0$$

应用关系：

$$\sqrt{\varepsilon_0}E_0=\frac{1}{\sqrt{\mu_0}}B_0$$

得电磁波的强度为

$$I=\frac{1}{2}c\varepsilon_0E_0^2 \tag{6-37}$$

上式表明电磁波的强度与电场振幅的平方成正比。

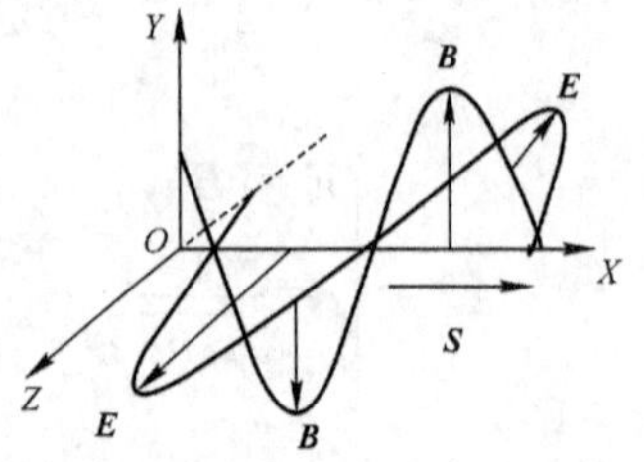

图 6-40 坡印廷矢量与电场磁场的关系

3. 手机基站电磁波辐射强度

对于手机基站电磁波的辐射强度，欧盟和美日的标准分别是不高于 0.45 $\mathrm{mW/cm^2}$ 和 0.60 $\mathrm{mW/cm^2}$。在中国手机基站设备的实际测试中，辐射强度只有 0.005 $\mathrm{mW/cm^2}$，如果这个值是在距离基站 10 m 处测量的，估算手机基站的发射功率为多少？距离基站 10 km 处，辐射强度为多少？

简单起见，假设基站发射的电磁波沿着各个方向的强度相等(实际上各个方向的强度不同，在天线的赤道位置强度最大，两极位置强度最弱)，不考虑任何其他因素，基站单位时间内发射的电磁波能量即发射功率为

$$P=I_1\cdot 4\pi r_1^2$$

根据题意有

$$I_1=0.005\ \mathrm{mW/cm^2}=0.05\ \mathrm{W/m^2},\ r_1=10\ \mathrm{m}$$

得

$$P=0.05\times4\pi\times10^2=62.8\ \mathrm{W}$$

如果不考虑电磁波能量的损失，通过半径为 $r_1=10$ m 和 $r_2=10^4$ m 两个球面的能量相等，因此有

$$I_1\cdot 4\pi r_1^2=I_2\cdot 4\pi r_2^2$$

其中 I_1 和 I_2 分别是两个球面上电磁波的辐射强度，则有

$$I_2=\frac{r_1^2}{r_2^2}\cdot I_1 \longrightarrow I_2=\frac{10^2}{10^8}\cdot(0.005\ \mathrm{mW/cm^2})=5\times10^{-9}\ \mathrm{mW/cm^2}$$

由于介质对电磁波的吸收，实际测得的辐射强度要比计算值小一些。

6.3.7　电磁波在通信中的应用

地面基站无线电的发射功率 $P=50$ kW，假设发射的电磁波为正弦波，且沿着各个方面的辐射强度都一样，地面上空距离发射天线 $r=100$ km 处的卫星接收到的电场和磁场最大值是多少？

以 $r=100$ km 为半径作一个半球面，电磁波强度均匀分布在这个半球面上，如图 6-41 所示。

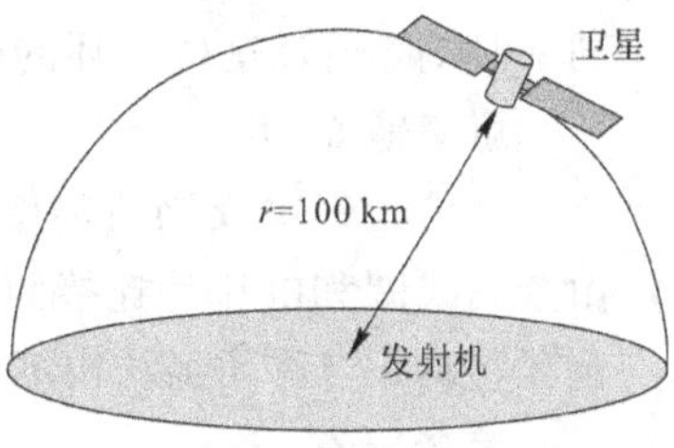

图 6-41　地面发射站与轨道卫星

电磁波的强度为

$$I=\frac{P}{2\pi r^2}=\frac{5.00\times10^4}{6.28\times10^{10}}=7.96\times10^{-7}\ \mathrm{W/m^2}$$

代入

$$I=\frac{1}{2}c\varepsilon_0 E_0^2$$

计算得

$$E_0=2.45\times10^{-2}\ \mathrm{V/ms}$$

利用

$$\sqrt{\varepsilon_0}\,E_0=\frac{1}{\sqrt{\mu_0}}B_0$$

得

$$B_0=8.17\times10^{-11}\ \mathrm{T}$$

电场强度 $E_0=2.45\times10^{-2}$ V/m 的大小在实验室里是可以测量出来的，但磁感应强度 $B_0=8.17\times10^{-11}$ T 太小，很难测量。从这点可以看出，对卫星探测与检测元件起作用的是电磁波中的电场，而不是磁场。

思考题 6-1

如图 6-42 所示，M、N 为水平面内的两根金属导轨，ab、cd 为垂直于导轨并可在其上自由滑动的两根裸导线，当外力使 ab 向右运动时，cd 将如何运动？

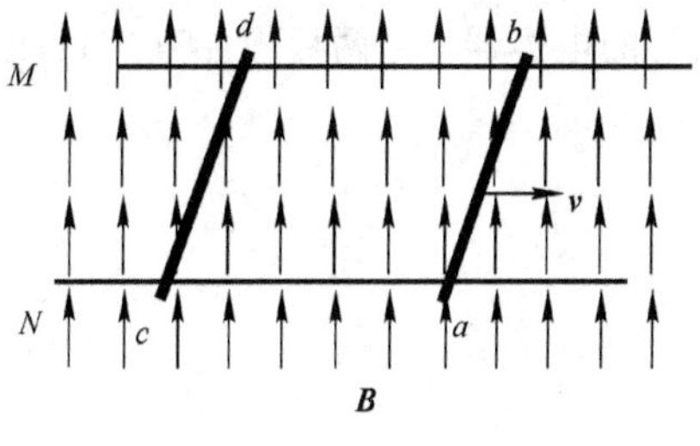

图 6-42　思考题 6-1 图

思考题 6-2

当汽车在南极附近的水平公路上行驶时，如果考虑地磁场的作用。

(1) 在车轮的钢轴上能否产生感应电动势？

(2) 如果能够产生感应电动势，当汽车以相同的速率沿不同的方向运动行驶时，感应电动势的大小是否相等？

(3) 当汽车沿某一方向以不同的速率行驶时，感应电动势的大小是否相等？

思考题 6-3

在非均匀磁场中，导线运动产生的动生电动势能否用 $E=Blv$ 来计算？为什么？

思考题 6-4

如图 6-43 所示，一长为 a，宽为 b 的矩形线圈放在磁场 B 中，磁场变化规律为 $B=B_0\sin\omega t$，线圈平面与磁场垂直，则线圈内感应电动势的大小为多少？

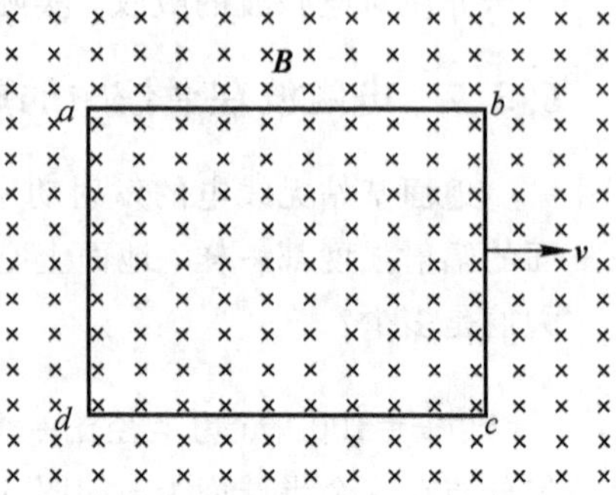

图 6-43　思考题 6-4 图

思考题 6-5

有一个铜环和一个木环，两只环的尺寸完全一样，现用两个相同的磁铁以相同的速度插入。问在同一时刻，通过这两个环的磁通量是否相同？

思考题 6-6

为检验钢梁或钢轨的结构是否均匀，采用一种由金属线圈和电流计连接而构成的探测仪。检查时将线圈套在钢梁或者钢轨上，并且沿着钢梁移动，当移动到结构不均匀的地方时，电流计的指针发生偏转，解释这一现象。

思考题 6-7

在制作灯泡时，为了从灯泡里更好地排除空气，必须对灯泡加热，有时将灯泡放在迅速交变的磁场中也能达到加热的目的，为什么？

思考题 6-8

一个电阻为 R，自感系数为 L 的线圈，将它接在一个电动势为 $E(t)$ 的交变电源上，线圈的自感电动势为 $E_L=-L\dfrac{\mathrm{d}I}{\mathrm{d}t}$，流过线圈的电流为多少？

思考题 6-9

真空中两只长直螺线管 1 和 2，长度相等，单层密绕匝数相同，直径之比 $\dfrac{d_1}{d_2}=\dfrac{1}{4}$。当它们通以相同的电流时，两螺线管储存的磁能之比为多少？

思考题 6-10

如图 6-44 所示，图(a)中是充电后切断电源的平行板电容器；图(b)中是与电源相接的电容器，当两极板相互靠近或分离时，试判断两种情况的极板间有无位移电流，并说明原因。

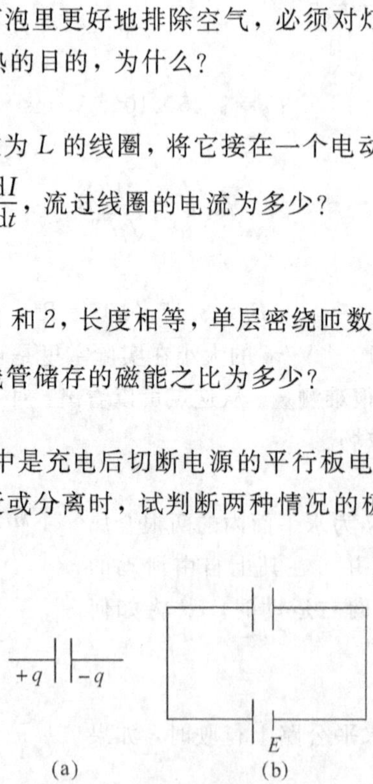

图 6-44　思考题 6-10 图

附:物理学基本常数

物理量	符号	供计算用值
真空中光速	c	3.00×10^{8} m/s
万有引力常数	G	6.67×10^{-11} N·m^{-2}/kg^{2}
阿伏伽德罗常数	N_A	6.02×10^{23} mol^{-1}
玻尔兹曼常数	k	1.38×10^{-23} J/K
摩尔气体常数(普适气体常数)	R	8.31 J/(mol·K)
理想气体在标准状态下的摩尔体积	V_m	22.4×10^{-3} m^{-3}/mol
洛喜密脱常数	n_0	2.687×10^{25} m^{-3}
普朗克常数	h	6.63×10^{-34} J·s
基本电荷	e	1.602×10^{-19} C
原子质量单位	u	1.66×10^{-27} kg
电子静止质量	m_e	9.11×10^{-31} kg
电子荷质比	e/m_e	1.76×10^{11} C/ kg
质子静止质量	m_p	1.673×10^{-27} kg
中子静止质量	m_n	1.675×10^{-27} kg
法拉第常数	F	9.65×10^{4} C/ mol
真空电容率	ε_0	8.85×10^{-12} F/m
真空磁导率	μ_0	$4\pi\times10^{-7}$ N/A^{2}

参考文献

[1] 程守洙,江之永.普通物理学.[M].6 版.北京:高等教育出版社,2006.

[2] 张三慧.大学物理学 [M].3 版.北京:清华大学出版社,2010.

[3] 赵凯华,陈熙谋.电磁学 [M]. 3 版.北京:高等教育出版社,2011.

[4] 马文蔚,苏惠惠,解希顺,物理学原理在工程技术中的应用 [M].3 版.北京:高等教育出版社,2006.

[5] YOUNG H D,FREEDMAN R A,FORD A L. Sears and Zemansky's university physics with modern physics(13th ed.)[M]. Pearson Education, Inc. ,2012.

[6] 刘廷柱. 趣味刚体动力学[M].北京:高等教育出版社,2008.

[7] 倪光炯,王炎森.物理与文化——物理思想与人文精神的融合 [M]. 2 版.北京:高等教育出版社,2009.

[8] 李振道.艺术与科学[J].科学,1997,49(1):3.

[9] 王希季,李大耀.空间技术[M].上海:上海科学技术出版社,1994.

[10] 欧阳自远.月球和火星是深空探测焦点[N].科学时报,2005 年 12 月 16 日.

[11] 柏合明.神州九号天宫之旅的任务及意义[J].科学,2012,64(5)1.

[12] 杨振宁.美与物理学[J].物理通报,1997,121.

[13] 赵峥.物理学与人类文明十六讲[M].北京:高等教育出版社,2008.

[14] 赵凯华,钟锡华.光学[M].北京:北京大学出版社,1984.

[15] 母国光,战元龄.光学[M].2 版.北京:高等教育出版社,2009.

[16] 姚启钧.光学教程[M].4 版.北京:高等教育出版社,2008.

[17] 戴夫.佐贝尔.《生活大爆炸》里的科学[M].秦鹏,肖梦,译. 北京:北京联合出版公司,2015.

[18] 李耀俊.光影世界:电影中的物理学[M].北京:机械工业出版社,2015.

[19] 雷仕湛,屈炜,缪洁.追光:光学的昨天和今天[M].上海:上海交通大学出版社,2013.

[20] 曹天元.上帝掷骰子吗?量子物理史话[M].北京:北京联合出版公司,2005.

[21] 约翰.格里宾.寻找薛定谔的猫:量子物理和真实性[M].张广才,译.海口:海南出版社,2012.

[22] 郑光平,李锐峰.单缝衍射测量金属膨胀系[J].数物理实验,2008,28(9) 36－37.

[23] 王大成,梁栋材.生物大分子结构的 X 射线衍射分析[J].专题讲座,1981,31－36.

[24] 苏显渝,李继陶,曹益平,等.信息光学[M].2 版.北京:科学出版社,2010.

[25] 陈家璧,苏显渝,朱伟利,等.光学信息技术原理及应用[M].北京:高等教育出版社,2001.